面向高等职业院校基于工作过程项目式系列教材
企业级卓越人才培养解决方案规划教材

施工图设计任务式教程

——AutoCAD 2016 中文版从入门到精通

（第2版）

天津滨海迅腾科技集团有限公司　编著

天津大学出版社
TIANJIN UNIVERSITY PRESS

图书在版编目(CIP)数据

施工图设计任务式教程：AutoCAD 2016中文版从入门到精通（第2版）/ 天津滨海迅腾科技集团有限公司编著. -- 天津: 天津大学出版社, 2021.7（2023.9重印）

面向高等职业院校基于工作过程项目式系列教材　企业级卓越人才培养解决方案规划教材

ISBN 978-7-5618-6992-5

Ⅰ. ①施… Ⅱ. ①天… Ⅲ. ①AutoCAD软件－教材 Ⅳ. ①TP391.72

中国版本图书馆CIP数据核字(2021)第137437号

SHIGONGTU SHEJI RENWUSHI JIAOCHENG
AUTOCAD 2016 ZHONGWENBAN CONG RUMEN DAO JINGTONG

出版发行	天津大学出版社
地　　址	天津市卫津路92号天津大学内(邮编:300072)
电　　话	发行部:022-27403647
网　　址	www.tjupress.com.cn
印　　刷	廊坊市海涛印刷有限公司
经　　销	全国各地新华书店
开　　本	787mm×1092mm　1/16
印　　张	14.25
字　　数	362千
版　　次	2021年7月第1版　2023年9月第2版
印　　次	2023年9月第2次
定　　价	59.00元

面向高等职业院校基于工作过程项目式系列教材
企业级卓越人才培养解决方案规划教材
指导专家

基于工作过程项目式教程
《施工图设计任务式教程——AutoCAD 2016 中文版从入门到精通》

主　编　范文涵　陈　冬

副主编　金志远　孙永明　于亚妮　徐庆虎
时军艳　刘士良　郝丽燕　沈燕宁

前　言

AutoCAD（Auto Computer Aided Design）是 Autodesk（欧特克）公司于 1982 年开发的自动计算机辅助设计软件，用于二维绘图、详细绘制、设计文档和基本三维设计，现已经成为国际上广为流行的绘图工具。AutoCAD 具有良好的用户界面，用户通过交互菜单或命令行方式便可以进行各种操作。它的多文档设计环境能让非计算机专业人员快速上手，并在实践中更好地掌握它的各种应用和技巧，从而不断提高工作效率。AutoCAD 具有很强的适应性，它可以在各种操作系统支持的微型计算机和工作站上运行。

目前，AutoCAD 不仅在机械、电子和建筑等工程设计领域得到了大规模的应用，而且在地理、气象、航海等领域特殊图形的绘制上也得到了广泛的应用。AutoCAD 已成为 CAD 系统中应用最为广泛的图形软件。

本书以循序渐进的方式，全面介绍了 AutoCAD 2016 在室内设计中常用命令的功能和基本操作，详尽说明了各种工具的使用及创建技巧。本书实例丰富，与实践结合非常紧密。

本书结合室内设计的特点介绍了 AutoCAD 2016 在室内设计中的常用命令和工具的使用方法及操作技巧。具体内容包括 AutoCAD 2016 的入门知识、绘图环境和辅助功能的设置、二维图形的绘制、二维图形的编辑与修改、图层的管理与设置、图块的编辑、图形尺寸的标注、文字和表格的创建与编辑等内容。

本书通过实例全面介绍室内设计各种图纸的绘制流程和方法。具体内容包括基本室内图形的绘制、家具平面图和立面图的绘制、室内平面图和立面图的绘制、室内水电图纸的绘制等内容。

本书由范文涵、陈冬共同担任主编，金志远、孙永明、于亚妮、徐庆虎、时军艳、刘士良、郝丽燕、沈燕宁担任副主编，范文涵和陈冬负责整书编排。第 1 章由范文涵负责编写；第 2 章由陈冬负责编写；第 3 章由金志远负责编写；第 4 章由孙永明负责编写；第 5 章由于亚妮负责编写；第 6 章由徐庆虎、时军艳负责编写；第 7 章由刘士良、郝丽燕负责编写；第 8 章由沈燕宁负责编写。

本书理论内容简明，任务实施操作讲解细致，步骤清晰，理论讲解与操作过程均配有相应的效果图，便于读者直观、清晰地看到操作效果。认真细致地学习本书，会使读者 AutoCAD 的学习过程更加顺利。

天津滨海迅腾科技集团有限公司

2021 年 6 月

目 录

第 1 章　AutoCAD 基础知识

章节概括

本章内容中，我们重点学习 AutoCAD 2016 的基本知识，了解 AutoCAD 2016 操作界面中各功能分区的作用，掌握操作界面和绘图环境的基本设置，以及 AutoCAD 2016 的基本操作流程。

学习重点

◆ 操作界面。
◆ 如何设置绘图环境。
◆ 图形的缩放和平移。
◆ 图形文件管理。
◆ 基本操作流程。

职业素养

使学生了解中国制造业的发展和智能制造发展趋势，激发学生的爱国情怀和民族自豪感，使学生树立远大理想，热爱本专业，勇敢地肩负起时代赋予的光荣使命，成为担当民族复兴大任的时代新人，为实现中国的强国之梦打下坚实的基础。

1.1　初识 AutoCAD

AutoCAD 是 Autodesk（欧特克）公司（图 1-1）于 1982 年开发的自动计算机辅助设计软件。该软件可用于二维绘图、详细绘制、设计文档和基本三维设计等，现已经成为国际上广为流行的绘图工具。

AUTODESK.

图 1-1　欧特克公司商标

AutoCAD（图 1-2）具有良好的用户界面，通过交互菜单或命令行等方式便可以进行各种操作。AutoCAD 的多文档设计环境，让非计算机专业人员也能很快地学会使用，在不断实践的过程中更好地掌握 AutoCAD 的各种应用和开发技巧，从而不断提高工作效率。AutoCAD 具有广泛的适应性，可以在各种操作系统支持的微型计算机和工作站上运行。

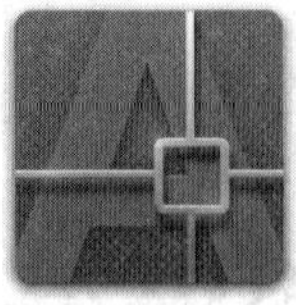

图 1-2　AutoCAD 的应用图标

1.2　AutoCAD 的广泛应用

AutoCAD 用于二维绘图和基本三维设计，用户通过它无须懂得编程，即可自动制图，因此它在全球范围内使用广泛，可以用于土木建筑、装饰装潢、工业设计、电子工业、园林景观及服装加工等多领域（图 1-3~1-8）。

图 1-3　土木建筑领域

图 1-4　装饰装潢领域

图 1-5　工业设计领域

图 1-6　电子工业领域

图 1-7　园林景观领域

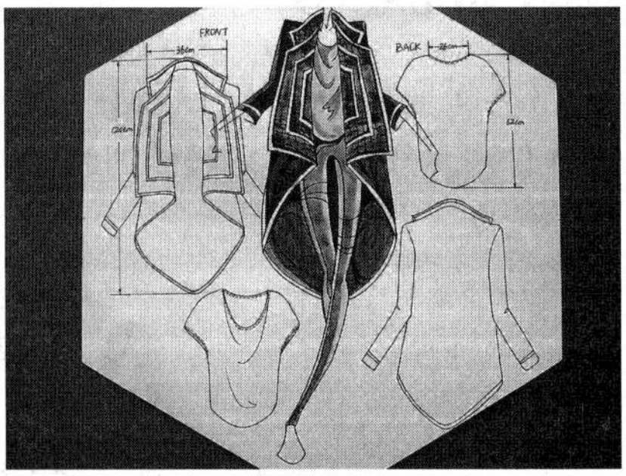

图 1-8　服装加工领域

1.3　AutoCAD 2016 的基本特点和系统需求

1.3.1　AutoCAD 2016 的基本特点

①具有完善的图形绘制功能。

②有强大的图形编辑功能。

③可以采用多种方式进行二次开发或用户定制。

④可以进行多种图形格式的转换，具有较强的数据交换能力。

⑤支持多种硬件设备。

⑥支持多种操作平台。

⑦具有通用性、易用性，适用于各类用户。

1.3.2　AutoCAD 2016 的系统需求

AutoCAD 2016 的系统需求如表 1-1 所示。

表 1-1　AutoCAD 2016 的系统需求

说明	需求
操作系统	Microsoft Windows 7/8 Enterprise 或更高版本
浏览器	Internet Explorer® 9.0 或更高版本
处理器	Intel Pentium 4 或 AMD Athlon™ 64，3.0 GHz 或更高，采用 SSE2 技术
内存	对于 32 位 AutoCAD 2016：2 GB（建议使用 3 GB） 对于 64 位 AutoCAD 2016：4 GB（建议使用 8 GB）
显示器分辨率	1024 × 768（建议使用 1600 × 1050 或更高）真彩色
磁盘空间	安装 6.0 GB

1.4　AutoCAD 2016 的操作界面

AutoCAD 2016 的操作界面是显示、编辑图形的区域，当启动 AutoCAD 2016 后会默认为草图与注释的工作空间。如图 1-9 所示，草图与注释的工作空间包括快速访问工具栏、功能区、标题栏、绘图区、十字光标、坐标系图标、布局标签、命令窗口和状态栏等。

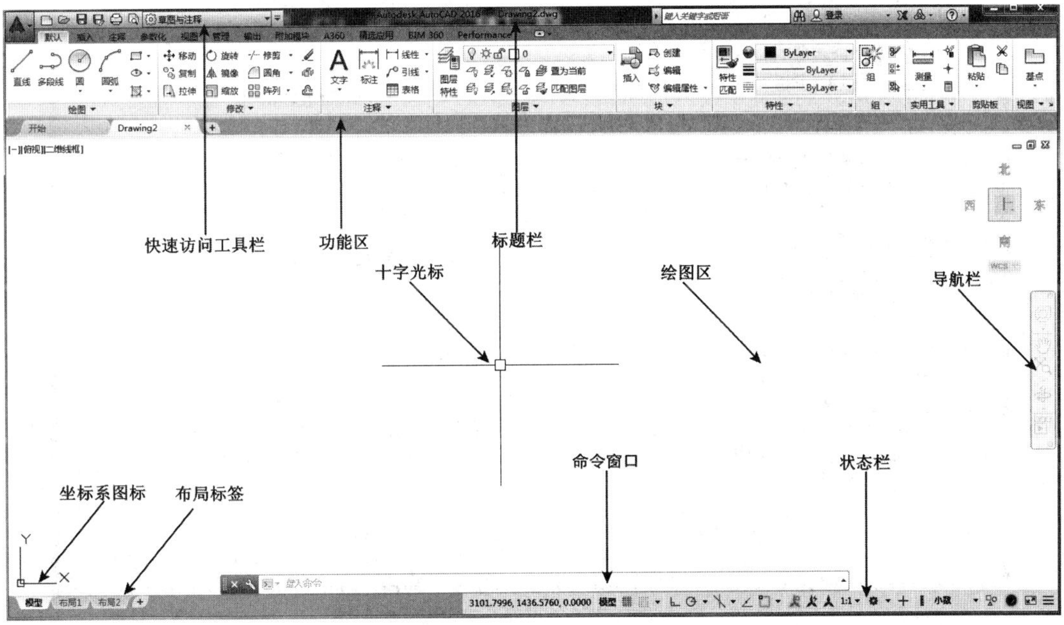

图 1-9 AutoCAD 2016 默认界面

1.4.1 标题栏

如图 1-10 所示，标题栏在 AutoCAD 操作界面的最上方，标题栏中会显示 AutoCAD 的版本信息和已打开的图形文件信息。

图 1-10 标题栏

在绘图区域单击鼠标右键打开快捷菜单，选择“选项”命令（图 1-11），选择“选项”对话框中的“显示”选项卡，在窗口元素的“配色方案”选项中选择“明”，然后点击“确定”退出对话框（图 1-12）。

图 1-11 快捷菜单

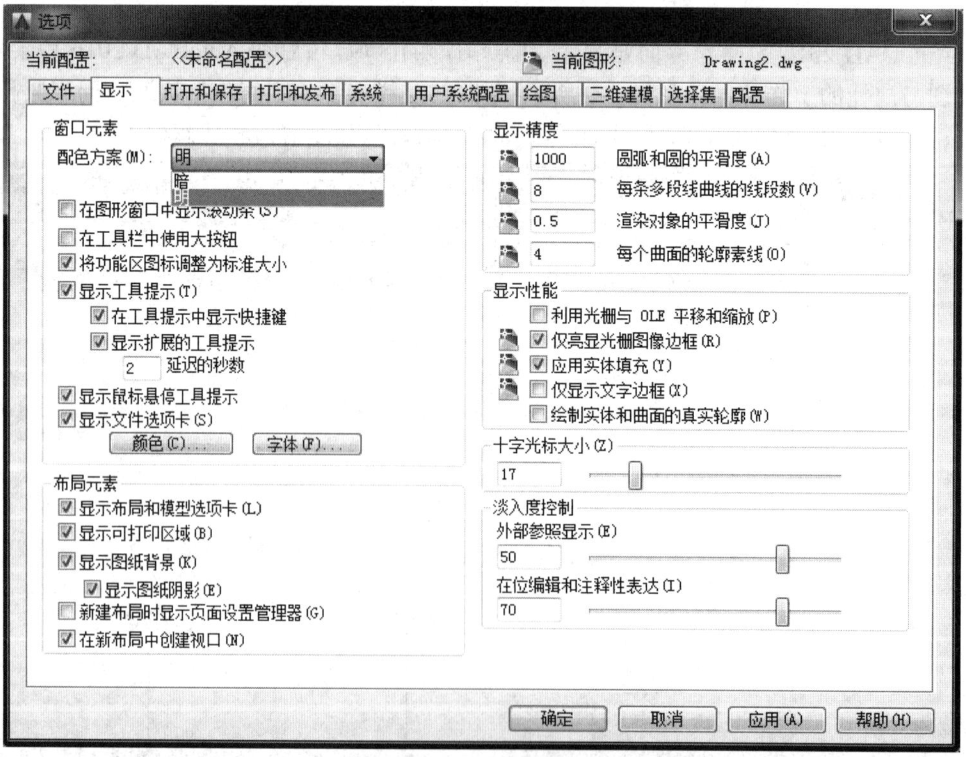

图 1-12 “选项”对话框

1.4.2　绘图区

绘图区在标题栏的下方，是 AutoCAD 2016 用户绘制图形的区域，用户在绘制图形过程中的各种操作都在绘图区完成。绘图区中有一个可移动的“十字线”，在 AutoCAD 2016 中我们将其称为光标，光标可以显示当前点的位置。

在默认情况下绘图区的背景为黑色，用户可以根据自己的习惯设置背景颜色，设置背景颜色的步骤为：选择“工具”菜单中的“选项”命令，打开“选项”对话框，打开“显示”选项卡，单击“窗口元素”中的“颜色”按钮，这时会出现“图形窗口颜色”对话框，点击“颜色”按钮右侧的下拉箭头，选择需要的窗口颜色，点击“应用并关闭”按钮完成设置，如图 1-13 所示。

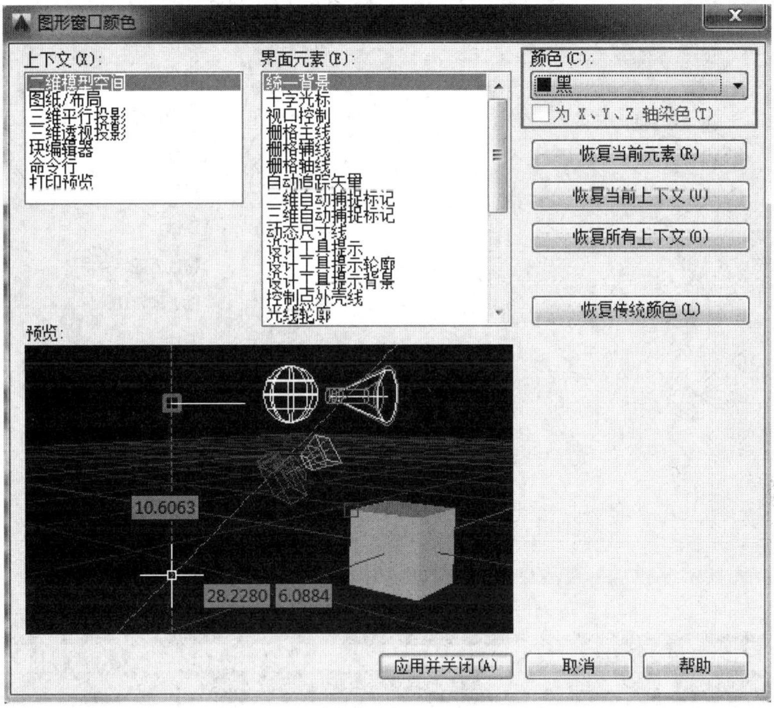

图 1-13　“图形窗口颜色”对话框

1.4.3　坐标系图标

在绘图区域的左下角，有一个 X、Y 箭头指向的图标，我们称之为坐标系图标，它表示用户绘图时正在使用的坐标系形式。坐标系图标的作用是为点的坐标确定一个参照系，坐标系图标可以在“视图”选项卡中关闭。关闭的步骤为单击“视图”选项卡“视口工具”面板中的“UCS 图标”按钮，如图 1-14 所示。

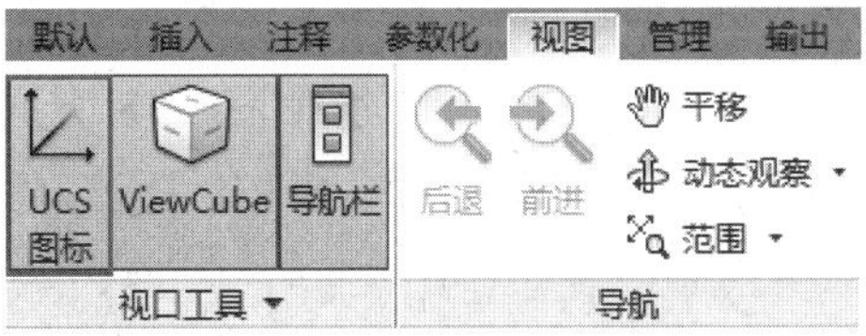

图 1-14　“视图”选项卡

1.4.4　菜单栏

菜单栏可以在快速访问工具栏中显示和隐藏。当需要显示时，如图 1-15 所示，打开快速访问工具栏中“草图与注释”最右侧的下拉菜单，选择“显示菜单栏”命令。调出后的菜单栏如图 1-16 所示。

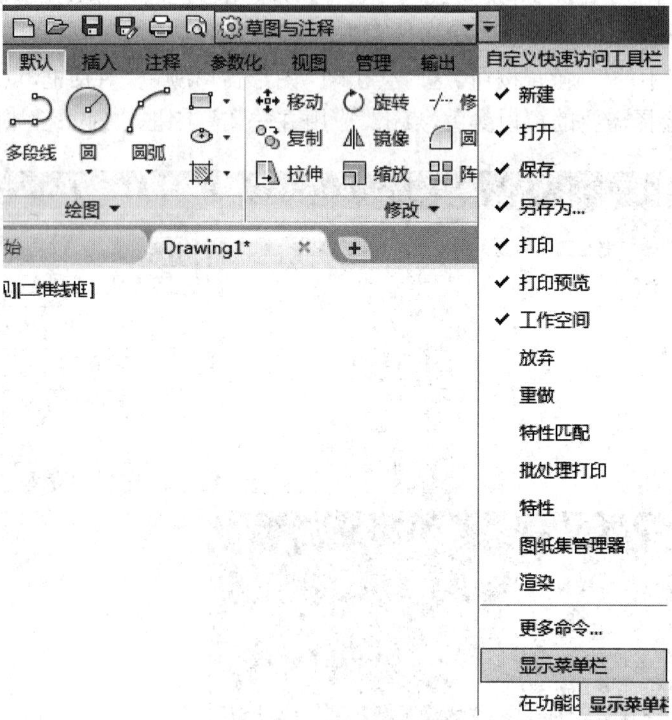

图 1-15　调出菜单栏

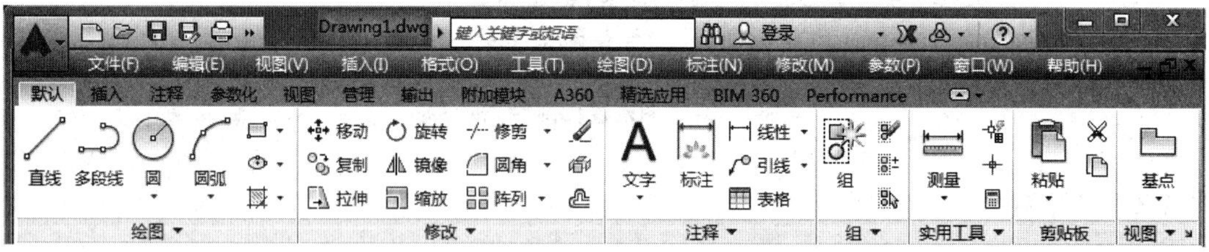

图 1-16　菜单栏界面

菜单栏中包含 12 个菜单：“文件”“编辑”“视图”“插入”“格式”“工具”“绘图”“标注”“修改”“参数”“窗口”“帮助”，这些菜单几乎包含了 AutoCAD 的全部绘图命令。

AutoCAD 下拉菜单中的命令包含三种：带有小三角形的菜单命令、带有省略号的菜单命令和直接操作的菜单命令。带有小三角形的菜单命令是包含子菜单的，如图 1-17 所示。带有省略号的菜单命令是可以打开一个对话框的，如图 1-18 所示。直接操作的菜单命令是可以直接绘图或进行其他操作的，如图 1-19 所示。

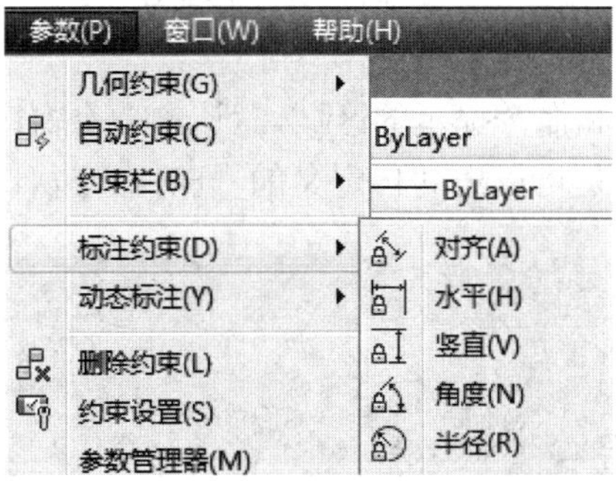

图 1-17　带有子菜单的菜单命令

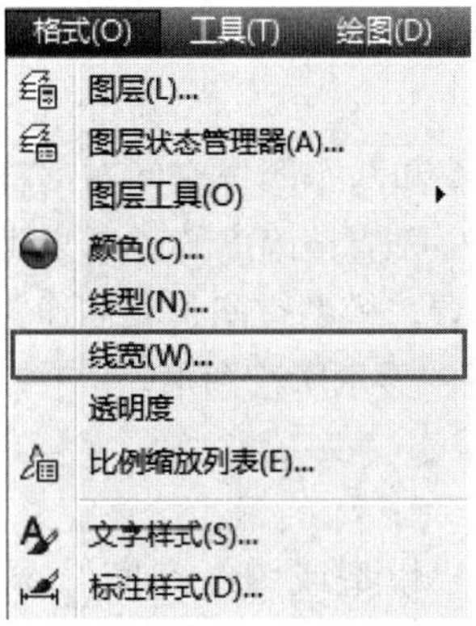

图 1-18　带有对话框的菜单命令

图 1-19　直接操作的菜单命令

1.4.5　工具栏

工具栏是一组图标型工具的集合，依次选择菜单栏中的“工具”“工具栏”“AutoCAD”即可调出需要的工具栏，如图 1-20 所示，直接点击工具栏中的图标可以启动相应的命令。工具栏既可以在绘图区域浮动，也可以用鼠标将它拖到绘图区域的边界。

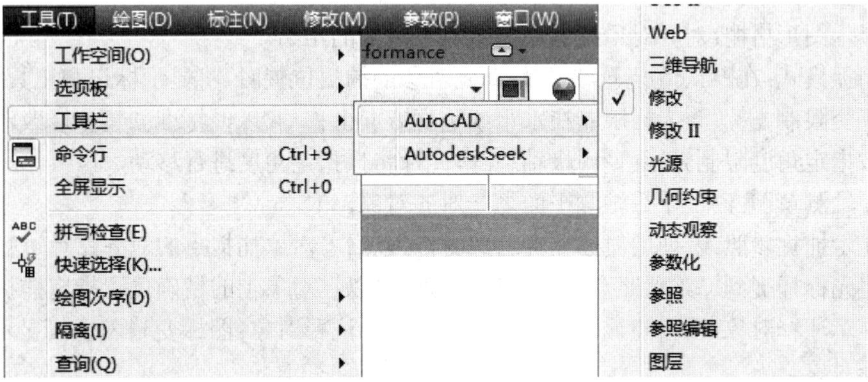

图 1-20　调出工具栏

1.4.6 命令窗口

命令窗口是输入命令名和命令提示的区域，默认的命令窗口布置在绘图区的下方，如图1-21 所示。命令窗口的位置是可以拖动自定义的，同时命令窗口可以扩大和缩小。

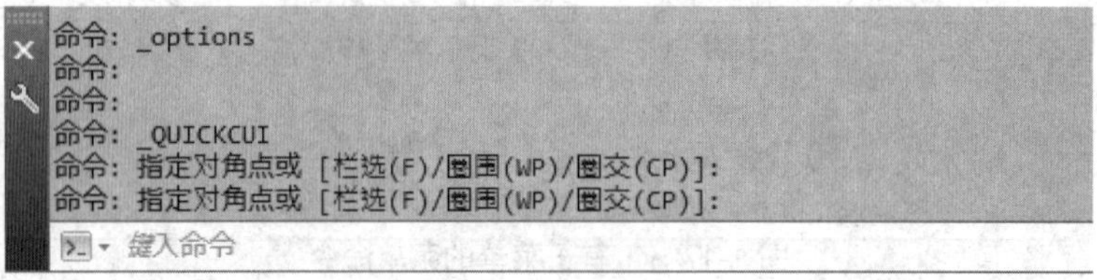

图 1-21 命令窗口

1.4.7 布局标签

AutoCAD 2016 系统默认设定一个模型空间布局标签和两个图样空间布局标签。布局是系统为绘图设置的一种环境，包括图样大小、尺寸单位、数值精确度等。用户可以根据实际需要在系统默认的这三个标签中对这些变量值进行设置。模型空间是我们通常绘图的环境。在图样空间中，用户可以创建“浮动视口”，以不同视图显示所绘图形。

1.4.8 状态栏

状态栏在 Auto CAD2016 默认界面的底部，依次有“模型或图纸空间”“显示图形格栅”“捕捉模式”“正交限制光标”等 18 个功能按钮。单击部分开关按钮可以实现这些功能的开关，部分按钮也可以控制图形或绘图区的状态，如图 1-22 所示。

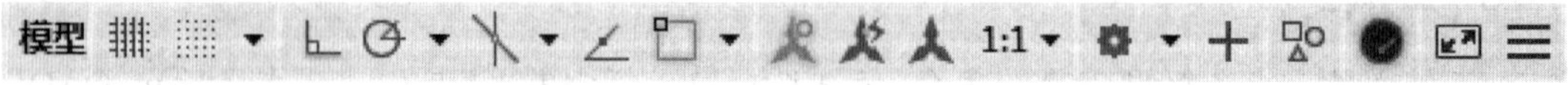

图 1-22 状态栏

以下将对状态栏中各功能按钮的功能依次进行介绍。

①模型或图纸空间：在模型空间和布局空间之间进行转换。

②显示图形格栅：对齐对象并直观显示对象之间的距离。

③捕捉模式：在默认情况下，光标移动到对象的捕捉位置时，将显示标记和工具提示。

④正交限制光标：将光标限制在水平或垂直方向上移动，以便精准创建和修改对象。

⑤按指定角度限制光标：使用极轴追踪，光标将按指定角度进行移动。

⑥等轴测草图：沿三个等轴测平面之一对齐对象。

⑦显示捕捉参照线：使用对象捕捉追踪时，可以沿着对象捕捉点的对齐路径进行追踪。

⑧将光标捕捉到二维参照点：使用对象捕捉，可以在对象上的精确位置指定捕捉点。

⑨显示注释对象：图标亮显表示显示所有比例的注释对象；图标变暗表示仅显示当前比例的注释对象。

⑩在注释比例发生变化时，将比例添加到注释对象；注释比例更改时，自动将比例添加到注释性对象。

⑪当前视图的注释比例：单击注释比例右侧小三角形导出注释比例列表，可根据需要选

择适当的注释比例。

⑫切换工作空间：进行工作空间的切换。

⑬注释监视器：打开仅用于所有事件或模型文档事件的注释监视器。

⑭硬件加速：设定图形卡的驱动程序以及设置硬件加速的选项。

⑮隔离对象：当选择隔离对象时，在当前视图中显示选定对象，其他所有对象将暂时隐藏；当选择隔离对象时，在当前视图中暂时隐藏选定对象，其他所有对象都可见。

⑯全屏显示：使绘图窗口全屏显示。

⑰自定义：系统中的计算、判断和编辑功能可以完全按照用户的要求设置状态栏。

1.4.9　滚动条

AutoCAD 2016 的默认界面中不显示滚动条，我们需要把滚动条调出来。选择菜单栏中的“工具”“选项板”“选项”命令，单击“显示”选项卡，将“窗口元素”中的“在图形窗口中显示滚动条”勾选上即可，如图 1-23 所示。

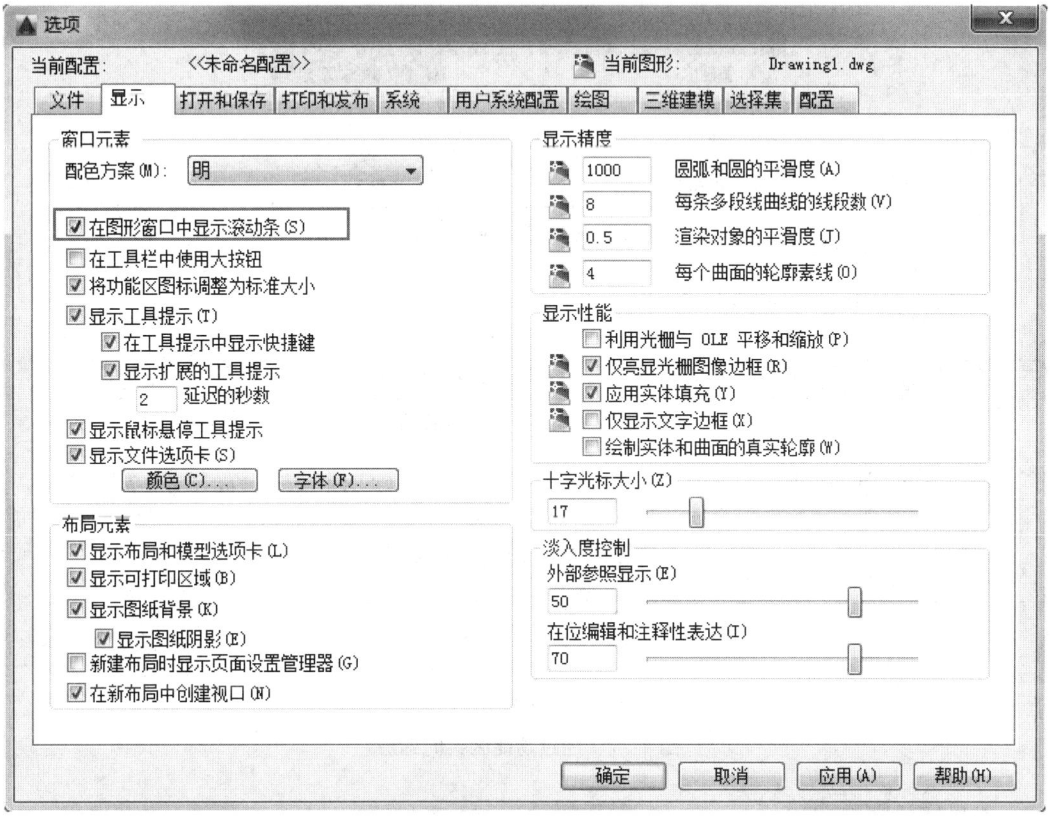

图 1-23　“选项”对话框中的“显示”选项卡

1.5　图形的缩放和平移

所谓视图就是具有特定的放大倍数、位置及方向的图形。改变视图的一般方法是利用缩放和平移命令，在绘图区域放大、缩小图形显示，或者改变图形的位置。

利用实时缩放，可以通过垂直向上或向下移动光标来放大或缩小图形。利用实时平移，可以通过点击或移动光标重新放置图形。

1.5.1　实时缩放

1. 执行方式

①命令行：直接在命令行输入命令名 ZOOM，如图 1-24 所示。

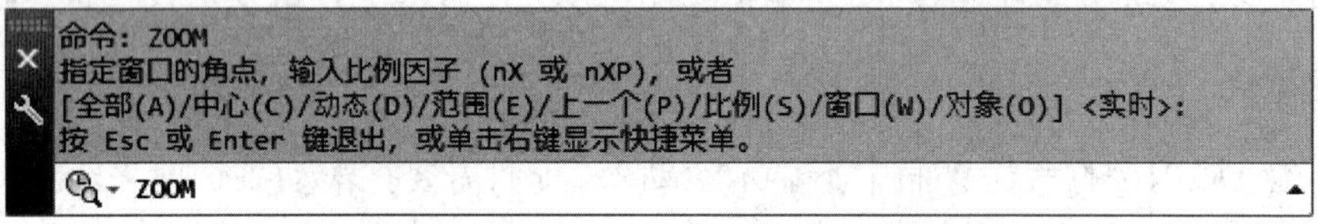

图 1-24　在命令行输入“实时缩放”命令

②菜单栏：选择“视图”→“缩放”→“实时”，如图 1-25 所示。

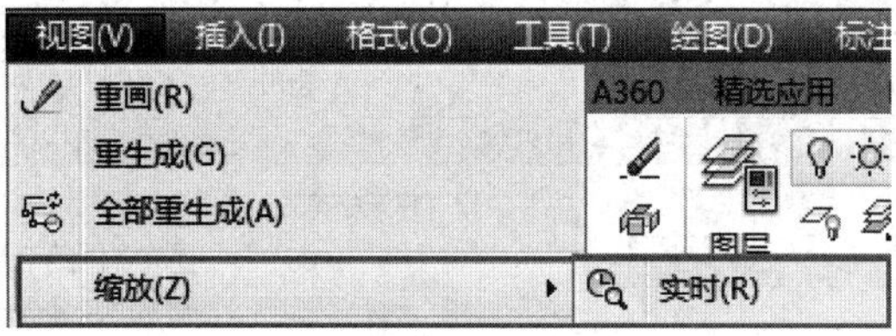

图 1-25　通过菜单栏实时缩放

③工具栏：“标准”→“实时缩放”，如图 1-26 所示。

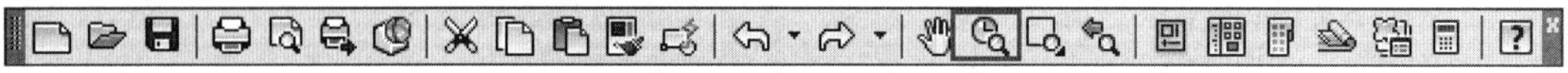

图 1-26　通过工具栏实时缩放

④功能区：单击“视图”选项卡，点击“导航”面板中的“实时”按钮，如图 1-27 所示。

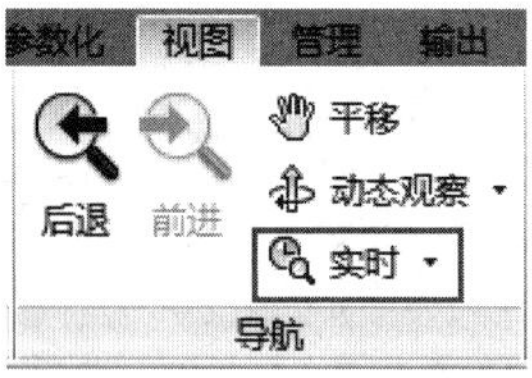

图 1-27　通过功能区实时缩放

2. 操作步骤

①按住选择按钮向上或向下移动。从图形的中点向顶端垂直移动光标可以放大图形，向底部垂直移动光标可以缩小图形。

②在“标准”工具栏的“缩放”工具栏中还有一些类似“缩放”的命令，如图 1-28 所示。

图 1-28 “缩放”工具栏

1.5.2 实时平移

1. 执行方式

①命令行：直接在命令行输入命令名 PAN，如图 1-29 所示。

图 1-29 命令行输入“PAN”执行实时平移

②菜单栏：选择“视图”→“平移”→“实时”，如图 1-30 所示。

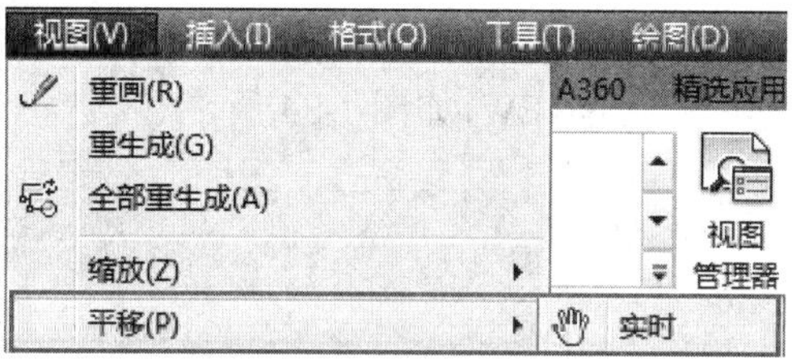

图 1-30 通过菜单栏实时平移

③工具栏：选择“标准”→“实时平移”，如图 1-31 所示。

图 1-31 通过工具栏实时平移

④功能区：单击“视图”选项卡，点击“导航”面板中的“平移”按钮，如图 1-32 所示。

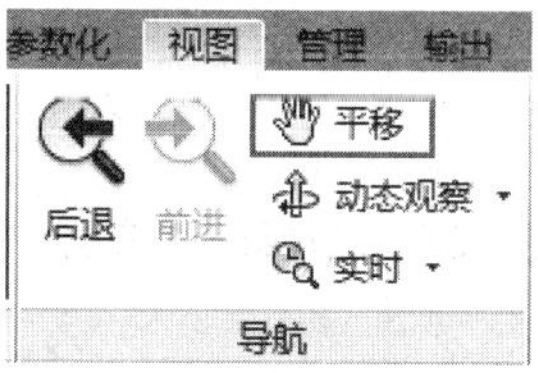

图 1-32 通过功能区实时平移

2. 操作步骤

执行“平移”命令后，用鼠标按下选择按钮，然后移动光标就可以平移图形了。在显示控制命令设置了一个右键快捷菜单，如图 1-33 所示。在该菜单中，可以在显示命令执行的过程中，随时切换至“平移”。

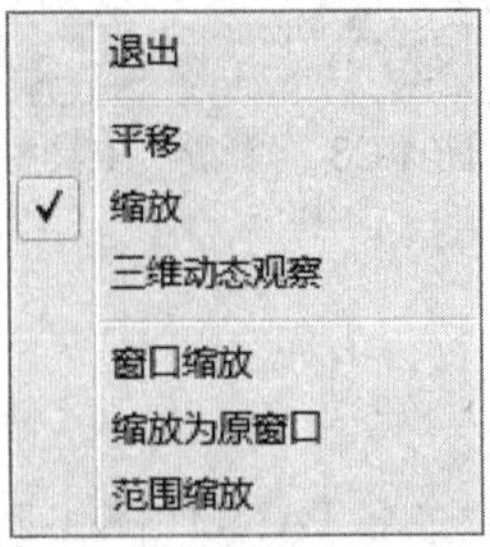

图 1-33　右键快捷菜单

1.6　文件管理

本节介绍有关文件管理的一些基本操作方法，包括新建文件、打开文件、保存文件等。

1.6.1　新建文件

1. 执行方式

①命令行：直接输入 NEW 或 QNEW，如图 1-34 所示。

图 1-34　在命令行输入“NEW”或“QNEW”

②菜单栏或主菜单：选择“文件”→“新建”，或“主菜单”→“新建”，如图 1-35 与图 1-36 所示。

图 1-35　通过菜单栏新建文件

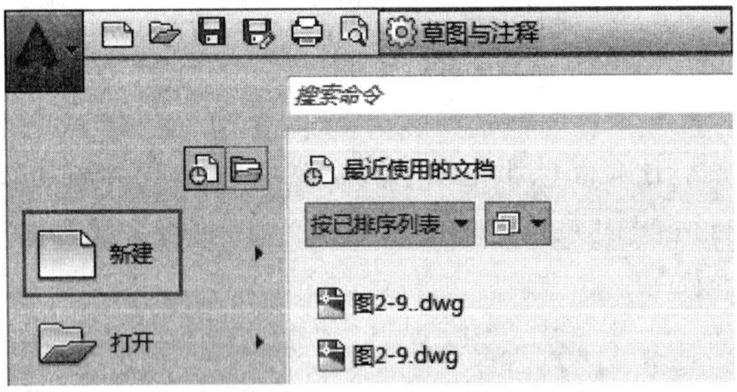

图 1-36　通过主菜单新建文件

③工具栏：选择“标准”→“新建”，如图 1-37 所示。

图 1-37　通过工具栏新建文件

2. 操作步骤

执行“新建”命令后，系统将会打开“选择样板”对话框，如图 1-38 所示，在文件类型的下拉列表中有 dwt、dwg、dws 三种图形样板。一般情况下，dwt 文件是标准的样板文件；dwg 文件是普通的样板文件；dws 文件是包含标准图层、标注样式、线型和文字样式的样板文件。

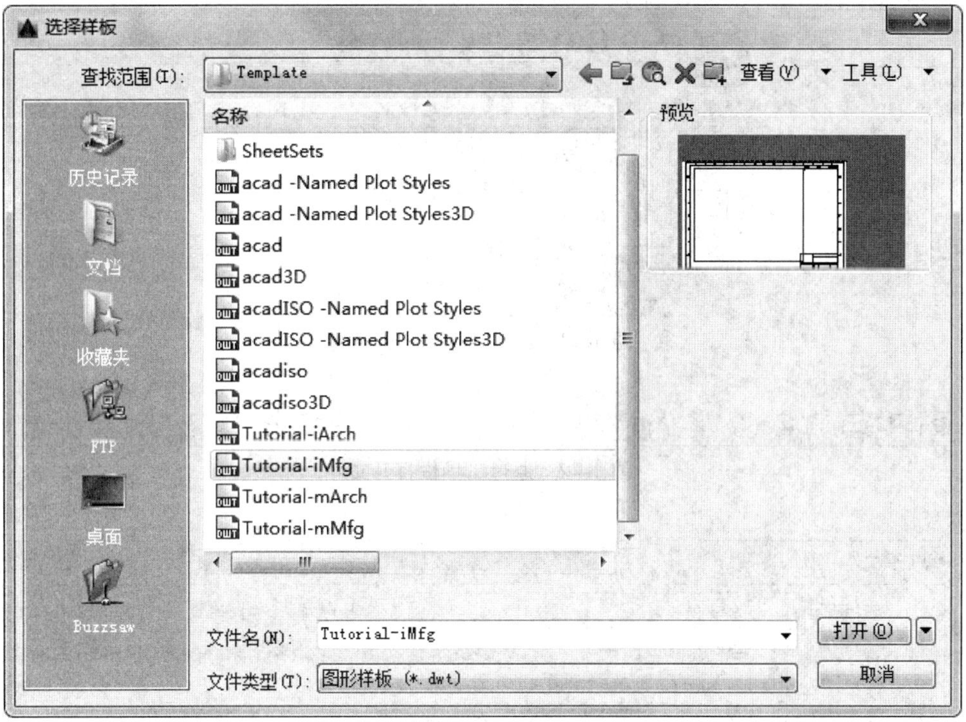

图 1-38　“选择样板”对话框

1.6.2　打开文件

1. 执行方式

①命令行：在命令行输入 OPEN，如图 1-39 所示。

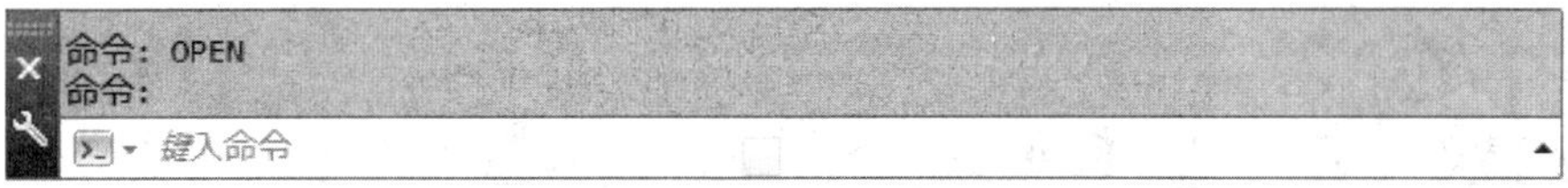

图 1-39　通过命令行打开文件

②菜单栏：选择“文件”→“打开”，或“主菜单”→“打开”，如图 1-40 与图 1-41 所示。

③工具栏：选择“标准”→“打开”，如图 1-42 所示。

2. 操作步骤

执行“打开”命令后，打开“选择文件”对话框，如图 1-43 所示，在“选择文件”对话框中可选 dwg 文件、dwt 文件、dws 文件和 dxf 文件。

图 1-40 通过菜单栏打开文件

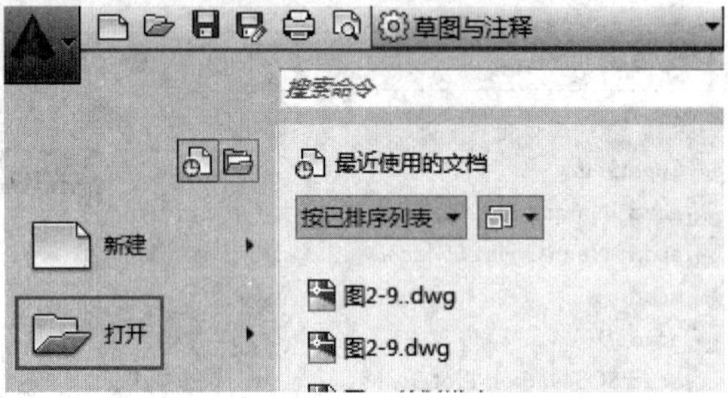

图 1-41 通过主菜单打开文件

图 1-42 通过工具栏打开文件

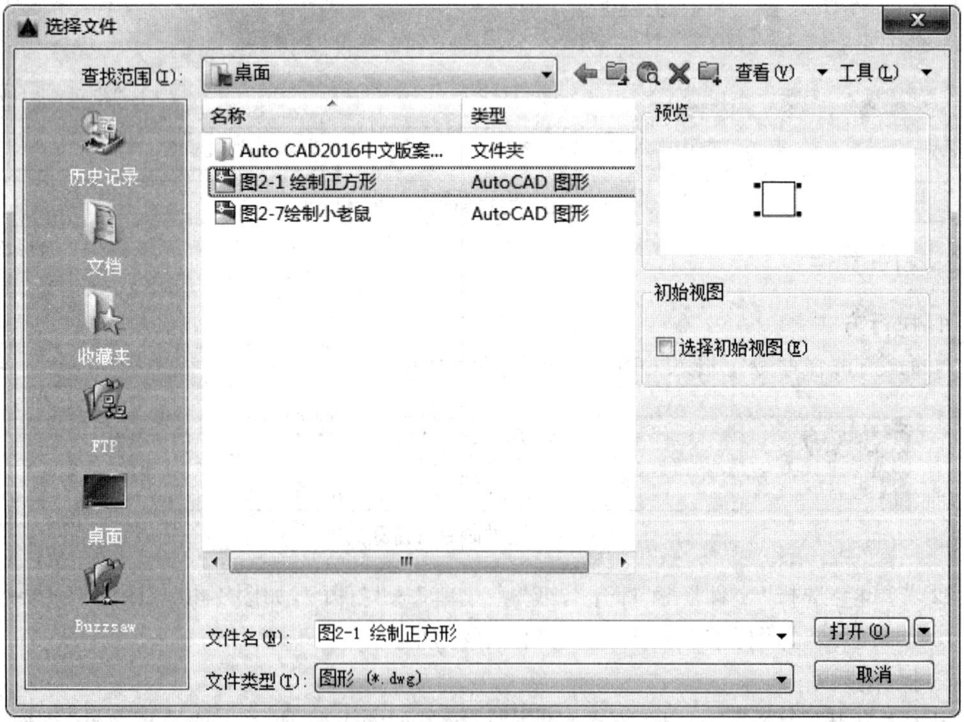

图 1-43 “选择文件”对话框

1.6.3　保存文件

1. 执行方式

①命令行：在命令行直接输入 QSAVE 或 SAVE，如图 1-44 所示。

图 1-44　通过命令行保存文件

②菜单栏：选择“文件”→“保存”或“另存为”，如图 1-45 与图 1-46 所示。

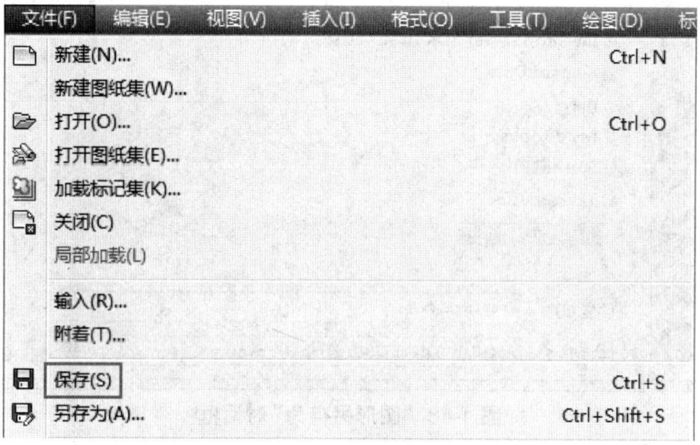

图 1-45　通过菜单栏保存文件

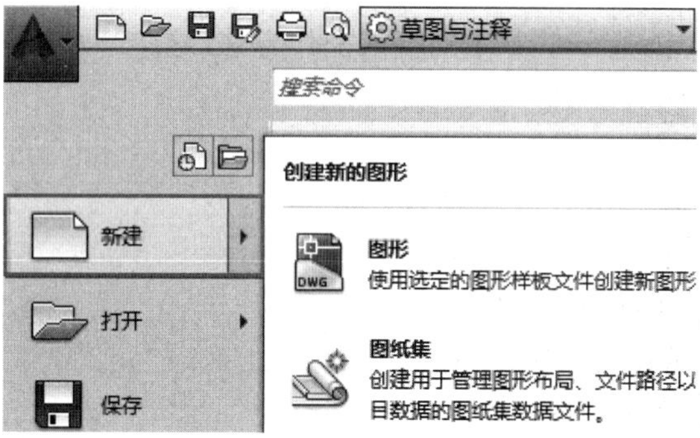

图 1-46　通过主菜单保存文件

③工具栏：选择“标准”→“保存”，如图 1-47 所示。

图 1-47　通过工具栏保存文件

2. 操作步骤

执行“保存”命令后，若图形文件已经命名，则系统会自动保存；若图形文件未命名，系统则打开“图形另存为”对话框，如图 1-48 所示。在“保存于”下拉列表中可以指定文件的保存路径;在“文件类型”下拉列表中可以指定文件的保存类型。

图 1-48 “图形另存为”对话框

1.7 AutoCAD 2016 的基础操作

在 AutoCAD 2016 中,有一些基本的输入操作方法,这些基本方法是绘图必备的基础知识,也是深入学习的前提。

1.7.1 命令输入方式

①在命令窗口输入命令名。

②在命令窗口输入命令缩写字母。

③选取绘图菜单中的命令图标。

④选取工具栏中的命令图标。

⑤在绘图区右击鼠标,点击最近输入的命令。

1.7.2 命令执行方式

有的命令有两种执行方式,即通过对话框或通过命令行输入命令。如使用命令行方式,可以在命令名前面加“_”来表示,如“_LAYER”表示用命令行方式执行“图层”命令。而如果在命令行输入“LAYER”,系统则会自动打开“图层”对话框。

有些命令同时存在命令行、菜单和工具栏三种执行方式。这时如果选择菜单或工具栏方式,命令行也会显示该命令,并在命令名前面加下画线,如通过菜单栏或工具栏执行直线命令，命令行会显示“_LINE”，执行的过程和结果与使用命令行方式的过程和结果相同。

在任务执行的任何时刻都可以按键盘上的“Esc”键取消或终止执行。命令执行完毕后如需要重复上一个命令，按键盘上的“Enter”键即可重复执行上一个命令。

1.7.3 坐标系统与数据的输入方式

1. 坐标系

AutoCAD 2016 采用两种坐标系：世界坐标系和用户坐标系。刚进入 AutoCAD 2016 时的坐标系统就是世界坐标系，是固定的坐标系统。绘制图形通常是在世界坐标系中进行的。

坐标系的执行方式有两种：既可以在命令行直接输入命令“UCS”，也可以在菜单栏的“工具”面板中新建“UCS”。

2. 数据输入方式

在 AutoCAD 2016 中，点的坐标可以用直角坐标、极坐标、球面坐标和柱面坐标表示。其中直角坐标和极坐标最常用。每一种坐标又分别具有两种坐标输入方式：绝对坐标和相对坐标。

直角坐标法：用点的 X 轴、Y 轴坐标值表示的坐标。

极坐标法：用长度和角度表示的坐标，只能用来表示二维点的坐标。

3. 动态数据输入

按下状态栏上的“动态输入”按钮，系统会打开动态输入功能，此时即可在屏幕上动态输入参数数据。例如画一条线段，可以动态地输入线段起点的坐标和线段的长度值，如图 1-49 和图 1-50 所示。

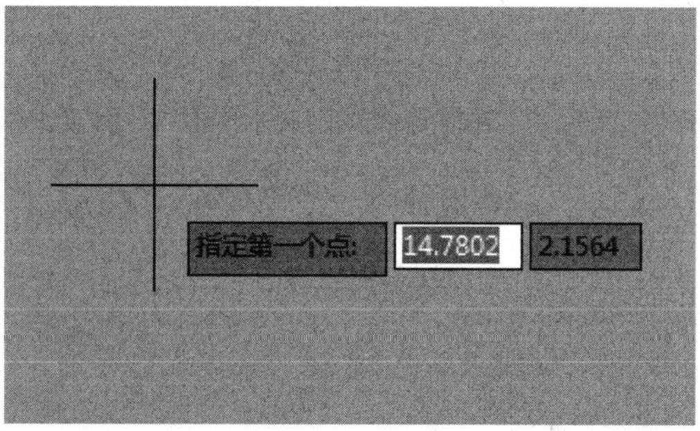

图 1-49　动态输入线段的起点坐标值

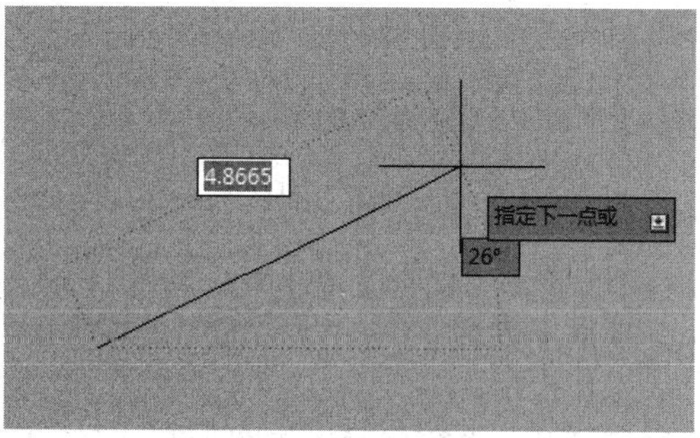

图 1-50　动态输入线段的长度值

1.7.4 点的输入方式

①用键盘直接在命令窗口输入点的坐标。

②用鼠标左键在绘图区域单击直接取点。

1.7.5 距离值的输入

在绘制图形时，有时需要输入长度、高度、宽度等距离值。输入距离值的方式有两种：第一种是用键盘在命令窗口直接输入数值；另一种是在屏幕上拾取两点，以两点的距离值定出所需数值。

例如绘制一条 30 mm 长的线段，先在命令窗口输入“LINE”直线命令，点击拾取线段起点，这时在屏幕上移动光标指明线段方向，然后在命令行输入“30”并按下空格键，这时就在指定方向上准确地绘制了一条长度为 30 mm 的线段，如图 1-51 所示。

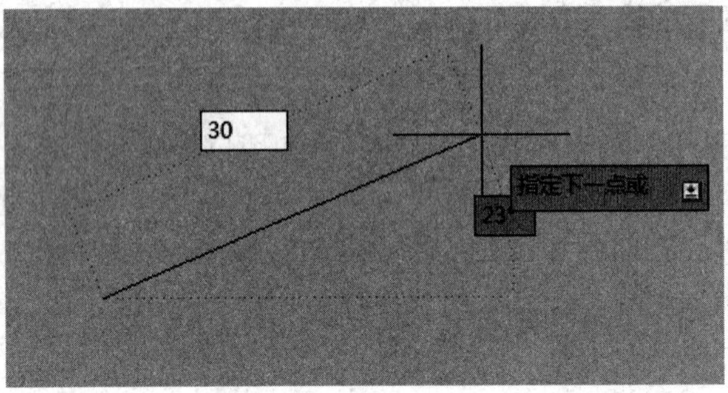

图 1-51 绘制线段

1.8 上机实战

【实战一】熟悉操作界面

目的要求：

通过上机操作练习，掌握 AutoCAD 2016 的操作界面。

操作提示：

①启动 AutoCAD 2016，进入绘图界面；

②调整操作界面大小；

③设置绘图窗口颜色与光标大小；

④打开、移动、关闭工具栏和功能区；

⑤尝试用命令行、下拉菜单和功能区绘制一条线段。

【实战二】管理图形文件

目的要求：

通过上机操作练习，掌握管理 AutoCAD 2016 的图形文件。

操作提示：

①打开一个已保存过的图形文件（第 1 章实战二素材）；

②进行自动保存设置；

③将图形以新的名称保存；

④尝试在图形上绘制任意图线，并以新命名保存。

【实战三】数据输入

目的要求：

通过上机操作练习，掌握 AutoCAD 2016 图形文件的数据输入。

操作提示：

①新建文件，运用直角坐标和极坐标分别绘制两条线段；

②绘制一条带有距离值的线段；

③利用“正交”命令绘制水平或垂直的直线段。

【实战四】图形文件的缩放和平移

目的要求：

通过上机操作练习，掌握图形显示工具的方法和技巧。

操作提示：

①打开图形文件（第 1 章实战四素材），利用“缩放”工具对图形进行局部缩放操作；

②打开图形文件（第 1 章实战四素材），利用“平移”工具将图形移动到合适位置。

第 2 章　二维绘制命令

章节概括

二维图形是指在二维平面空间绘制的图形，主要由点、直线、圆弧、圆、椭圆、矩形、多边形、多段线、样条曲线、多线等集合元素组成。AutoCAD 2016 提供了大量的绘图工具，帮助用户完成二维图形的绘制。本章主要内容包括：直线、圆、圆弧、椭圆、椭圆弧、矩形、多边形等多个图形命令的使用方法和操作步骤。

学习重点

- ◆ 直线命令的执行和操作。
- ◆ 圆形命令的执行和操作。
- ◆ 矩形和正多边形命令的执行和操作。
- ◆ 点命令的执行和操作。

职业素养

在教授制图的过程中引导学生形成大局观和全局意识，培养学生无论作图还是做事都要有精益求精、超越自我的追求，培养学生学习和追求大国工匠精益求精的工作境界；培养学生细致、严谨、专注的工作态度，以及对职业的认同感、荣誉感和使命感。

2.1　直线命令

直线命令包括直线段、射线和构造线等，这些命令是 AutoCAD 2016 中最简单的命令。

2.1.1　直线段

1. 执行方式

①命令行：在命令行输入“LINE”（快捷命令：L），如图 2-1 所示。

命令:
命令: LINE
LINE 指定第一个点:

图 2-1　在命令行执行“直线”命令

②菜单栏：选择“绘图”→“直线”，如图 2-2 所示。

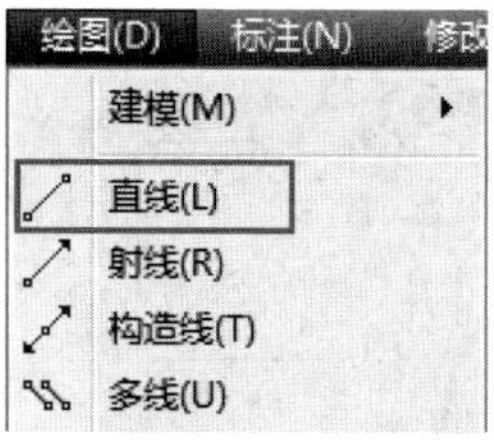

图 2-2　在菜单栏执行“直线”命令

③工具栏：单击工具栏中的“直线”按钮，如图 2-3 所示。

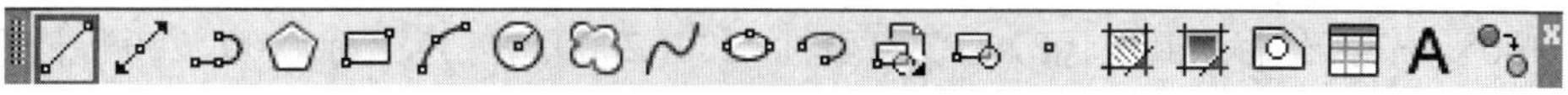

图 2-3　在工具栏执行“直线”命令

④功能区：单击“默认”选项卡“绘图”面板中的“直线”按钮，如图 2-4 所示。

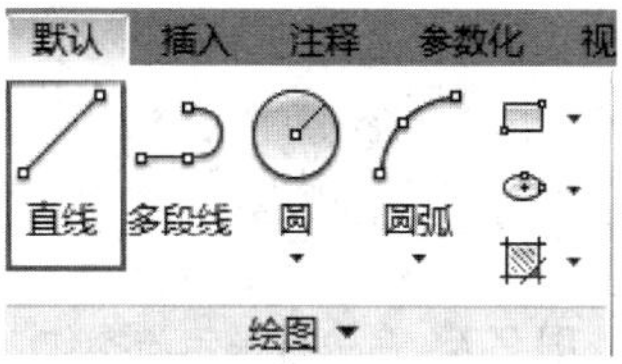

图 2-4　在功能区执行“直线”命令

2. 操作步骤

①在命令行输入“LINE”（快捷命令：L）。

②指定第一个点：输入直线段起点坐标或在绘图区单击指定点。

③指定下一个点：输入直线段端点坐标或移动光标指定角度后输入直线段长度。

④按“Enter”键结束命令（命令行提示与操作如图 2-5 所示）。

图 2-5　“直线”命令行提示与操作

3. 操作说明

①在“指定下一点”提示下，用户可以指定多个端点，从而绘制多条直线段。

②绘制两条以上直线段后，可在命令行输入“C”（即闭合命令），系统会自动连接第一个点和最后一个点，形成闭合图形。

③绘图过程中在命令行输入“U”（即放弃命令），系统会自动删除上一次绘制的直线段。

④绘制直线段时可以打开“正交模式”，用来绘制水平或垂直的直线段。

4. 知识巩固

以图 2-6 所示的正方形为例，介绍一下“直线”命令的使用方法及正方形的绘制步骤。

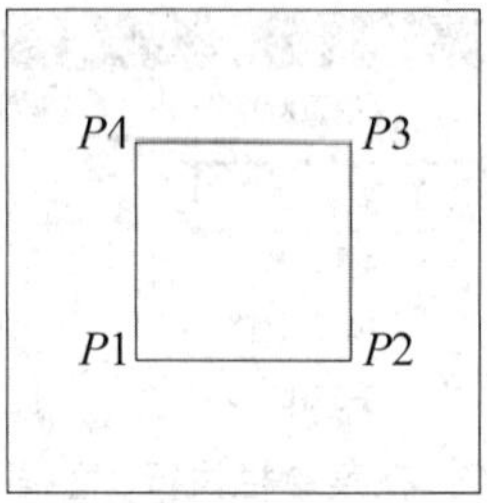
P4
P3
P1
P2

图 2-6　正方形

方法一：利用直角坐标法绘制。首先在命令行输入“LINE”，然后依次输入 $P1$ 点坐标（100，100）、$P2$ 点坐标（200，100）、$P3$ 点坐标（200，200）、$P4$ 点坐标（100，200），最后输入“C”完成绘制。需要注意的是，输入完各点坐标和“闭合”命令后须按“Enter”键执行命令内容，命令行提示与操作如图 2-7 所示。

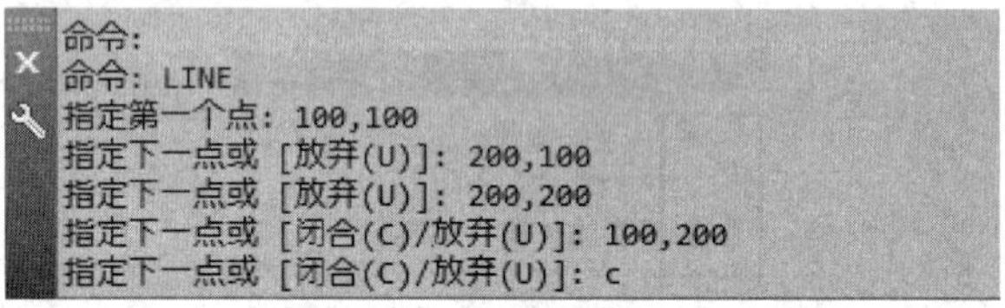
命令:
命令: LINE
指定第一个点: 100,100
指定下一点或 [放弃(U)]: 200,100
指定下一点或 [放弃(U)]: 200,200
指定下一点或 [闭合(C)/放弃(U)]: 100,200
指定下一点或 [闭合(C)/放弃(U)]: c

图 2-7　命令行提示与操作

方法二：利用极坐标法绘制。首先在状态栏打开“正交限制光标”命令，然后在命令行输入“LINE”，最后在绘图区拾取第一个点，移动光标指定线段方向并输入长度 200 按“Enter”键执行命令，按顺时针或逆时针方向依次绘制出其他线段，命令行提示与操作如图 2-8 所示。

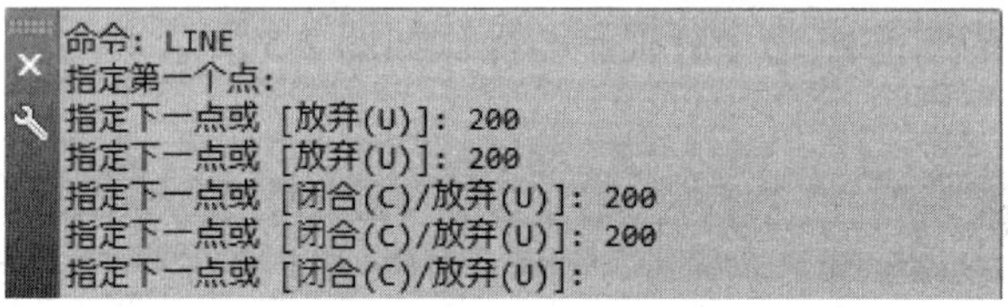
命令: LINE
指定第一个点:
指定下一点或 [放弃(U)]: 200
指定下一点或 [放弃(U)]: 200
指定下一点或 [闭合(C)/放弃(U)]: 200
指定下一点或 [闭合(C)/放弃(U)]: 200
指定下一点或 [闭合(C)/放弃(U)]:

图 2-8　命令行提示与操作

2.1.2　构造线

1. 执行方式

①命令行：在命令行输入“XLINE”（快捷命令：XL），如图 2-9 所示。

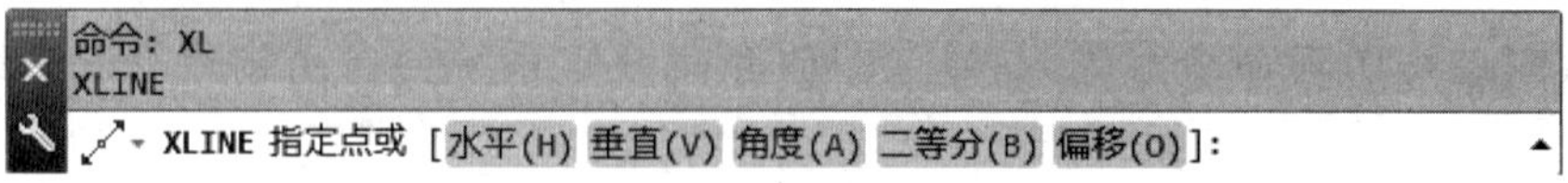
命令: XL
XLINE
XLINE 指定点或 [水平(H) 垂直(V) 角度(A) 二等分(B) 偏移(O)]:

图 2-9　在命令行执行“构造线”命令

②菜单栏：选择“绘图”→“构造线”，如图 2-10 所示。

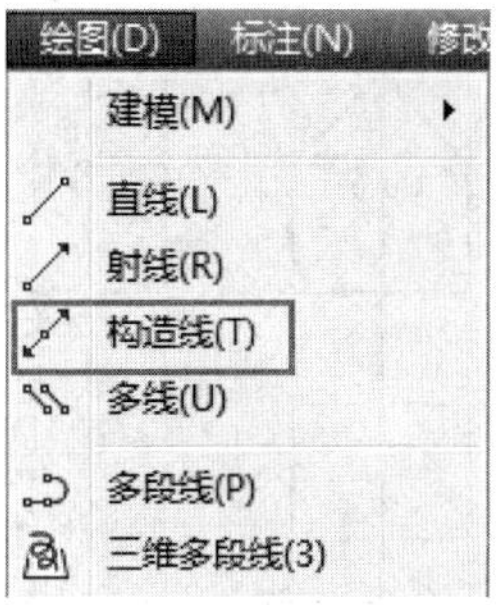

图 2-10　在菜单栏执行“构造线”命令

③工具栏：单击“绘图”工具栏中的“构造线”按钮，如图 2-11 所示。

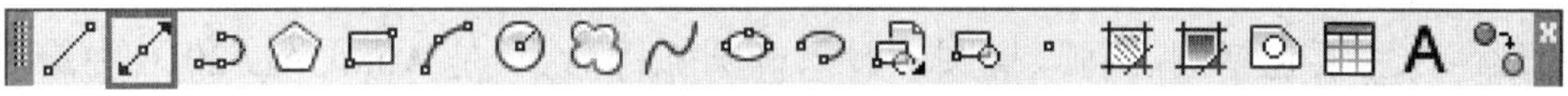

图 2-11　在工具栏执行“构造线”命令

④功能区：单击“默认”选项卡“绘图”面板中的“构造线”按钮，如图 2-12 所示。

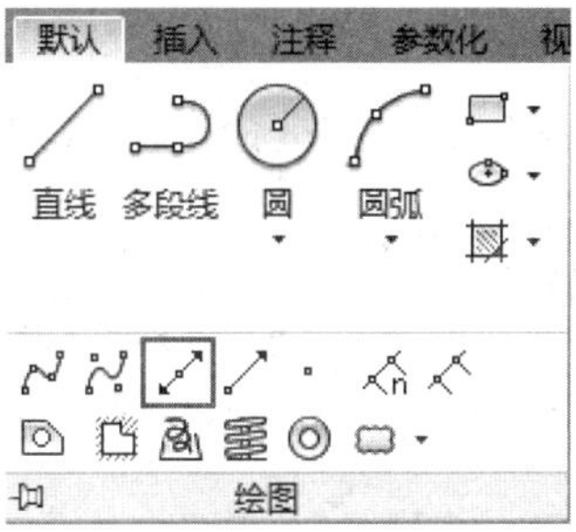

图 2-12　在功能区执行“构造线”命令

2. 操作步骤

①在命令行输入“XLINE”（快捷命令：XL）。

②指定第一个点：输入构造线起点坐标或在绘图区单击指定点。

③指定通过点：输入构造线的通过点坐标或在绘图区单击指定点。

④按“Enter”键结束命令（命令行提示与操作如图 2-13 所示）。

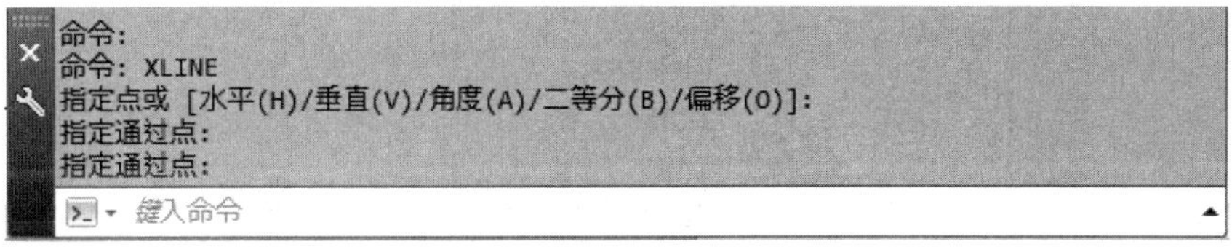

图 2-13　命令行提示与操作

3. 操作说明

①执行选项中有 6 种方式可以绘制构造线，分别是“指定点”“水平”“垂直”“角度”“二等分”“偏移”。

②构造线为绘图中的辅助线，具有特殊的线型显示，在输出图形时可以不做输出。构造线可以辅助绘制各类三视图，可以更清楚地表达主视图、左视图与俯视图的对应关系，如图 2-14 所示。

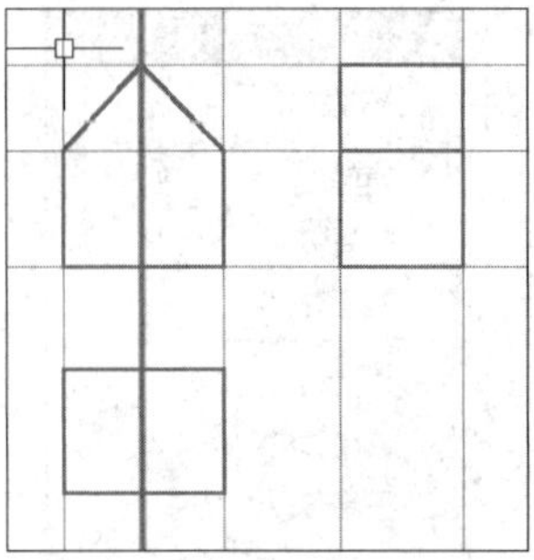

图 2-14 构造线辅助绘制三视图

2.2 圆形命令

圆形命令主要包括圆、圆弧、椭圆、圆环、椭圆弧等命令，是 AutoCAD 2016 中最简单的曲线命令。

2.2.1 圆

1. 执行方式

①命令行：在命令行输入“CIRCLE”（快捷命令：C），如图 2-15 所示。

图 2-15 通过命令行执行“圆”命令

②菜单栏：选择“绘图”→“圆”，如图 2-16 所示。

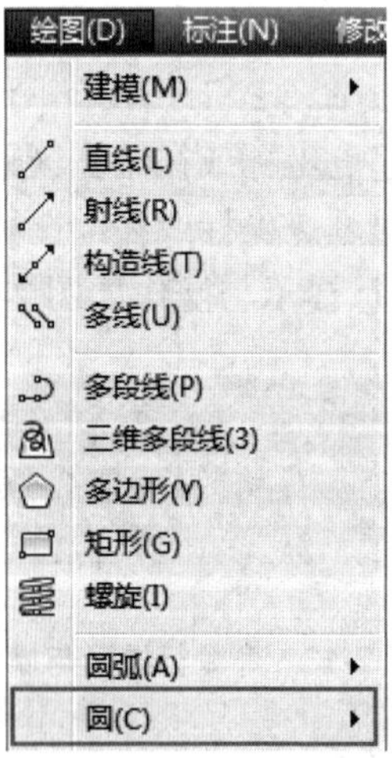

图 2-16 在菜单栏执行“圆”命令

③工具栏：单击“绘图”工具栏中的“圆”按钮，如图 2-17 所示。

图 2-17 在工具栏执行“圆”命令

④功能区：单击“默认”选项卡“绘图”面板中的“圆”按钮，如图 2-18 所示。

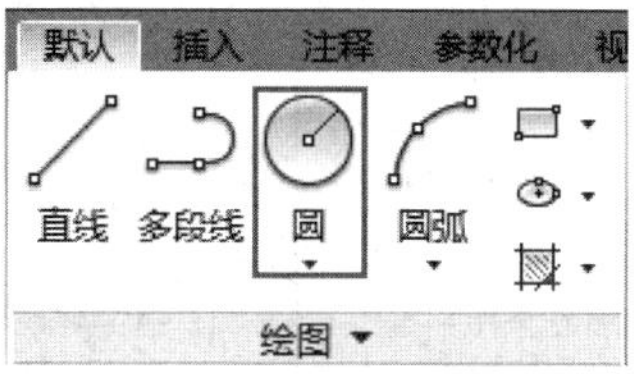

图 2-18　在功能区执行“圆”命令

2. 操作步骤

①在命令行输入“CIRCLE”（快捷命令：C）。

②指定圆心：在绘图区单击鼠标指定圆心。

③指定半径：直接输入半径数值或在绘图区单击指定半径长度。

④指定直径：直接输入直径数值或在绘图区单击指定直径长度（命令行提示与操作如图 2-19 所示）。

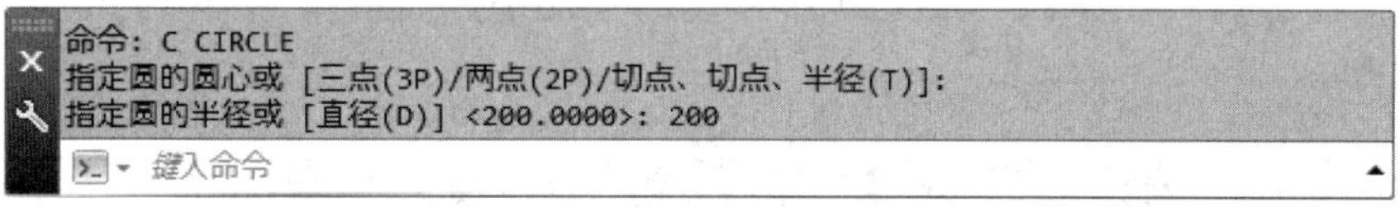

图 2-19　命令行提示与操作

3. 操作说明

①三点（3P）：通过指定圆周上的三点绘制圆。

②两点（2P）：通过指定直径的两个端点绘制圆。

③相切，相切，半径（T）：通过先指定两个切点、再指定半径的方法绘制圆，如图 2-20 所示。

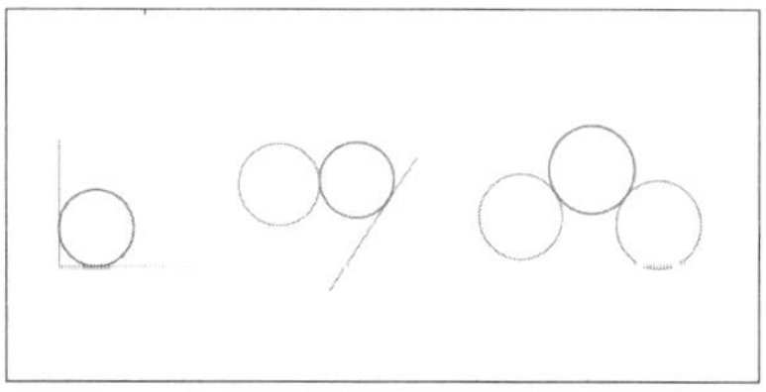

图 2-20　相切，相切，半径绘制圆

④相切，相切，相切：通过指定三个切点绘制圆。单击“默认”选项卡“绘图”面板中的“圆”按钮，点击小三角形子菜单，选择“相切，相切，相切”绘制圆，如图 2-21 所示。

4. 知识巩固

我们以图 2-22 的小熊为例，介绍一下圆命令的使用方法及绘制步骤。

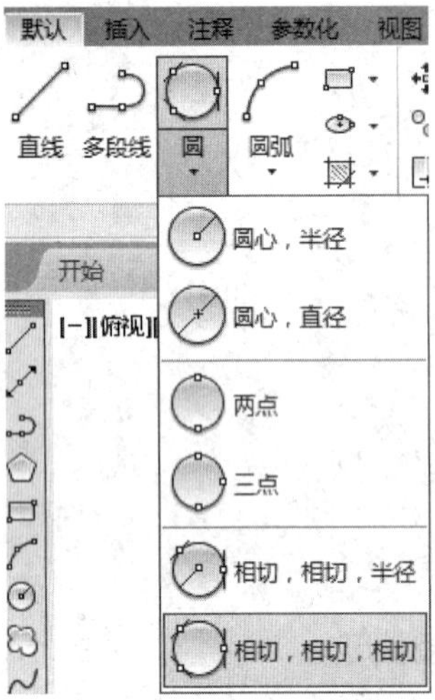

图 2-21　相切，相切，相切绘制圆

图 2-22　绘制“小熊”

①在命令行输入“CIRCLE”（快捷命令：C），绘制小熊的两个耳朵，命令行提示与操作如图 2-23 所示。

```
命令: CIRCLE
指定圆的圆心或 [三点(3P)/两点(2P)/切点、切点、半径
(T)]: 500,500
指定圆的半径或 [直径(D)] <25.6573>: 25
命令: C CIRCLE
指定圆的圆心或 [三点(3P)/两点(2P)/切点、切点、半径
(T)]: 600,500
指定圆的半径或 [直径(D)] <25.0000>: 25
```

图 2-23　命令行提示与操作

绘制结果如图 2-24 所示。

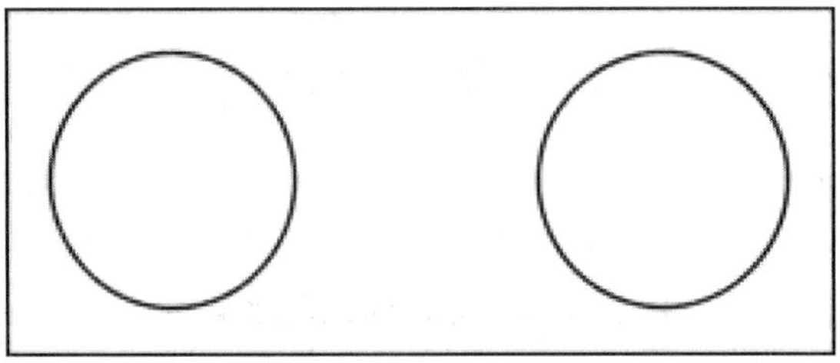

图 2-24　小熊的耳朵

②在命令行输入“CIRCLE”（快捷命令：C），用“切点、切点、半径（T）”的方式，捕捉小熊耳朵的切点，绘制半径为 50 的圆，绘制出小熊的头部，命令行提示与操作如图 2-25 所示。

```
命令: c CIRCLE
指定圆的圆心或 [三点(3P)/两点(2P)/切点、切点、半径
(T)]: t
指定对象与圆的第一个切点:
指定对象与圆的第二个切点:
指定圆的半径 <25.0000>: 50
```

图 2-25　命令行提示与操作

绘制结果如图 2-26 所示。

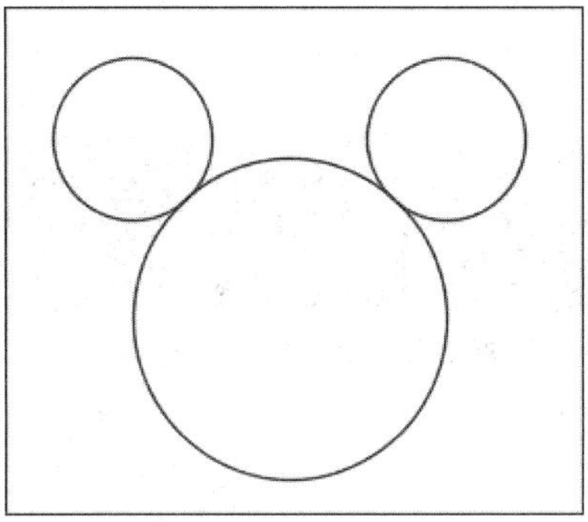

图 2-26　小熊的头部

③在命令行输入“CIRCLE”（快捷命令：C），用两点（2P）的方式，绘制小熊的眼睛、鼻子和嘴巴，命令行提示与操作如图 2-27 所示。

```
命令: C CIRCLE
指定圆的圆心或 [三点(3P)/两点(2P)/切点、切点、半径
(T)]: 2p
指定圆直径的第一个端点: 515,450
指定圆直径的第二个端点: 535,450
命令:  CIRCLE
指定圆的圆心或 [三点(3P)/两点(2P)/切点、切点、半径
(T)]: 2p
指定圆直径的第一个端点: 565,450
指定圆直径的第二个端点: 585,450
命令:  CIRCLE
指定圆的圆心或 [三点(3P)/两点(2P)/切点、切点、半径
(T)]: 2p
指定圆直径的第一个端点: 545,440
指定圆直径的第二个端点: 555,440
命令:  CIRCLE
指定圆的圆心或 [三点(3P)/两点(2P)/切点、切点、半径
(T)]: 2p
指定圆直径的第一个端点: 540,410
指定圆直径的第二个端点: 560,410
```

图 2-27　命令行提示与操作

绘制结果如图 2-28 所示。

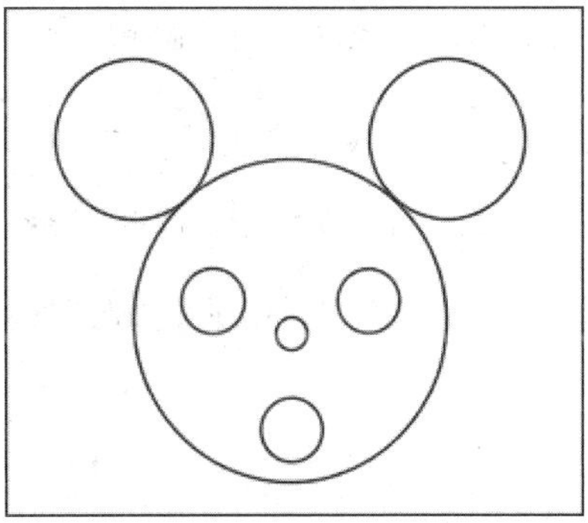

图 2-28　小熊的五官

④单击“默认”选项卡“绘图”面板中的“圆”按钮，以“相切，相切，相切”命令，分别捕捉三个圆的切点，完善小熊的面部特征，命令行提示与操作如图 2-29 所示，最终结果如图 2-22 所示。

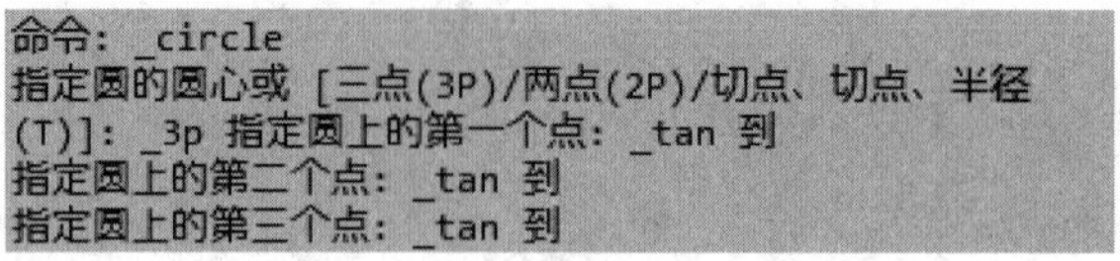

图 2-29　命令行提示与操作

2.2.2　圆弧

1. 执行方式

①命令行：在命令行输入“ARC”（快捷命令：A），如图 2-30 所示。

②菜单栏：选择“绘图”→“圆弧”，如图 2-31 所示。

③工具栏：单击“绘图”工具栏中的“圆弧”按钮，如图 2-32 所示。

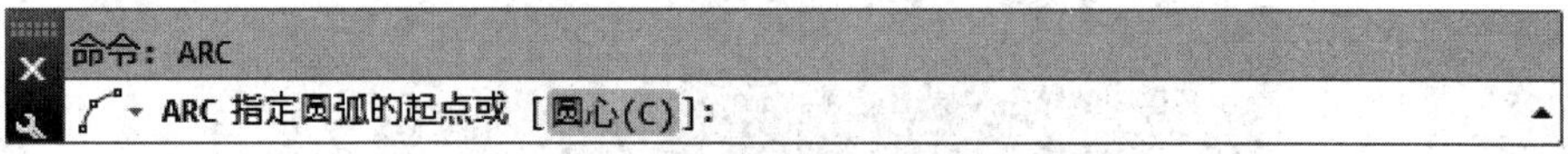

图 2-30　在命令行执行“圆弧”命令

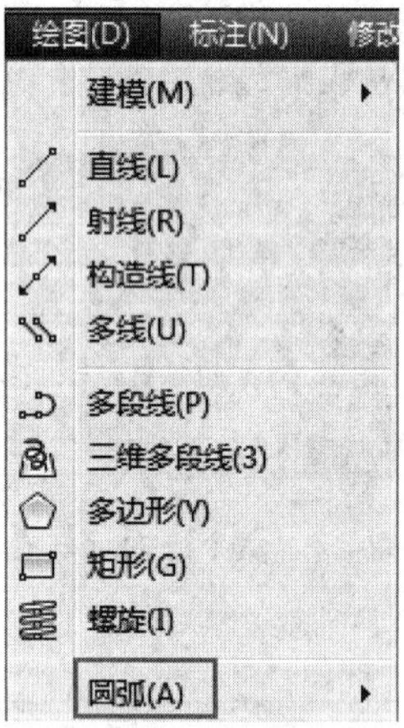

图 2-31　在菜单栏执行“圆弧”命令

图 2-32　在工具栏执行“圆弧”命令

④功能区：单击“默认”选项卡“绘图”面板中的“圆弧”按钮，如图 2-33 所示。

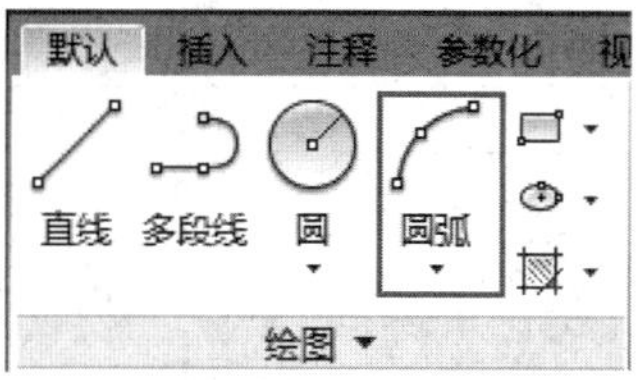

图 2-33　在功能区执行“圆弧”命令

2. 操作步骤

①在命令行输入“ARC”（快捷命令：A）。

②指定圆弧的起点或圆心。

③指定圆弧的第二点或圆心、端点。

④指定圆弧的端点（命令行提示与操作如图 2-34 所示）。

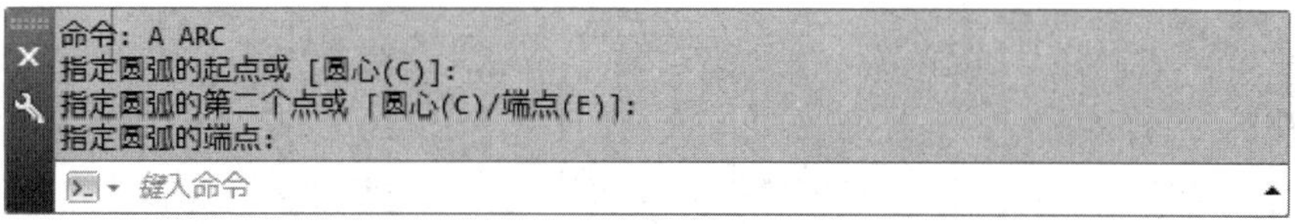

图 2-34　命令行提示与操作

3. 操作说明

①用命令行方式绘制圆弧时，可以根据系统提示单击不同的选项，具体功能和单击菜单栏中的“绘图”→“圆弧”中的子菜单提供的 11 种方式相似。这 11 种方式绘制的圆弧如图 2-35 所示。

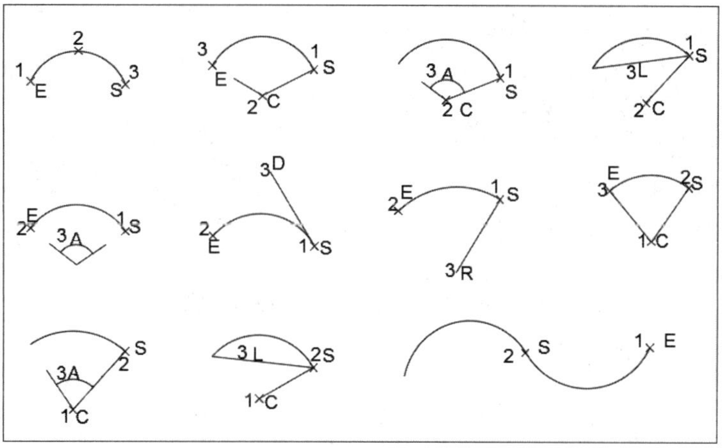

图 2-35　11 种圆弧的绘制方法

②需要强调的是“连续”方式，使用这种方式绘制的圆弧与上一线段的圆弧相切。继续绘制圆弧，只提供端点即可。

4. 知识巩固

我们以图 2-36 所示的沙发为例，介绍一下圆弧命令的使用方法及绘制步骤。

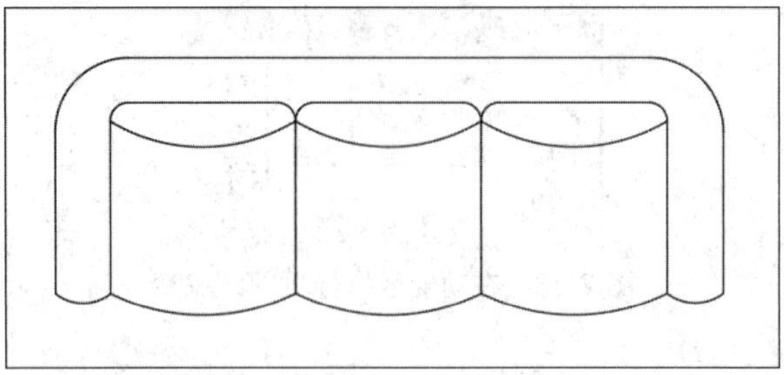

图 2-36　利用“圆弧”命令绘制沙发

①先利用直线命令绘制出沙发的外轮廓。如可以通过在命令行输入“LINE”(快捷命令:L),绘制出沙发的轮廓图如图 2-37 所示。

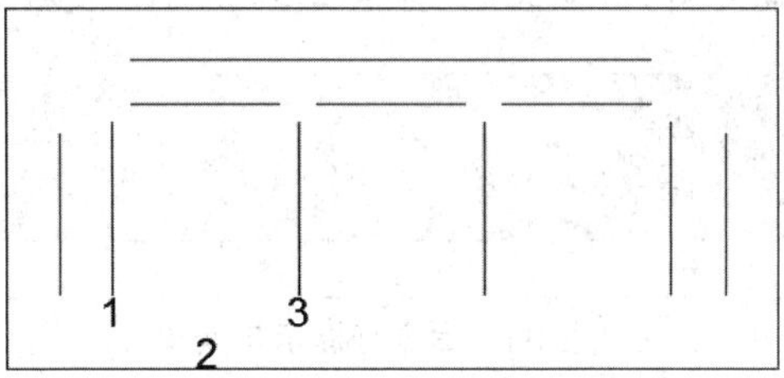
1
3
2

图 2-37　沙发的轮廓图

②利用“圆弧”命令绘制沙发坐垫。在命令行输入“ARC”后依次选取图 2-37 中的三个点(点 1、点 2、点 3),并继续绘制出其他两个坐垫。命令行提示与操作如图 2-38 所示。

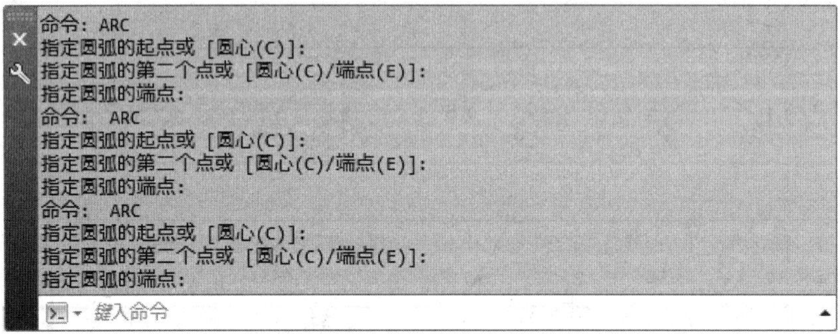
命令: ARC
指定圆弧的起点或 [圆心(C)]:
指定圆弧的第二个点或 [圆心(C)/端点(E)]:
指定圆弧的端点:
命令: ARC
指定圆弧的起点或 [圆心(C)]:
指定圆弧的第二个点或 [圆心(C)/端点(E)]:
指定圆弧的端点:
命令: ARC
指定圆弧的起点或 [圆心(C)]:
指定圆弧的第二个点或 [圆心(C)/端点(E)]:
指定圆弧的端点:
键入命令

图 2-38　绘制坐垫的命令行提示与操作

绘制结果如图 2-39 所示。

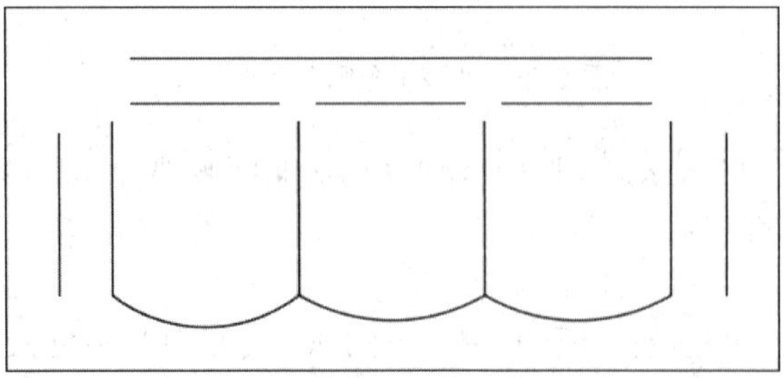

图 2-39　绘制坐垫

③利用“起点、端点、方向”的“圆弧”命令绘制沙发的靠背位置（命令行提示与操作如图 2-40 所示）。

```
命令: _arc
指定圆弧的起点或 [圆心(C)]:
指定圆弧的第二个点或 [圆心(C)/端点(E)]: _e
指定圆弧的端点:
指定圆弧的中心点(按住 Ctrl 键以切换方向)或 [角度(A)/方向(D)/半径(R)]: _d
指定圆弧起点的相切方向(按住 Ctrl 键以切换方向):
键入命令
```

图 2-40　绘制靠背的命令行提示与操作

绘制结果如图 2-41 所示。

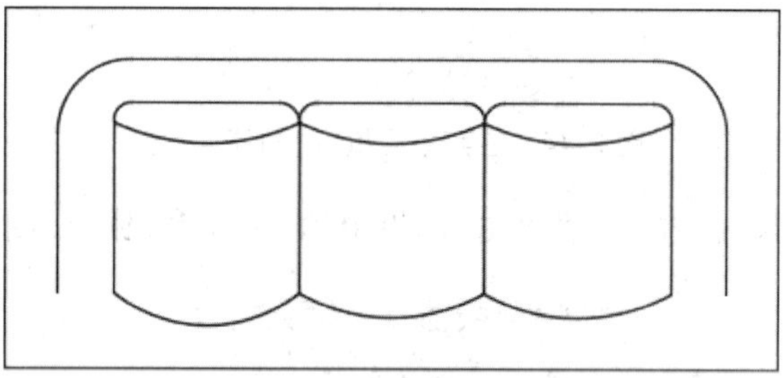

图 2-41　绘制靠背

④尝试运用“起点、端点、角度”的方式绘制沙发的扶手位置（命令行提示与操作如图 2-42 所示）。

```
命令: _arc
指定圆弧的起点或 [圆心(C)]:
指定圆弧的第二个点或 [圆心(C)/端点(E)]: _e
指定圆弧的端点:
指定圆弧的中心点(按住 Ctrl 键以切换方向)或 [角度(A)/方向(D)/半径(R)]: _a
指定夹角(按住 Ctrl 键以切换方向): 80
键入命令
```

图 2-42　绘制扶手的命令提示与操作

绘制完成后的图形如图 2-36 所示。

2.2.3　圆环

1. 执行方式

①命令行：在命令行输入“DONUT”（快捷命令：DO），如图 2-43 所示。

```
命令: DONUT
DONUT 指定圆环的内径 <500.0000>:
```

图 2-43　在命令行执行“圆环”命令

②菜单栏：选择“绘图”→“圆环”，如图 2-44 所示。

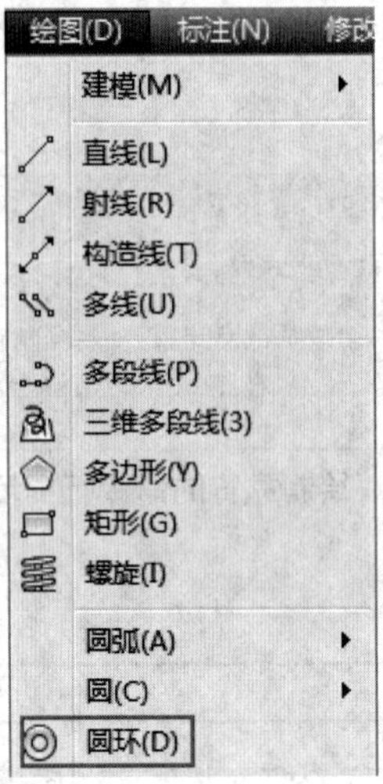

图 2-44 在菜单栏执行“圆环”命令

③功能区：单击“默认”选项卡“绘图”面板中的“圆环”按钮，如图 2-45 所示。

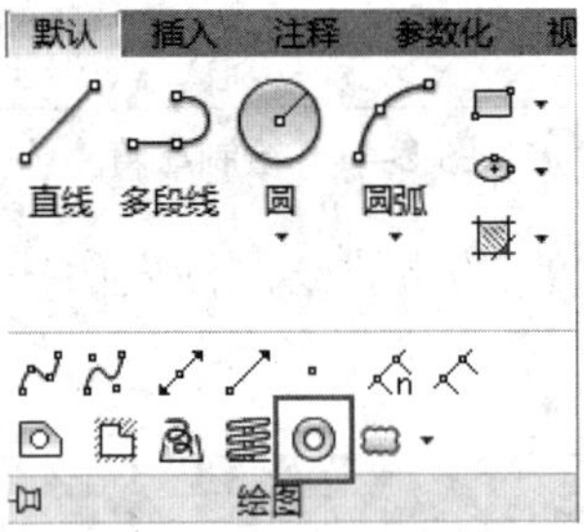

图 2-45 在功能区执行“圆环”命令

2. 操作步骤

①在命令行输入“DOUNT”(快捷命令：DO)。

②指定圆环的内径。

③指定圆环的外径。

④指定圆环的中心点(命令行提示与操作如图 2-46 所示)。

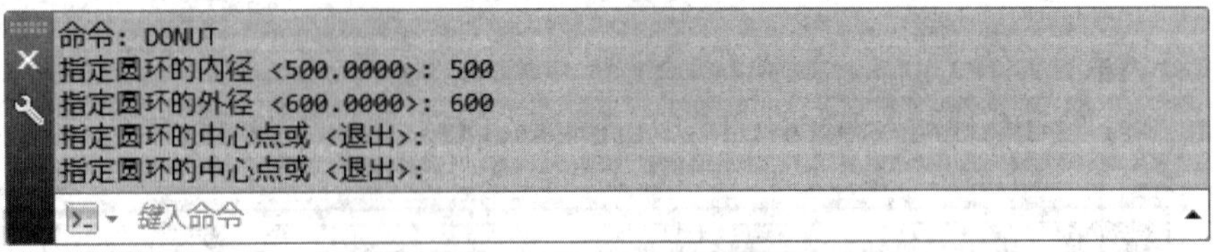

图 2-46 命令行提示与操作

3. 操作说明

①在绘制圆环时，若指定圆环内径为 0，则绘制的图形为填充的圆形。

②在命令行输入“FILL”，可以打开或关闭圆环填充。

操作说明中提到的“内径为 0 的圆环”和用“FILL”命令绘制的圆环效果对比，如图

2-47 所示。

内径为 0 的圆环　　用“FILL”命令绘制的圆环

图 2-47　绘制圆环

2.2.4　椭圆和椭圆弧

1. 执行方式

①命令行：在命令行直接输入“ELLIPSE”（快捷命令：EL），这时可直接绘制一个椭圆，若输入命令后再输入字母“A”，则可执行“椭圆弧”命令，命令行提示与操作如图 2-48 所示。

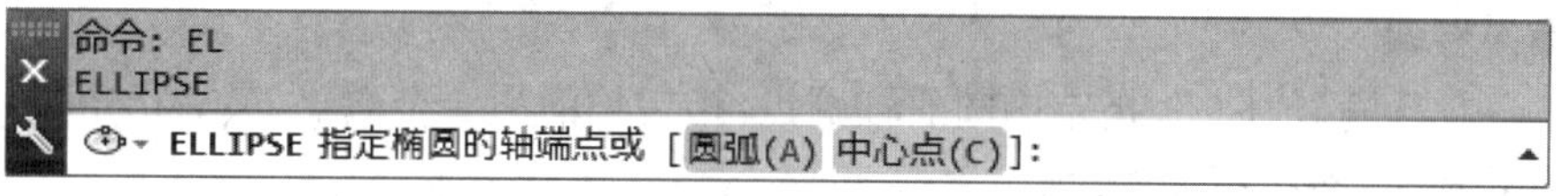

图 2-48　在命令行执行“椭圆、椭圆弧”命令

②菜单栏：选择“绘图”→“椭圆”→“圆弧”，如图 2-49 所示。

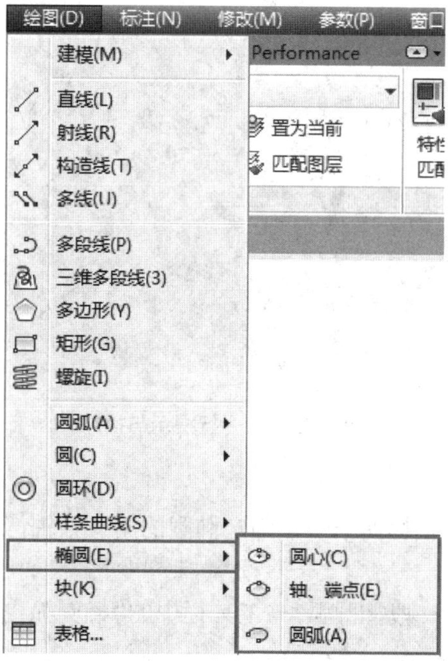

图 2-49　在菜单栏执行“椭圆、椭圆弧”命令

③工具栏：单击“绘图”工具栏中的“椭圆”按钮或“椭圆弧”按钮，如图 2-50 所示。

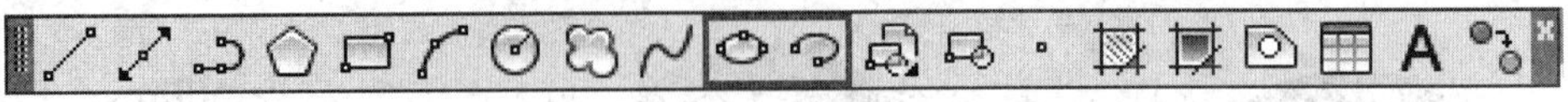
A

图 2-50　在工具栏执行“椭圆、椭圆弧”命令

④功能区：单击“默认”选项卡“绘图”面板中的“圆心”按钮、“轴，端点”按钮和“椭圆弧”按钮，如图 2-51 所示。

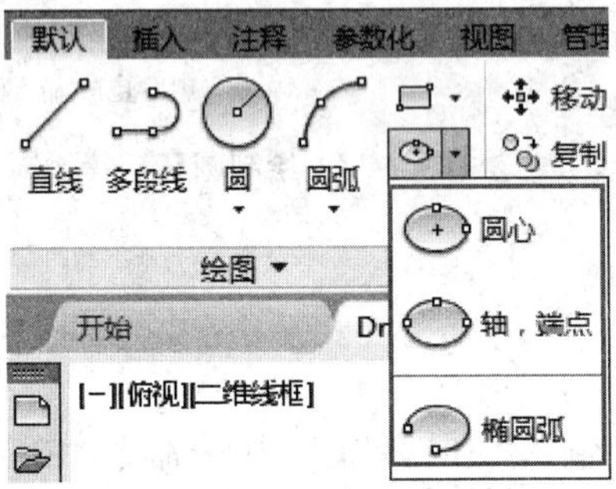
默认
插入
注释
参数化
视图
直线
多段线
圆
圆弧
移动
复制
圆心
轴，端点
椭圆弧
绘图
开始
[-][俯视][二维线框]

图 2-51　在功能区执行“椭圆、椭圆弧”命令

3. 操作步骤

①在命令行输入“EL”，指定椭圆的轴端点，指定轴的另一个端点，最后指定另一条半轴的长度，“椭圆”命令执行完毕。

②在命令行输入“EL”，然后按字母“A”执行“椭圆弧”命令，指定椭圆弧轴的端点，指定另一个端点，指定另一条半轴长度，最后分别指定起点和端点的角度，“椭圆弧”命令执行完毕（命令行提示与操作如图 2-52 所示）。

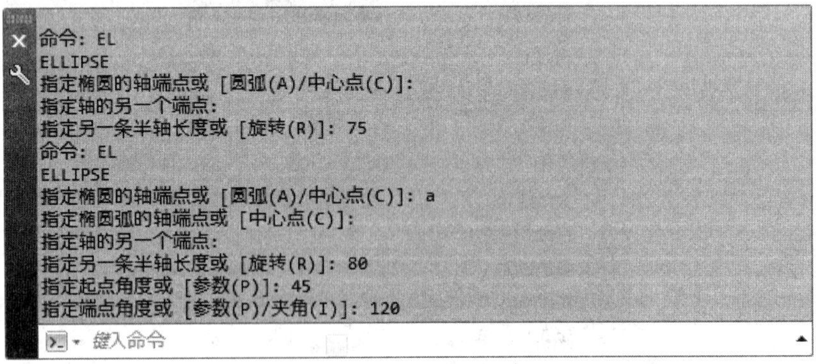
命令: EL
ELLIPSE
指定椭圆的轴端点或 [圆弧(A)/中心点(C)]:
指定轴的另一个端点:
指定另一条半轴长度或 [旋转(R)]: 75
命令: EL
ELLIPSE
指定椭圆的轴端点或 [圆弧(A)/中心点(C)]: a
指定椭圆弧的轴端点或 [中心点(C)]:
指定轴的另一个端点:
指定另一条半轴长度或 [旋转(R)]: 80
指定起点角度或 [参数(P)]: 45
指定端点角度或 [参数(P)/夹角(I)]: 120
键入命令

图 2-52　命令行提示与操作

4. 操作说明

①指定椭圆的轴端点：根据两个端点确定椭圆的第一条轴，第一条轴的角度确定了整个椭圆的角度。

②圆弧（A）：用来绘制一段椭圆弧，与工具栏中的“椭圆弧”按钮功能相同。

5. 知识巩固

我们以图 2-53 所示的浴缸为例，介绍一下椭圆与椭圆弧的使用方法及绘制步骤。

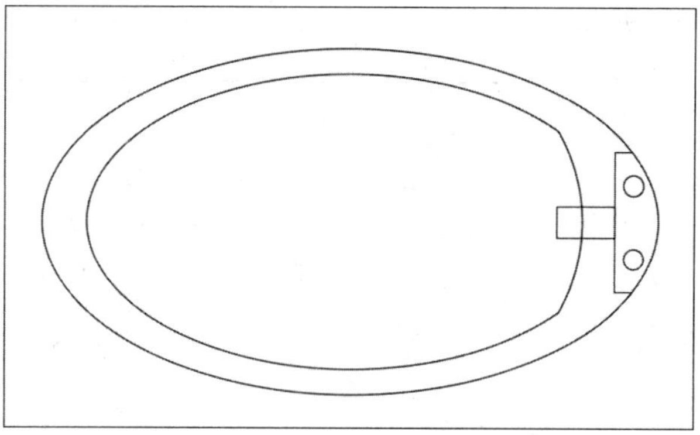

图 2-53　绘制浴缸

①单击“默认”选项卡“绘图”面板中的“直线”按钮，绘制水龙头图形，如图 2-54 所示。

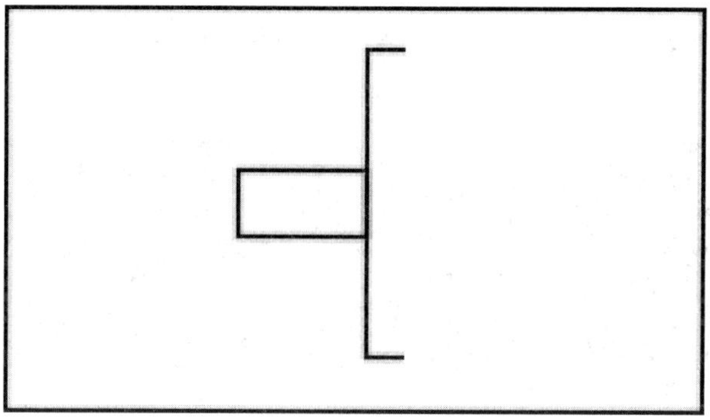

图 2-54　绘制浴缸水龙头

②单击“默认”选项卡“绘图”面板中的“圆”按钮，绘制水龙头的旋钮，如图 2-55 所示。

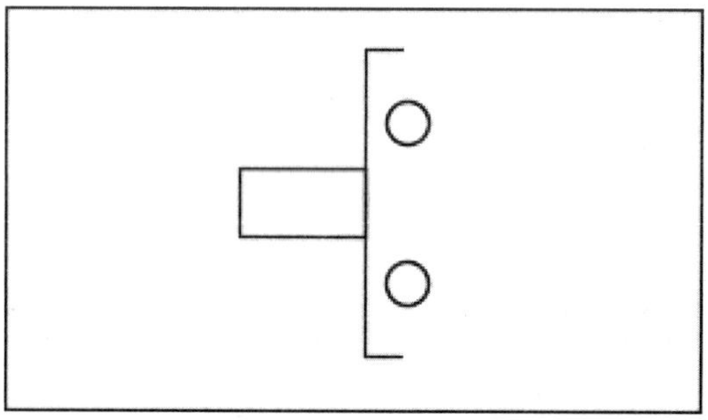

图 2-55　绘制水龙头旋钮

③单击工具栏中的“椭圆”按钮，绘制浴缸的外轮廓，命令行提示与操作如图 2-56 所示。

```
命令: _ellipse
指定椭圆的轴端点或 [圆弧(A)/中心点(C)]:
指定轴的另一个端点:
指定另一条半轴长度或 [旋转(R)]: 50
键入命令
```

图 2-56　命令行提示与操作

绘制结果如图 2-57 所示。

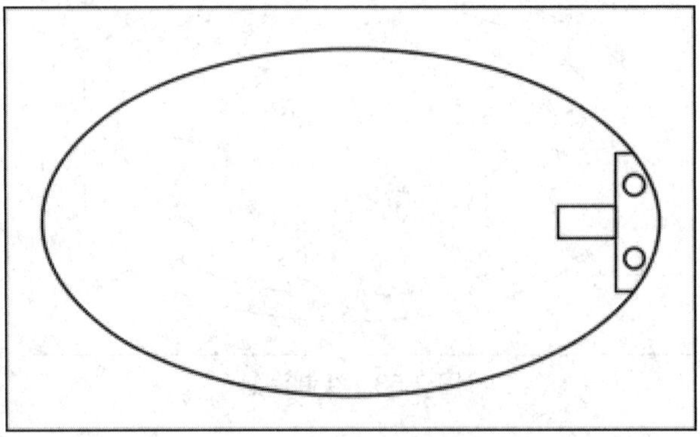

图 2-57　绘制浴缸外轮廓

④单击工具栏中的“椭圆弧”按钮，绘制浴缸的内沿，命令行提示与操作如图 2-58 所示。

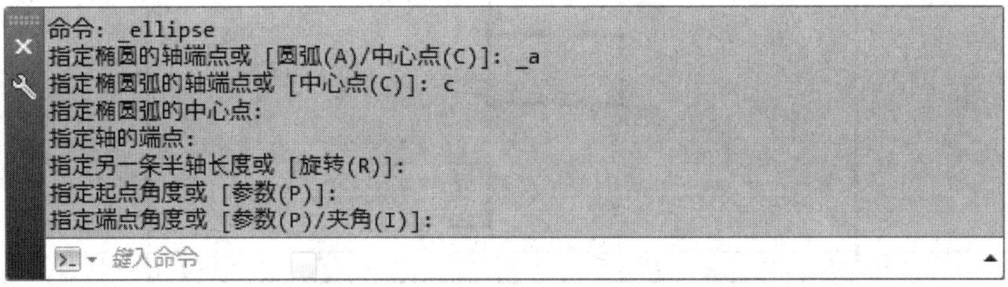
命令: _ellipse
指定椭圆的轴端点或 [圆弧(A)/中心点(C)]: _a
指定椭圆弧的轴端点或 [中心点(C)]: c
指定椭圆弧的中心点:
指定轴的端点:
指定另一条半轴长度或 [旋转(R)]:
指定起点角度或 [参数(P)]:
指定端点角度或 [参数(P)/夹角(I)]:
键入命令

图 2-58　命令行提示与操作

绘制结果如图 2-59 所示。

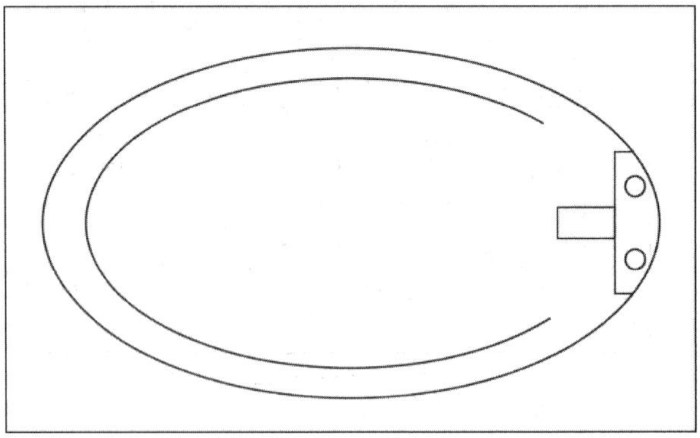

图 2-59　绘制浴缸内沿

⑤单击“默认”选项卡“绘图”面板中的“圆弧”按钮，完善浴缸内沿，最终绘制结果如图 2-53 所示。

2.3　矩形和正多边形

本节将对矩形和正多边形进行讲解，矩形和正多边形是我们绘图中常用的图形样式。

2.3.1　矩形

1. 执行方式

①命令行：在命令行输入“RECTANG”（快捷命令：REC），如图 2-60 所示。

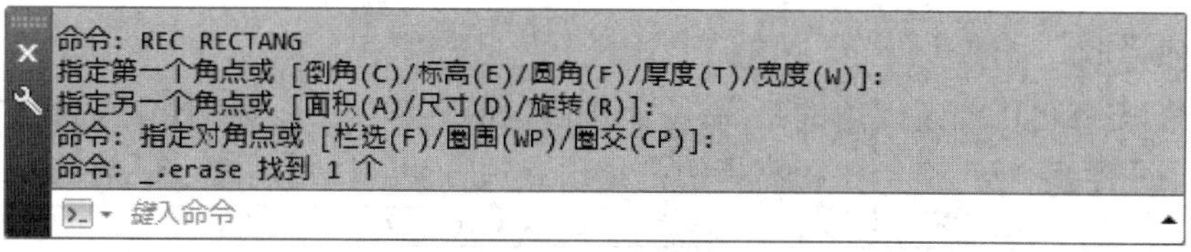

图 2-60　在命令行执行“矩形”命令

②菜单栏：选择“绘图”→“矩形”，如图 2-61 所示。

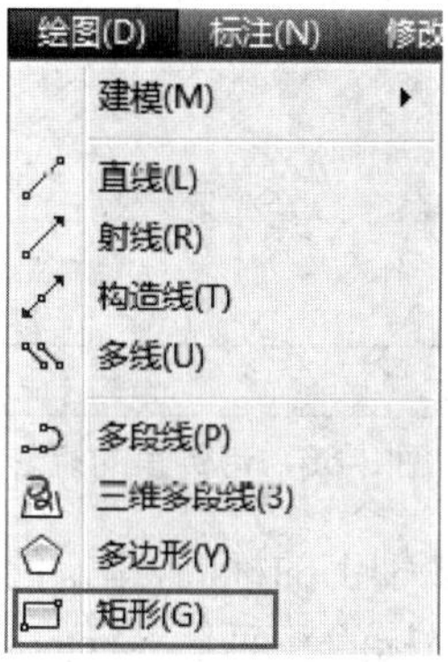

图 2-61　在菜单栏执行“矩形”命令

③工具栏：点击“绘图”工具栏中的“矩形”按钮，如图 2-62 所示。

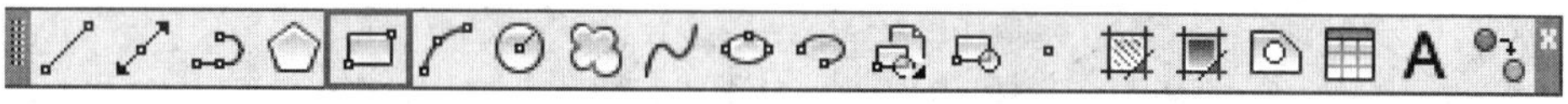

图 2-62　在工具栏执行“矩形”命令

④功能区：点击“默认”选项卡“绘图”面板中的“矩形”按钮，如图 2-63 所示。

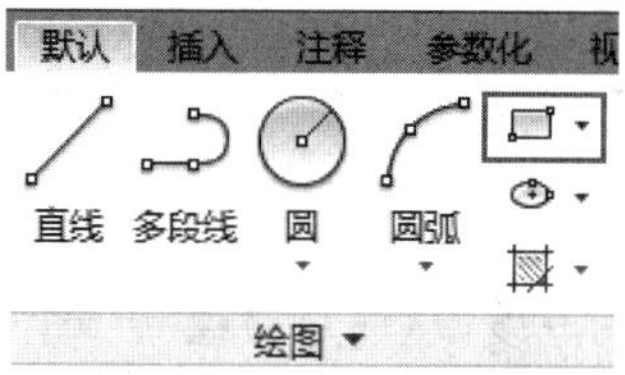

图 2-63　在功能区执行“矩形”命令

2. 操作步骤

①在命令行输入快捷命令：REC。

②指定第一个角点。

③指定另一个角点，命令行提示与操作如图 2-64 所示。

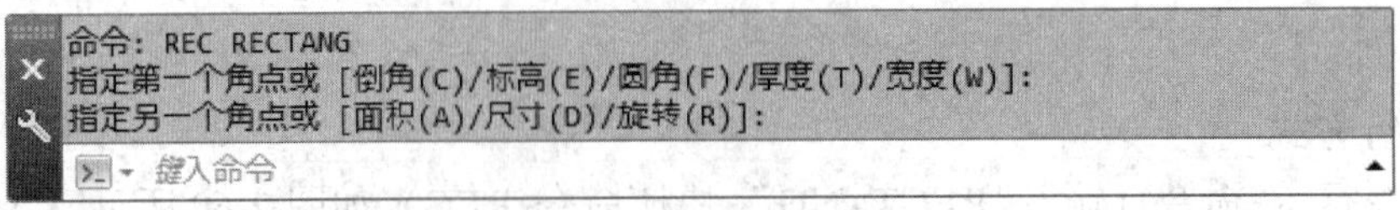
命令: REC RECTANG
指定第一个角点或 [倒角(C)/标高(E)/圆角(F)/厚度(T)/宽度(W)]:
指定另一个角点或 [面积(A)/尺寸(D)/旋转(R)]:
键入命令

图 2-64　命令行提示与操作

3. 操作说明

①倒角（C）：可以指定倒角的距离，绘制带倒角的矩形。第一个倒角距离指的是角顶点逆时针的倒角距离，第二个倒角距离指的是角顶点顺时针的倒角距离（图 2-65）。

80
40

图 2-65　带倒角的矩形

②标高（E）：可以指定矩形在 *Z* 轴上的标高，指定的标高可以为正值，也可以为负值，具有标高的矩形所在的平面与 *XOY* 坐标的平面是平行的关系，如图 2-66 所示。

③圆角（F）：可以指定圆角半径，绘制带圆角的矩形，如图 2-67 所示。

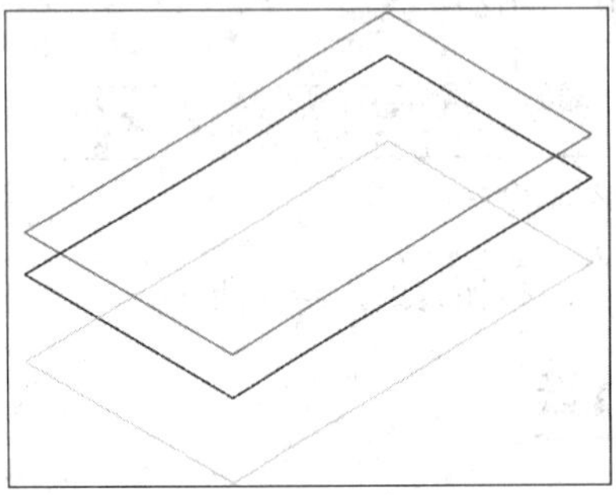

图 2-66　带标高的矩形

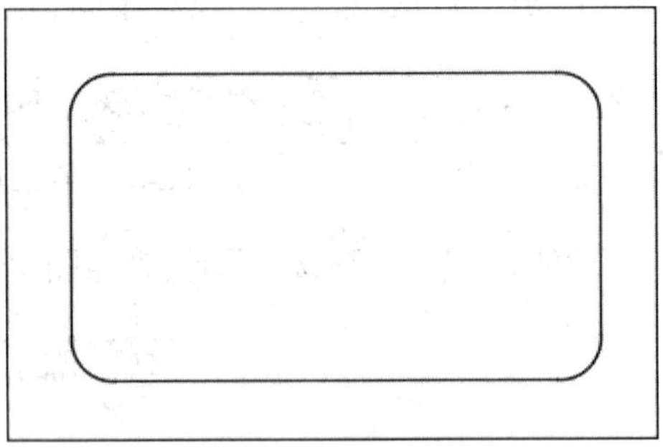

图 2-67　带圆角的矩形

④厚度（T）：可以指定矩形的厚度，从而直接绘制一个矩形立方体，如图 2-68 所示。

⑤宽度（W）：可以指定矩形各边的线宽，如图 2-69 所示。

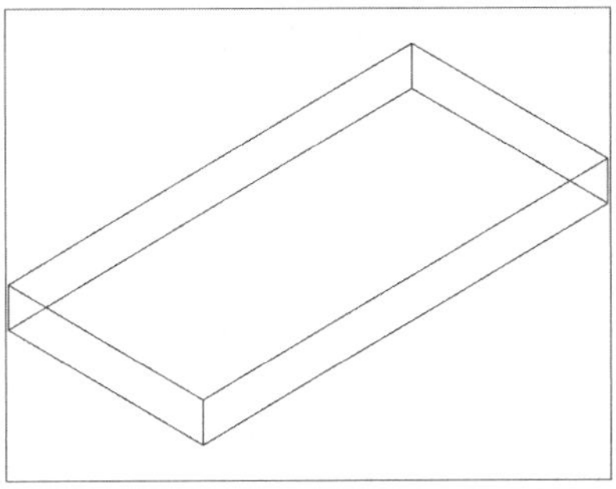

图 2-68　带厚度的矩形

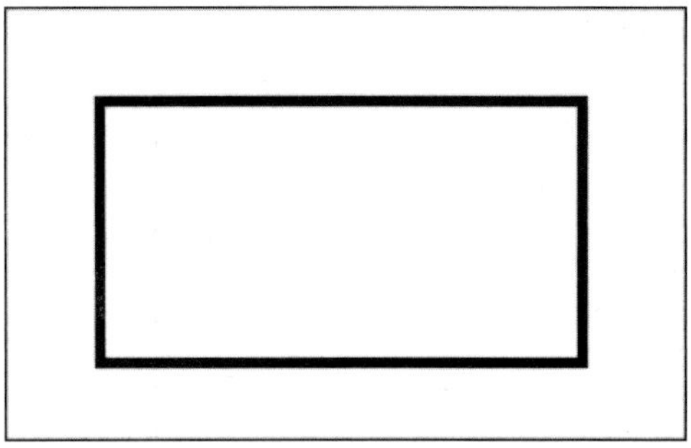

图 2-69　指定线宽的矩形

⑥面积（A）：可以指定矩形的面积和长或宽绘制矩形，如指定面积为 100，长为 20，系统则自动绘制出一个长 20、宽 5 的矩形。若绘制的矩形有倒角或圆角，则系统也会考虑此项设置。命令行提示与操作如图 2-70 所示。

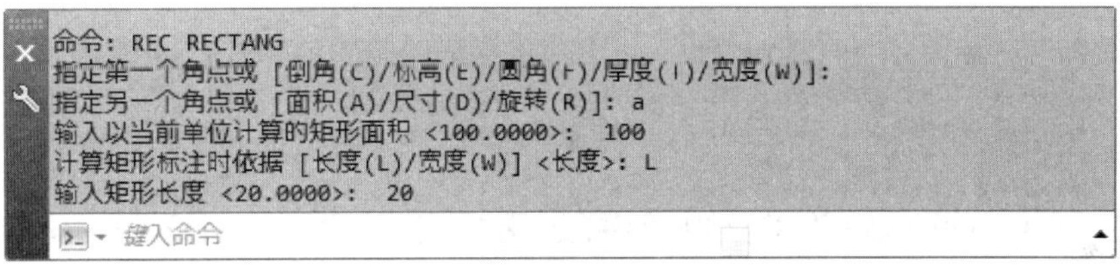

命令: REC RECTANG
指定第一个角点或 [倒角(C)/标高(E)/圆角(F)/厚度(T)/宽度(W)]:
指定另一个角点或 [面积(A)/尺寸(D)/旋转(R)]: a
输入以当前单位计算的矩形面积 <100.0000>: 100
计算矩形标注时依据 [长度(L)/宽度(W)] <长度>: L
输入矩形长度 <20.0000>: 20
键入命令

图 2-70　指定面积和长绘制矩形

⑦尺寸（D）：使用长和宽绘制矩形，绘制矩形时直接输入提示数值即可。

⑧旋转（R）：为矩形旋转指定角度，命令行提示与操作如图 2-71 所示。

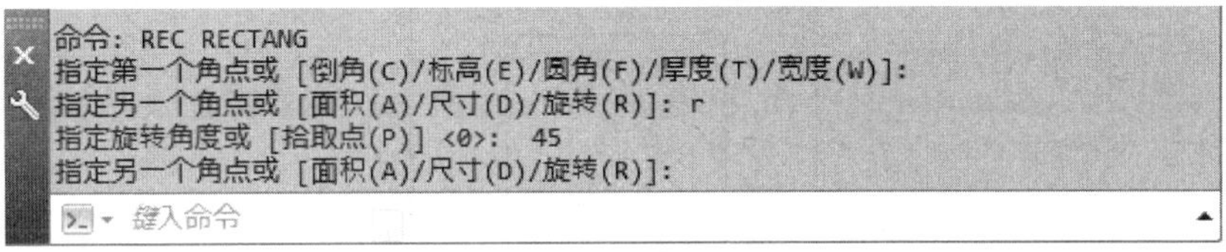

命令: REC RECTANG
指定第一个角点或 [倒角(C)/标高(E)/圆角(F)/厚度(T)/宽度(W)]:
指定另一个角点或 [面积(A)/尺寸(D)/旋转(R)]: r
指定旋转角度或 [拾取点(P)] <0>: 45
指定另一个角点或 [面积(A)/尺寸(D)/旋转(R)]:
键入命令

图 2-71　指定角度绘制矩形 1

指定旋转角度绘制矩形，如图 2-72 所示。

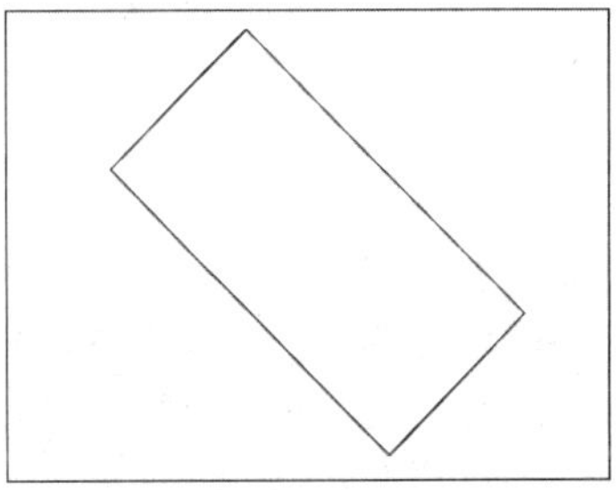

图 2-72　指定角度绘制矩形 2

4. 知识巩固

运用本节对“矩形”命令的学习，练习绘制图 2-73 中的魔方，进一步对“矩形”命令的使用方法进行介绍。

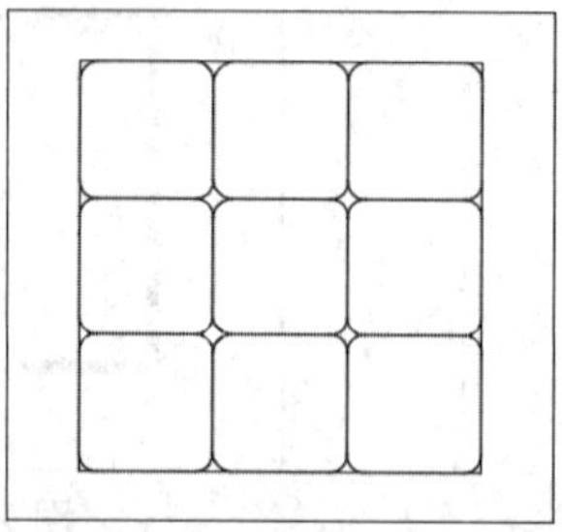

图 2-73　利用矩形绘制魔方

①运用“矩形”命令绘制魔方的外轮廓，首先命令行输入快捷命令“REC”，然后点击“尺寸（D）”的选项。输入矩形长度和宽度的数值，按 Enter 键完成绘制，命令行提示与操作如图 2-74 所示。

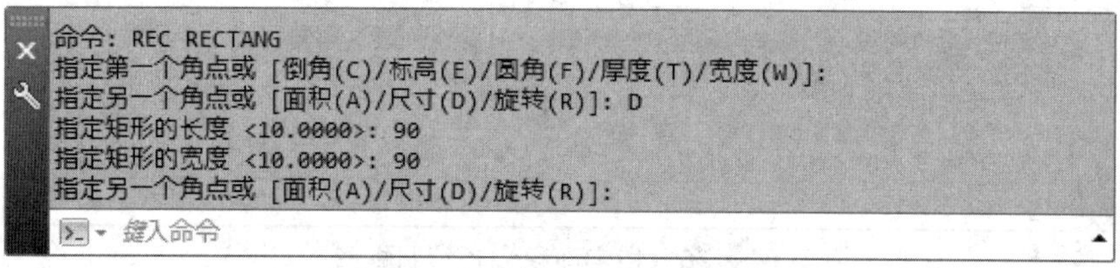
命令: REC RECTANG
指定第一个角点或 [倒角(C)/标高(E)/圆角(F)/厚度(T)/宽度(W)]:
指定另一个角点或 [面积(A)/尺寸(D)/旋转(R)]: D
指定矩形的长度 <10.0000>: 90
指定矩形的宽度 <10.0000>: 90
指定另一个角点或 [面积(A)/尺寸(D)/旋转(R)]:
键入命令

图 2-74　命令行提示与操作

绘制的结果如图 2-75 所示。

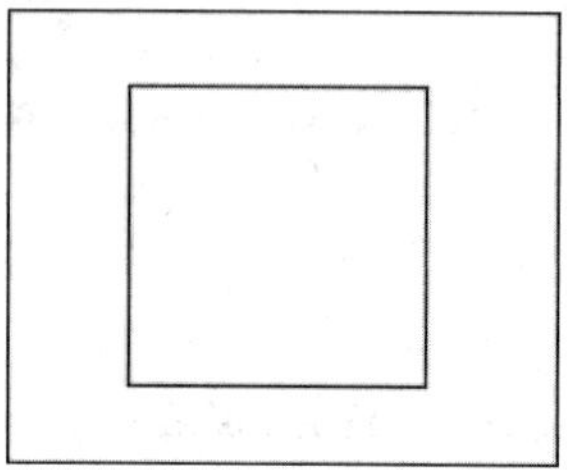

图 2-75　绘制魔方的轮廓

②绘制魔方细节，首先在命令行输入快捷命令“REC”，选择“圆角（F）”并指定圆角半径为 10。然后指第一个定角点并选择“尺寸（D）”，指定矩形长度和宽度为 30，按 Enter 键完成绘制，命令行提示与操作如图 2-76 所示。

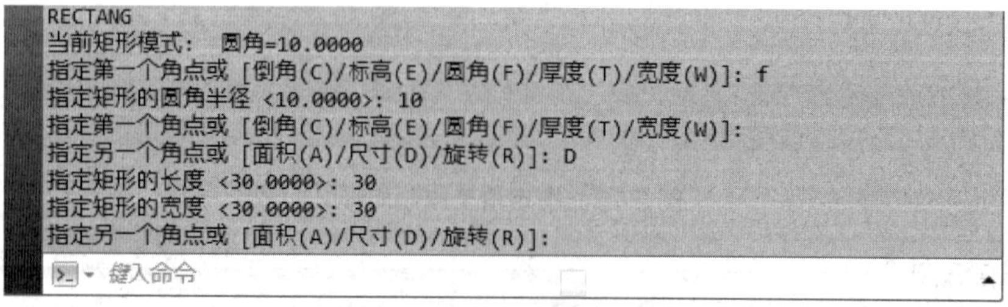
RECTANG
当前矩形模式:　圆角=10.0000
指定第一个角点或 [倒角(C)/标高(E)/圆角(F)/厚度(T)/宽度(W)]: f
指定矩形的圆角半径 <10.0000>: 10
指定第一个角点或 [倒角(C)/标高(E)/圆角(F)/厚度(T)/宽度(W)]:
指定另一个角点或 [面积(A)/尺寸(D)/旋转(R)]: D
指定矩形的长度 <30.0000>: 30
指定矩形的宽度 <30.0000>: 30
指定另一个角点或 [面积(A)/尺寸(D)/旋转(R)]:
键入命令

图 2-76　命令行提示与操作

绘制的结果如图 2-77 所示。

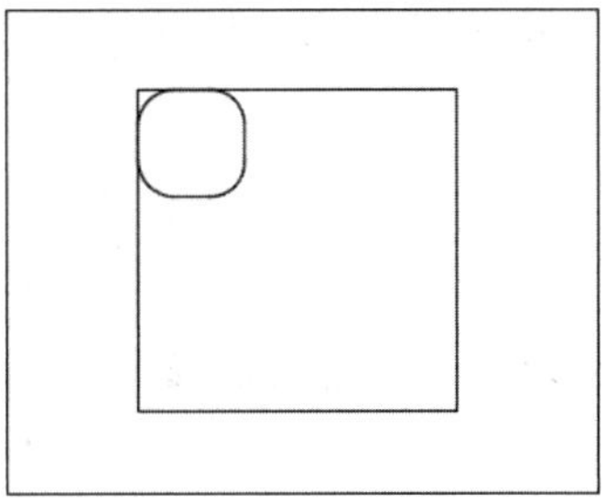

图 2-77　绘制魔方的细节

③将上一步操作反复执行，完善魔方的细节。在此过程中，为了精准对齐每个“小方块”的位置，我们可以打开状态栏中的“显示捕捉参照线”完成绘制，如图 2-78 所示。依次绘制完 9 个“小方块”后的最终绘制效果如图 2-73 所示。

图 2-78　打开“显示捕捉参照线”

2.3.2　正多边形

1. 执行方式

①命令行：在命令行输入 POLYGON（快捷命令：POL），如图 2-79 所示。

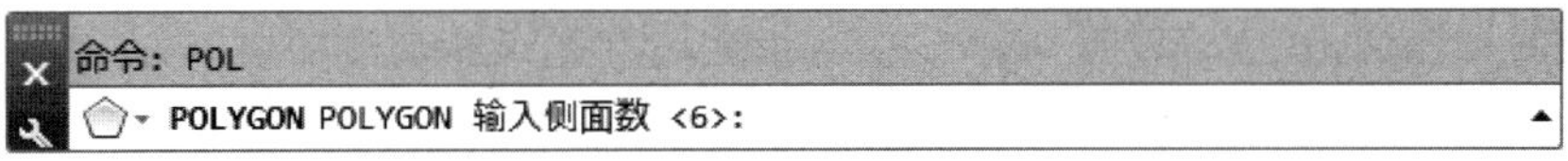

图 2-79　在命令行输入 POLYGON 命令

②菜单栏：选择“绘图”→“多边形”，如图 2-80 所示。

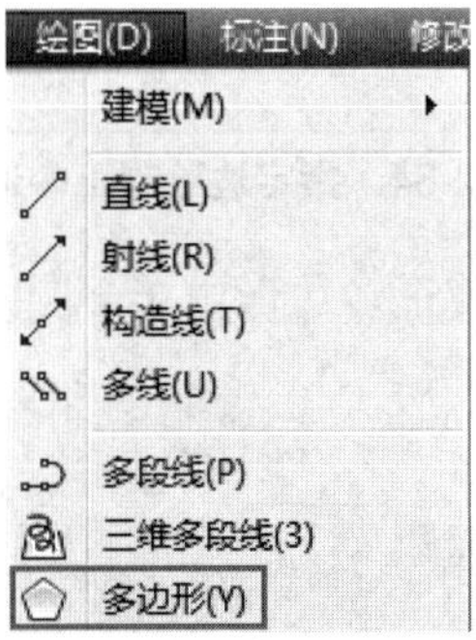

图 2-80　在菜单栏执行“多边形”命令

③工具栏：单击“绘图”工具栏中的“多边形”按钮，如图 2-81 所示。

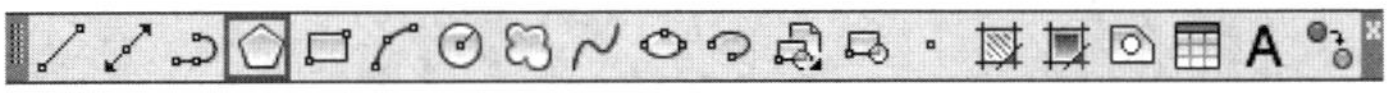

图 2-81　在工具栏执行“多边形”命令

④功能区：单击“默认”选项卡“绘图”面板中的“多边形”按钮，如图 2-82 所示。

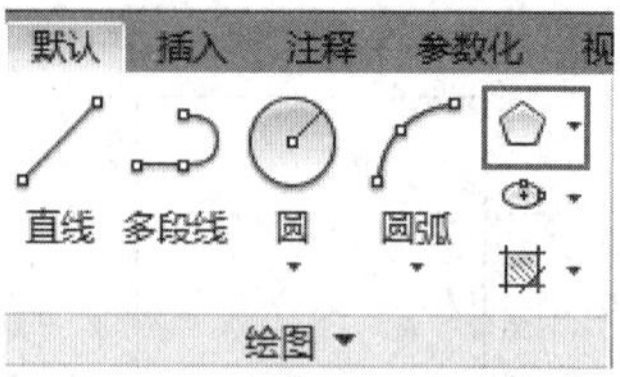
默认
插入
注释
参数化
直线
多段线
圆
圆弧
绘图

图 2-82　在功能区执行“多边形”命令

2. 操作步骤

①在命令行输入 POLYGON（快捷命令 POL）；

②输入侧面数，即正多边形的边数；

③指定正多边形的中心点；

④输入选项内接于圆（I）或外切于圆（C）；

⑤指定圆的半径，命令行提示与操作如图 2-83 所示。

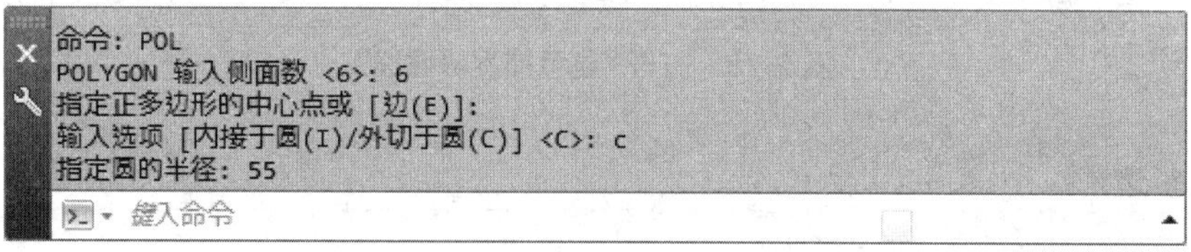
命令: POL
POLYGON 输入侧面数 <6>: 6
指定正多边形的中心点或 [边(E)]:
输入选项 [内接于圆(I)/外切于圆(C)] <C>: c
指定圆的半径: 55
键入命令

图 2-83　正多边形命令行提示与操作

3. 操作说明

①边（E）：通过指定正多边形的一条边（指定边的起点和端点即可），绘制正多边形，命令行提示与操作如图 2-84 所示。

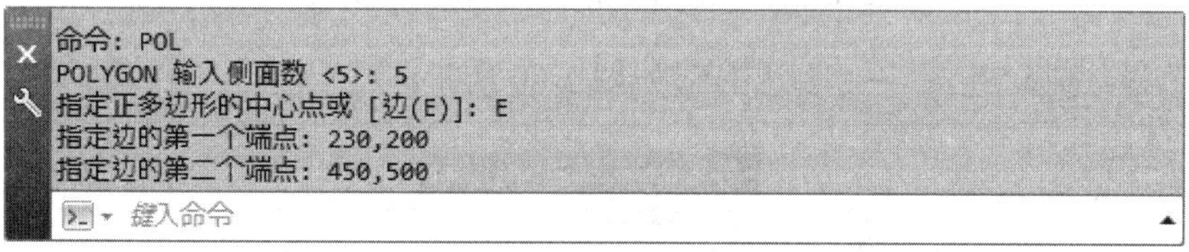
命令: POL
POLYGON 输入侧面数 <5>: 5
指定正多边形的中心点或 [边(E)]: E
指定边的第一个端点: 230,200
指定边的第二个端点: 450,500
键入命令

图 2-84　指定边绘制正多边形

②内接于圆（I）：单击该命令，使正多边形内接于圆，命令行提示与操作如图 2-85 所示。

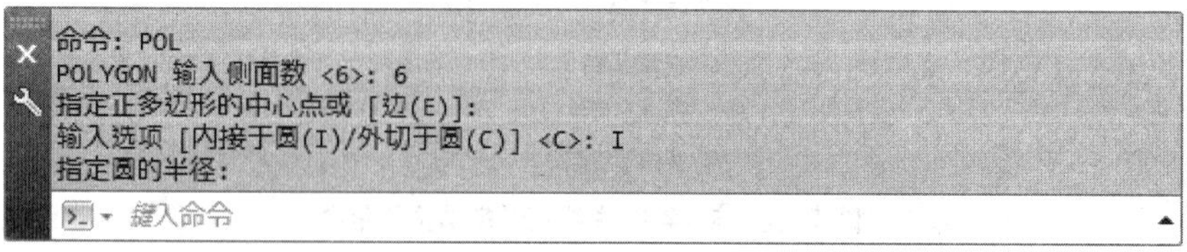
命令: POL
POLYGON 输入侧面数 <6>: 6
指定正多边形的中心点或 [边(E)]:
输入选项 [内接于圆(I)/外切于圆(C)] <C>: I
指定圆的半径:
键入命令

图 2-85　绘制正多边形内接于圆的命令行提示与操作

绘制效果如图 2-86 所示。

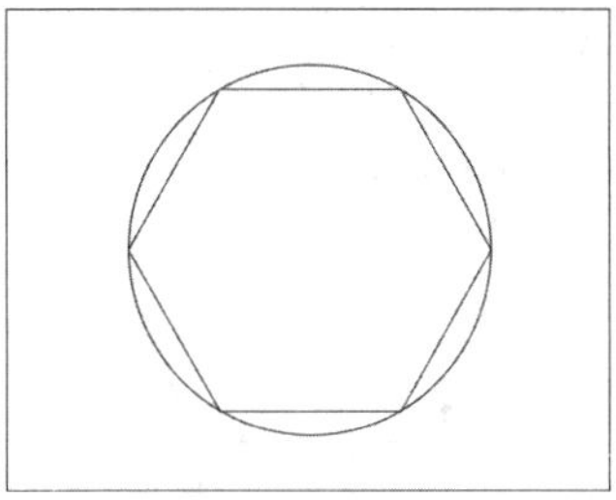

图 2-86　正多边形内接于圆

③外切于圆（C）：单击该命令，使正多边形外切于圆，命令行提示与操作如图 2-87 所示。

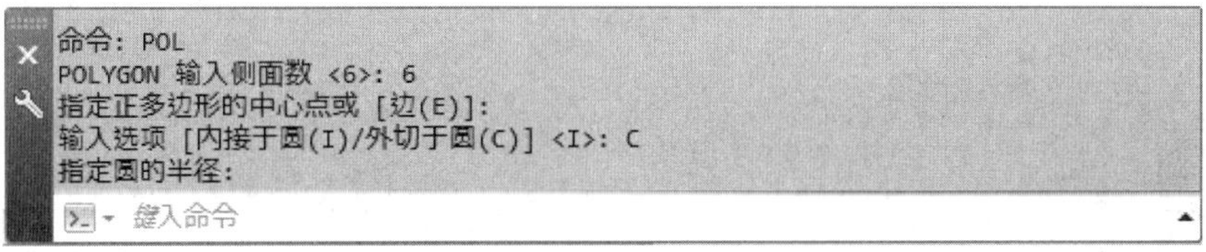
命令：POL
POLYGON 输入侧面数 <6>：6
指定正多边形的中心点或 [边(E)]：
输入选项 [内接于圆(I)/外切于圆(C)] <I>：C
指定圆的半径：
键入命令

图 2-87　绘制正多边形外切于圆的命令行提示与操作

绘制的最终效果如图 2-88 所示。

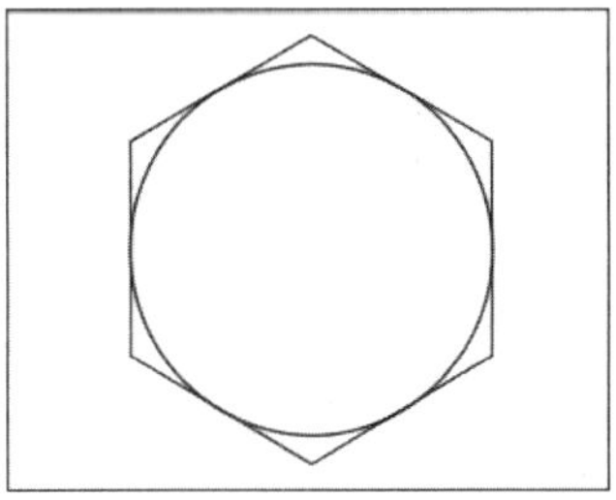

图 2-88　正多边形外切于圆

4. 知识巩固

我们以图 2-89 所示的螺母为例，介绍一下多边形命令的使用方法。

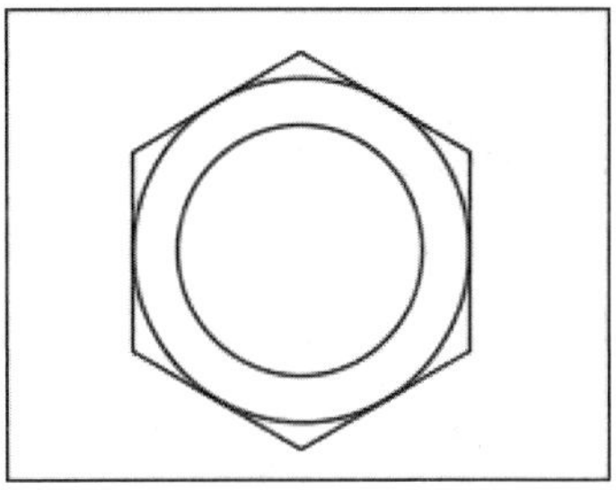

图 2-89　螺母

①在命令行输入 CIRCLE（快捷命令 C），绘制圆心坐标在（100，100）、半径为 35 的圆，绘制结果如图 2-90 所示。

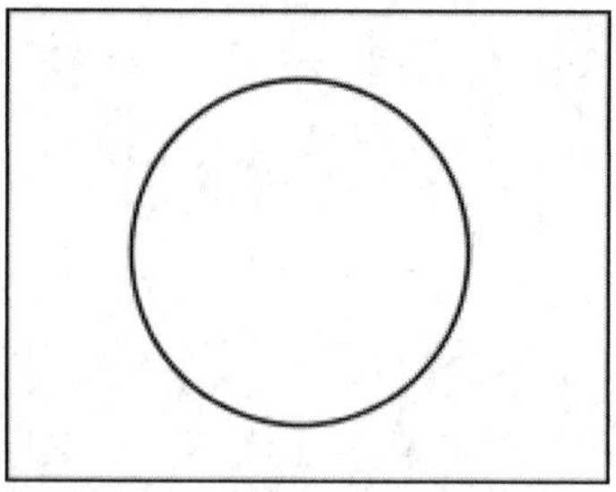

图 2-90　绘制圆

②在命令行输入 POLYGON（快捷命令：POL），以螺母外轮廓的圆心为中心点绘制正多边形，命令行提示与操作如图 2-91 所示。

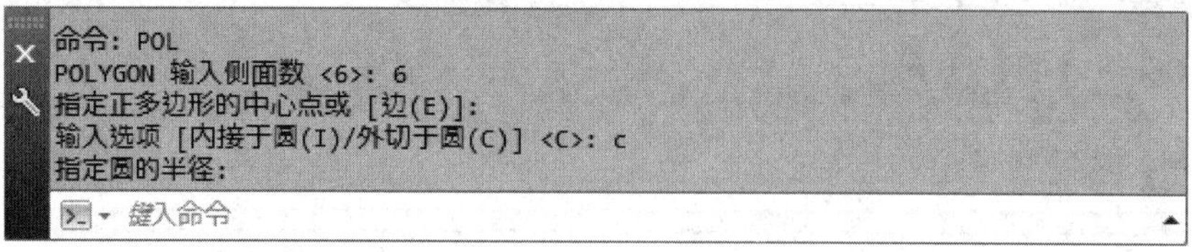
命令: POL
POLYGON 输入侧面数 <6>: 6
指定正多边形的中心点或 [边(E)]:
输入选项 [内接于圆(I)/外切于圆(C)] <C>: c
指定圆的半径:
键入命令

图 2-91　绘制螺母的外轮廓（正六边形）的命令行提示和操作

绘制的结果如图 2-92 所示。

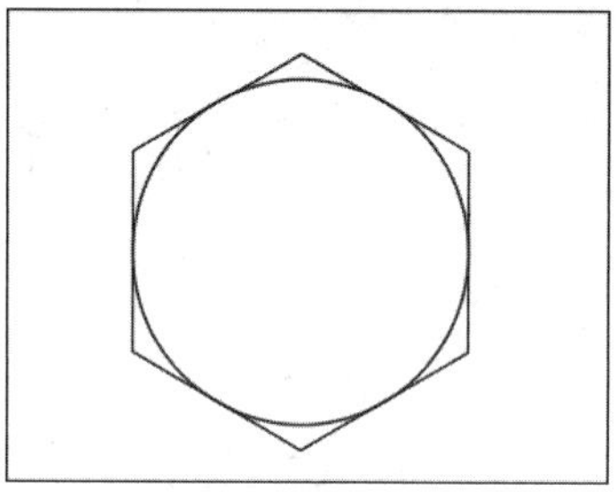

图 2-92　螺母的螺纹

③命令行输入 CIRCLE（快捷命令 C），以坐标（100，100）位圆心继续绘制另一个圆，绘制的最终结果如图 2-89 所示。

2.4　点

点在 AutoCAD 2016 中有多种表示方式，用户可以根据需要进行设置，也可以设置等分点（定数等分）和测量点（定距等分）。

2.4.1　点

1. 执行方式

①命令行：输入 POINT（快捷命令：PO），如图 2-93 所示。

当前点模式: PDMODE=0 PDSIZE=0.0000
指定点: *取消*
键入命令

图 2-93　在命令行执行“点”命令

②菜单栏：选择“绘图”→“点”，如图 2-94 所示。

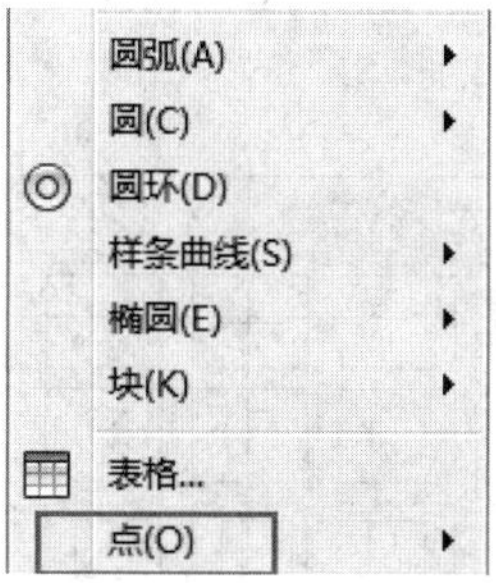

图 2-94　在菜单栏执行“点”命令

③工具栏：单击“绘图”工具栏中的“点”按钮，如图 2-95 所示。

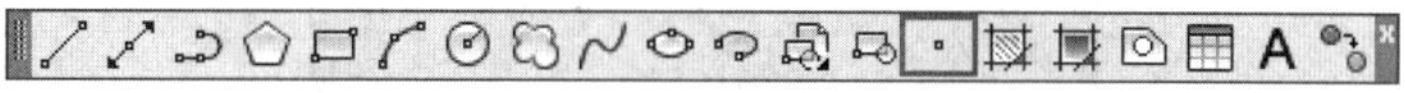

图 2-95　在工具栏执行“点”命令

④功能区：单击“默认”选项卡“绘图”面板中的“多点”按钮，如图 2-96 所示。

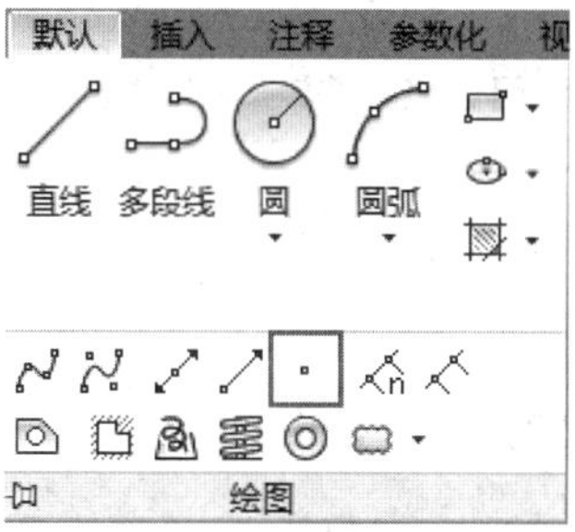

图 2-96　在功能区执行“点”命令

2. 操作步骤

命令行输入 POINT（快捷命令：PO）并在绘图区指定点的位置，命令行提示与操作如图 2-97 所示。

图 2-97　命令行提示与操作

3. 操作说明

①通过菜单栏执行“点”命令时，“单点”表示绘制一个点，“多点”表示绘制多个点，如图 2-98 所示。

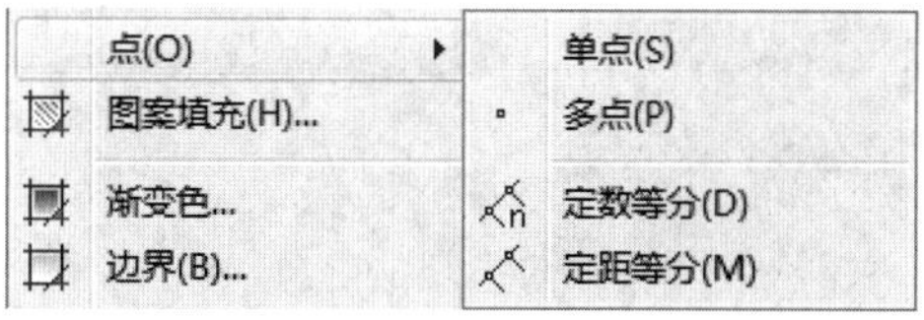

图 2-98　“点”的子菜单

②点在图形文件中有多种显示样式，可以通过命令行输入“DDPTYPE”（快捷命令：DDP）；或在菜单栏中点击“格式”→“点样式”，打开“点样式”对话框进行设置，如图 2-99 所示。

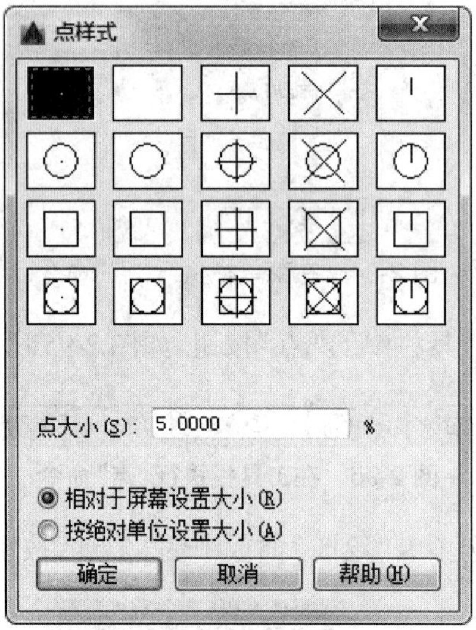

图 2-99 “点样式”对话框

2.4.2 等分点（定数等分）

1. 执行方式

①命令行：在命令行输入 DIVIDE（快捷命令：DIV），如图 2-100 所示。

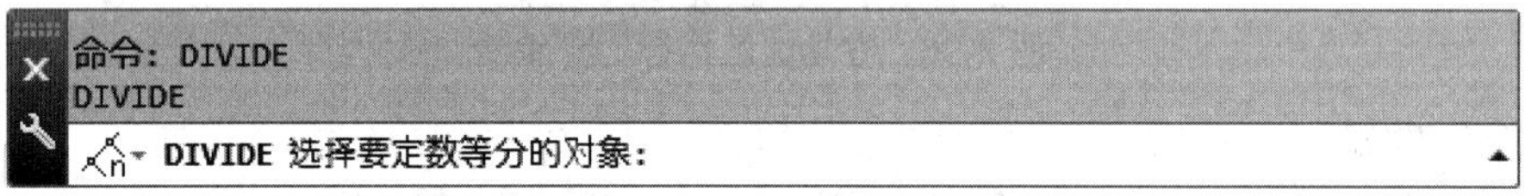

图 2-100 在命令行执行“定数等分”命令

②菜单栏：选择“绘图”→“点”→“定数等分”，如图 2-101 所示。

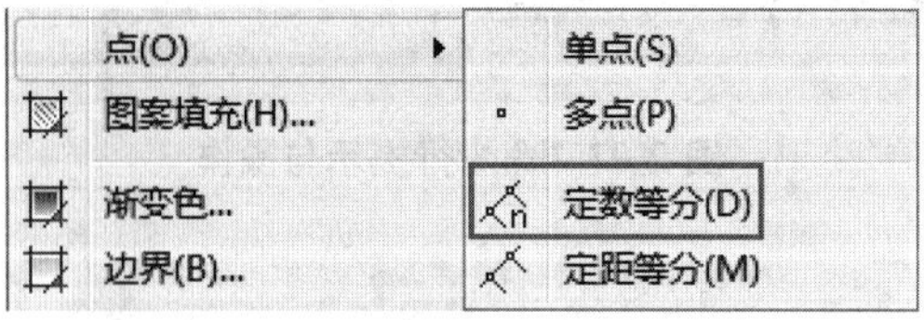

图 2-101 在菜单栏执行“定数等分”命令

③功能区：单击“默认”选项卡“绘图”面板中的“定数等分”按钮，如图 2-102 所示。

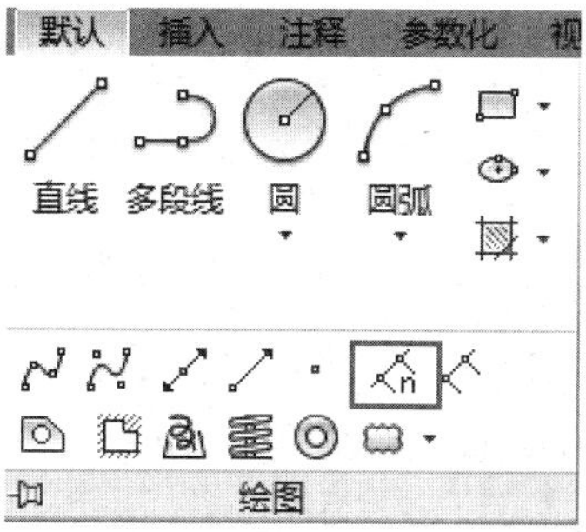

图 2-102　功能区执行“定数等分”命令

2. 操作步骤

①命令行输入 DIVIDE（快捷命令：DIV）；

②单击指定要定数等分的对象；

③输入线段数目，命令行提示与操作如图 2-103 所示。

图 2-103　绘制等分点的命令行提示与操作

3. 操作说明

①等分数目的最大值为 32 767。

②在命令行提示中单击“块（B）”选项时，表示在等分点处插入指定的块。

2.4.3　测量点（定距等分）

1. 执行方式

①命令行：在命令行输入 MEASURE（快捷命令：ME），如图 2-104 所示。

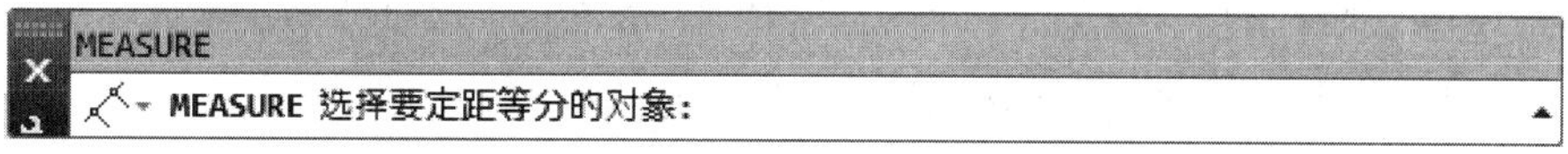

图 2-104　在命令行执行“定距等分”命令

②菜单栏：选择“绘图”→“点”→“定距等分”，如图 2-105 所示。

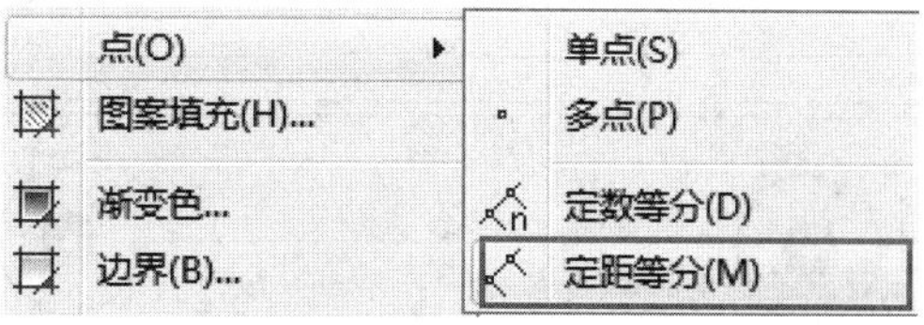

图 2-105　在菜单栏执行“定距等分”命令

③功能区：点击“默认”选项卡“绘图”面板中的“定距等分”按钮，如图 2-106 所示。

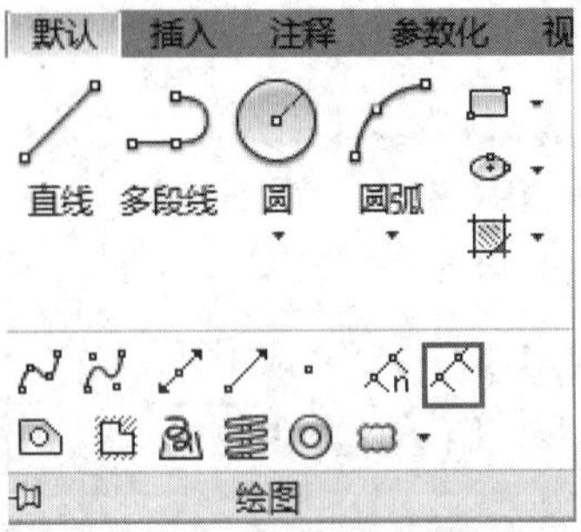

图 2-106 在功能区执行“定距等分”命令

2. 操作步骤

①在命令行输入 MEASURE（快捷命令：ME）；

②单击指定要定距等分的对象；

③指定分段长度，命令行提示与操作如图 2-107 所示。

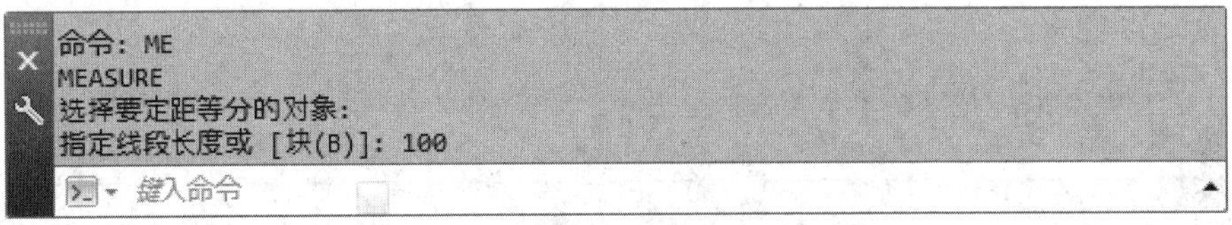

图 2-107 绘制等分点的命令行提示与操作

3. 操作说明

①设置的起点一般是指定线的绘制起点。

②在等分点处，按当前点样式绘制测量点。

③最后一个测量段的长度不一定等于指定分段长度。

2.5 综合演练

在本节中我们通过绘制汽车的简易造型练习本节学习的绘制命令，绘制过程涉及的命令有直线段、圆、圆弧、圆环、矩形等。首先绘制车轮，然后再绘制外轮廓，最后绘制车窗和腰线。绘制的汽车造型如图 2-108 所示。

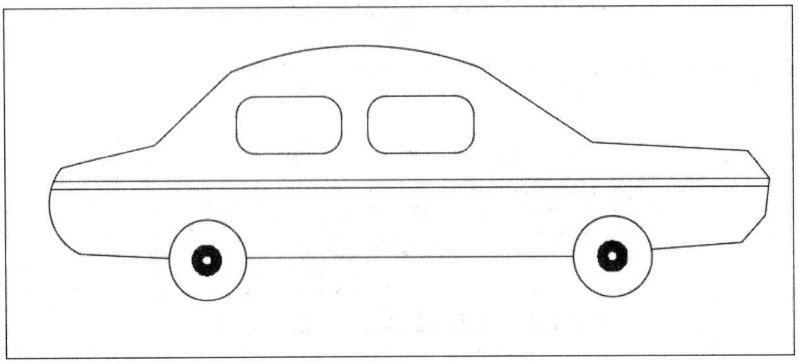

图 2-108 绘制汽车

①绘制汽车的车轮，我们将用到的命令有“圆”和“圆环”，命令行提示与操作如图

2-109 所示。

```
CIRCLE
指定圆的圆心或 [三点(3P)/两点(2P)/切点、切点、半径(T)]:
指定圆的半径或 [直径(D)] <20.0000>: 20
命令:  CIRCLE
指定圆的圆心或 [三点(3P)/两点(2P)/切点、切点、半径(T)]:
指定圆的半径或 [直径(D)] <20.0000>: 20
命令: DO DONUT
指定圆环的内径 <10.0000>:  指定第二点: 5
指定圆环的外径 <15.0000>: 15
指定圆环的中心点或 <退出>:
指定圆环的中心点或 <退出>:
```

图 2-109　绘制汽车车轮的命令行提示与操作

绘制结果如图 2-110 所示。

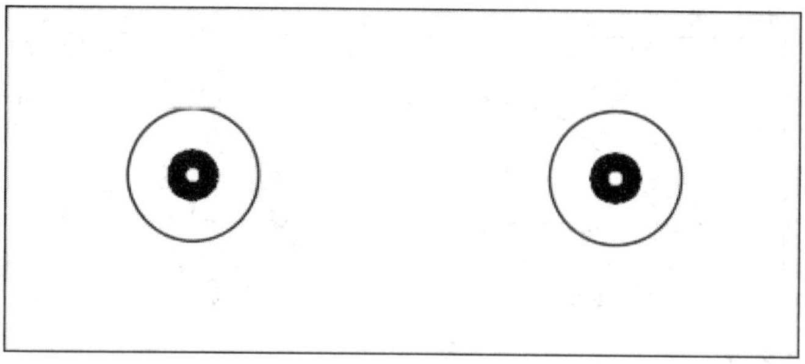

图 2-110　车轮绘制结果

②绘制汽车的车身，需要用到的命令有“直线”和“圆弧”，命令行提示与操作如图 2-111 所示。

```
命令: L
LINE
指定第一个点:
指定下一点或 [放弃(U)]:
指定下一点或 [放弃(U)]:
命令:  LINE
指定第一个点:
指定下一点或 [放弃(U)]:  <正交 关>
指定下一点或 [放弃(U)]:
命令: l LINE
指定第一个点:
指定下一点或 [放弃(U)]:
指定下一点或 [放弃(U)]:
命令: l LINE
指定第一个点:
指定下一点或 [放弃(U)]:
指定下一点或 [放弃(U)]:
指定下一点或 [闭合(C)/放弃(U)]:
命令:  LINE
指定第一个点:
指定下一点或 [放弃(U)]:
指定下一点或 [放弃(U)]:
指定下一点或 [闭合(C)/放弃(U)]:
命令:
命令:
命令: _ARC
指定圆弧的起点或 [圆心(C)]:
指定圆弧的第二个点或 [圆心(C)/端点(E)]:
指定圆弧的端点:
```

图 2-111　绘制车身的命令行提示与操作

绘制结果如图 2-112 所示。

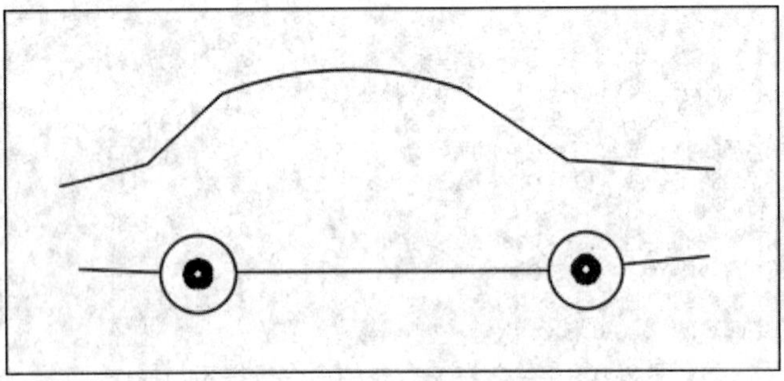

图 2-112　车身绘制结果

③使用“直线”和“圆弧”的命令完善车身细节，绘制的结果如图 2-113 所示。

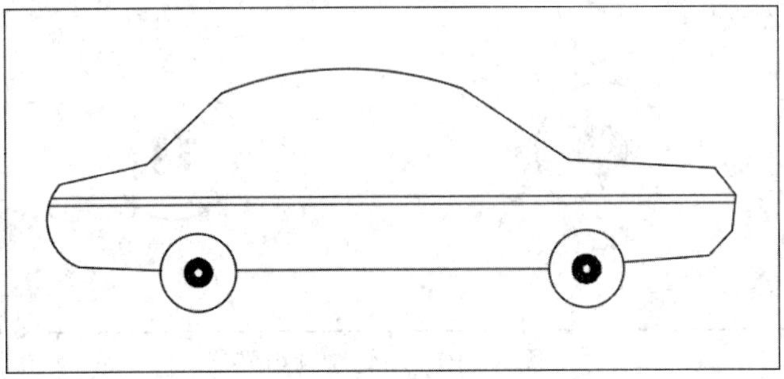

图 2-113　车身细节绘制结果

④使用“矩形”命令绘制车窗，命令行提示与操作如图 2-114 所示。

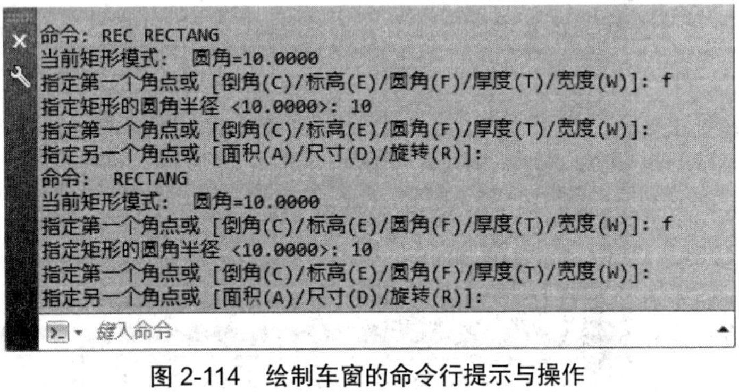
命令: REC RECTANG
当前矩形模式:　圆角=10.0000
指定第一个角点或 [倒角(C)/标高(E)/圆角(F)/厚度(T)/宽度(W)]: f
指定矩形的圆角半径 <10.0000>: 10
指定第一个角点或 [倒角(C)/标高(E)/圆角(F)/厚度(T)/宽度(W)]:
指定另一个角点或 [面积(A)/尺寸(D)/旋转(R)]:
命令:　RECTANG
当前矩形模式:　圆角=10.0000
指定第一个角点或 [倒角(C)/标高(E)/圆角(F)/厚度(T)/宽度(W)]: f
指定矩形的圆角半径 <10.0000>: 10
指定第一个角点或 [倒角(C)/标高(E)/圆角(F)/厚度(T)/宽度(W)]:
指定另一个角点或 [面积(A)/尺寸(D)/旋转(R)]:
键入命令

图 2-114　绘制车窗的命令行提示与操作

绘制的最终效果如图 2-108 所示。

2.6　上机实战

【实战一】绘制螺栓（图 2-115）

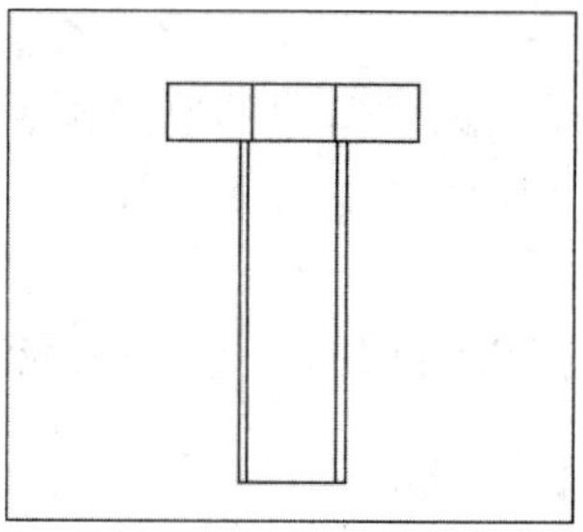

图 2-115　螺栓

目的要求：

绘制螺栓时要求输入坐标值精准绘制图形，并结合“动态输入”提高绘图速度，熟练掌握并运用直角坐标法和极坐标法绘制直线，灵活掌握直线的绘制方法。

操作提示：

①绘制直线时打开“状态栏”中的“正交限制光标”（快捷命令：F8），确保精准绘制出水平和垂直的直线段；

②打开“状态栏”中的“将光标捕捉到二维参照点”（快捷命令：F3），确保精准绘图；

③练习运用“闭合”命令绘制图形，提高绘图效率。

【实战二】绘制连环圆（图 2-116）

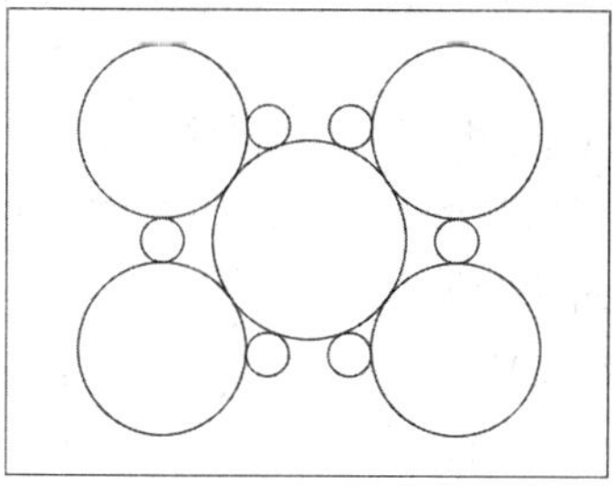

图 2-116　连环圆

目标要求：

运用不同的方法绘制“圆”，不断尝试，从而掌握各种方法的使用技巧。

操作提示：

①使用“圆心、半径”或“圆心、直径”的方法画出四个角的大圆；

②绘制中间的大圆，最后绘制其他小圆。

【实战三】绘制七星瓢虫（图 2-117）

图 2-117　七星瓢虫

目标要求：

本实战中主要运用到的命令是“圆弧”，灵活掌握圆弧的绘制方法。主要学习运用“三点”的方式绘制不同弧度的圆弧。

操作提示：

图 2-117 中还运用到了“直线”和“圆”的命令，大家应注意画图顺序，摸索画图技巧。

【实战四】绘制太阳（图 2-118）

图 2-118　太阳

目标要求：

运用“圆”的命令绘制同心圆，掌握“定数等分”命令的使用方法，做到精准绘图。

操作提示：

①绘制三个同心圆，绘制同心圆可以利用“对象捕捉”命令，精准捕捉圆心；

②将外面两个圆“定数等分”后打开“点样式”对话框，修改点的样式，方便绘图；

③利用“直线”命令连接外面两个同心圆的等分点。

【实战五】绘制装饰画（图 2-119）

图 2-119　装饰画

目标要求：

熟练运用多种绘图命令，做到准确无误，灵活掌握各命令间的配合使用。

操作提示：

根据图例选择合适的命令绘制，主要用到的命令有“矩形”“直线”“圆”“圆弧”“圆环”“椭圆”“椭圆弧”等。

第 3 章　文字与表格

章节概括

文字注释是图形中很重要的一部分内容，在进行图形绘制时，不仅要绘出图形，还要在图形中标注文字，对图形内容加以注释。本章将对图形文件中文本的标注和编辑功能进行介绍，同时对图形文件中的表格的绘制和编辑进行讲解，表格可用于绘制如明细表、参数表等内容。

学习重点

◆ 文字样式。
◆ 文本标注。
◆ 文本编辑。
◆ 表格绘制与编辑。

职业素养

工匠精神的核心是敬业、创新、专注和精益求精，是职业能力和道德品格的集中体现。工匠精神需要从业者不仅具有精湛的技艺，还要有严谨和细致的工作态度，具有对职业的认同感和责任感。CAD 课程是一门软件操作类课程，结合课程的特点和职业要求，引导学生在绘制机械图样的过程中，追求细致严谨和精益求精的工匠精神；要不断丰富课程的思政内涵，让学生们感受社会发展的脉搏和国家的需求，帮助学生看到知识背后的精神力量；要引导学生在多元文化的激荡中树立正确的人生观、价值观，把为国读书的梦想根植在心中。

3.1　文字样式

AutoCAD 2016 图形中的文字都有与其相对应的文字样式。文字样式是用来控制文字基本形状的设置，AutoCAD 2016 中的“文字样式”对话框可以直接设置用户需要的文字样式，或对已有的文字样式进行修改。在用户输入文字时，系统会默认使用当前设置的文字样式。

1. 执行方式

①命令行：在命令行输入 STYLE（快捷命令：ST）或 DDSTYLE，如图 3-1 所示。

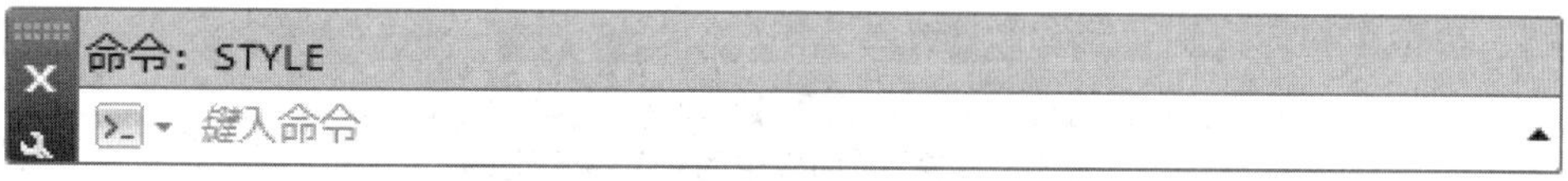

图 3-1　在命令行执行“文字样式”命令

②菜单栏：选择“格式”→“文字样式”，如图 3-2 所示。

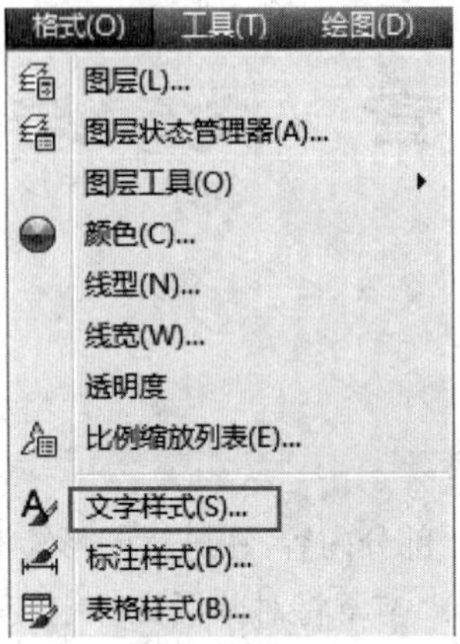

图 3-2　在菜单栏执行“文字样式”命令

③工具栏：单击“文字”工具栏中的“文字样式”按钮，如图 3-3 所示。

图 3-3　在工具栏执行“文字样式”命令

④功能区：单击“默认”选项卡“注释”面板如图 3-4 所示中的“文字样式”按钮；或单击“注释”选项卡“文字”面板上的“文字样式”下拉菜单中的“管理文字样式”按钮，如图 3-5 所示；或单击“注释”选项卡“文字”面板中的“对话框启动器”按钮，如图 3-6 所示。

图 3-4　“注释”面板

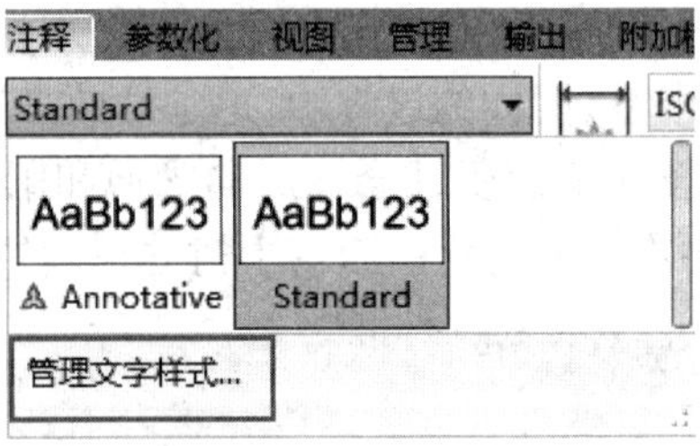

图 3-5　“文字”面板

图 3-6　“文字”面板中的对话框启动器

在执行以上操作后，系统打开的“文字样式”对话框，如图 3-7 所示。

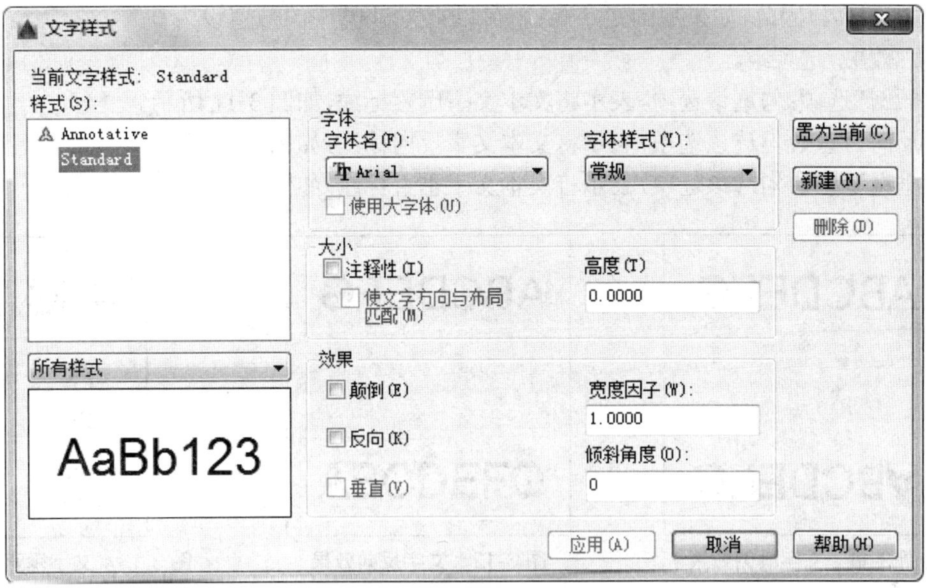

图 3-7　“文字样式”对话框

2. 操作说明

①在“文字样式”对话框中，点击“新建”按钮，系统打开如图 3-8 所示的“新建文字样式”对话框，用户可以为新建的文字样式命名。在“样式”列表中，选中某一个文字样式，可以右键进行“重命名”，如图 3-9 所示。

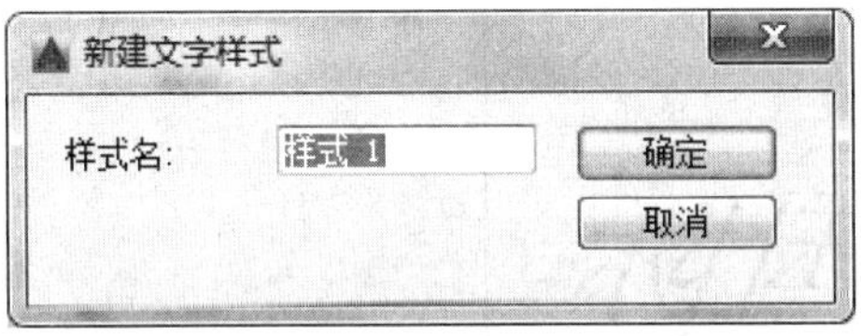

图 3-8　“新建文字样式”对话框

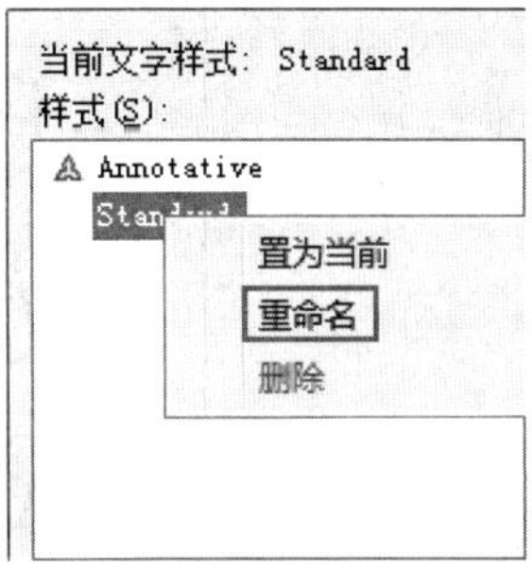

图 3-9　“重命名”文字样式对话框

②“字体”选项组：用于确定字体样式。在 AutoCAD 2016 中，一种字体可以设置不同的效果，从而被多种文字样式使用，如图 3-10 所示。

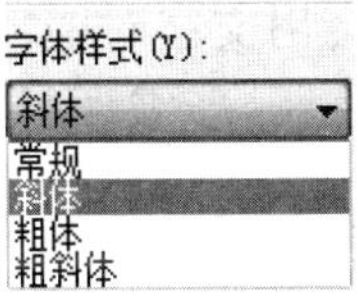

图 3-10　“字体样式”下拉菜单

③“大小”选项组：用于确定文字样式使用的字体文件、字体风格及字高。“高度”文本框用来设置文字的固定字高，如果在此文本框中设置字高为 0，系统会在每一次创建文字时

提示输入字高。因此，如果想固定字高，就可以把“高度”中的数值设为 0。

④“效果”选项组。

“颠倒”选项：勾选该选项，表示将文本文字倒置标注，如图 3-11 所示。

“反向”选项：勾选该选项，表示将文本文字反向标注，如图 3-12 所示。

“垂直”选项：勾选该选项，表示将文本文字垂直标注，如图 3-13 所示。

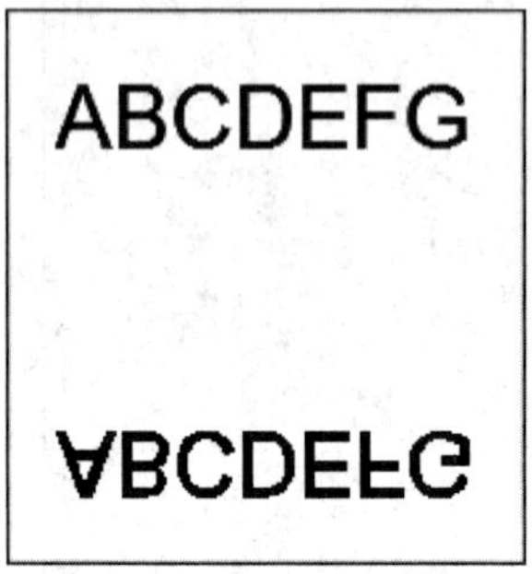

图 3-11 文字颠倒效果

图 3-12 文字反向效果

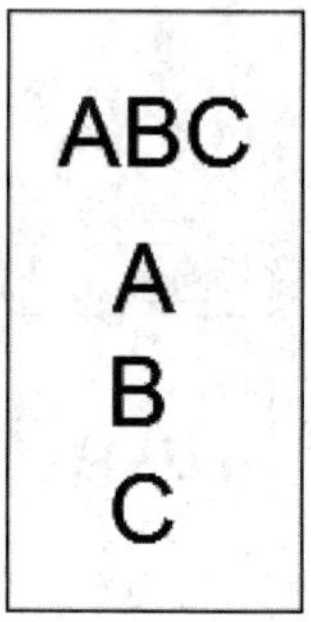

图 3-13 文字垂直效果

“宽度因子”选项：用于设定宽度系数，确定文字字符的宽高比。当比例系数为 1 时，表示将按字体文件中定义的宽高比标注文字；当比例系数小于 1 时，字体变窄；当比例系数大于 1 时，字体变宽，如图 3-14 所示。

“倾斜角度”选项：用于确定文字的倾斜角度。角度为 0 时不倾斜，为正数时向右倾斜，为负数时向左倾斜，如图 3-14 所示。

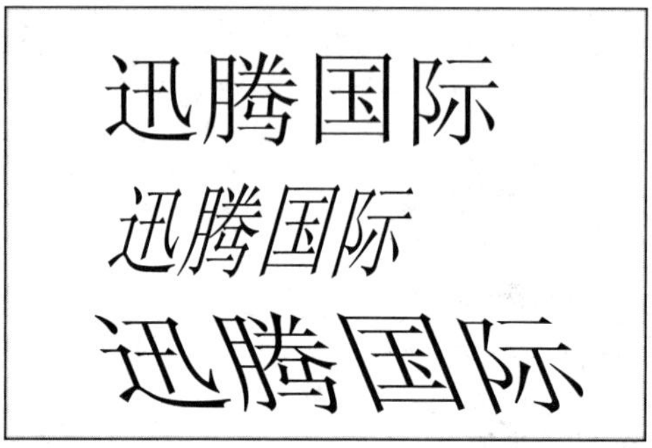

图 3-14 同一字体的不同样式

3.2 文本标注

在绘制图形的过程中，我们经常会用文字对图形标注说明，当需要标注的文本不太长时，可以使用 TEXT 命令创建单行文本；当需要标注的文本很长、很复杂时，可以使用 MTEXT 命令创建多行文本。

3.2.1 单行文本标注

1. 执行方式

①命令行：在命令行输入 TEXT 执行命令，如图 3-15 所示。

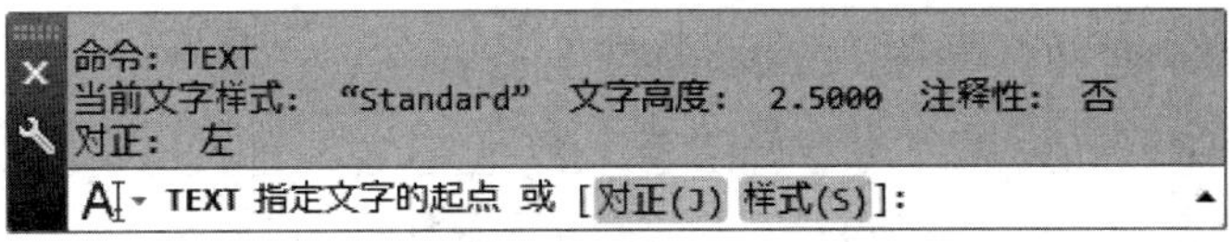

图 3-15　在命令行执行“单行文字”命令

②菜单栏：选择“绘图”→“文字”→“单行文字”，如图 3-16 所示。

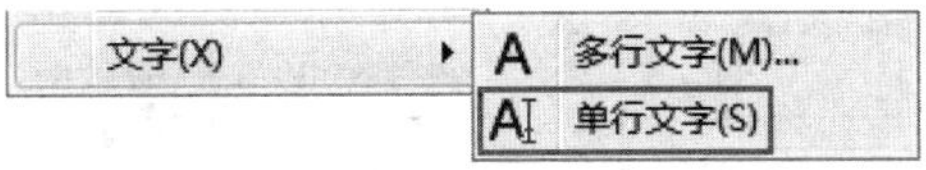

图 3-16　菜单栏执行“单行文字”命令

③工具栏：单击“文字”工具栏中的“单行文字”按钮，如图 3-17 所示。

图 3-17　在工具栏执行“单行文字”命令

④功能区：单击“注释”选项卡“文字”面板中的“单行文字”按钮，如图 3-18 所示，或单击“默认”选项卡“注释”面板中的“单行文字”按钮。

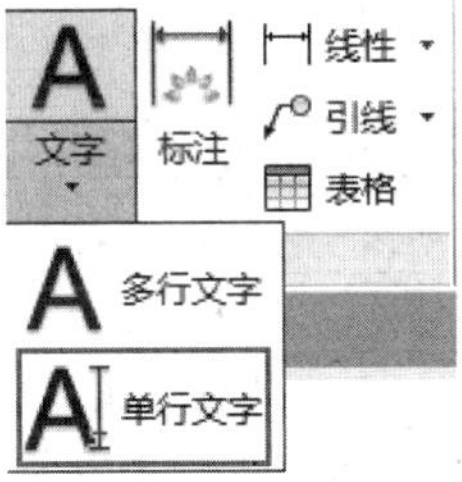

图 3-18　在功能区执行“单行文字”命令

2. 操作说明

①指定文字的起点：在此提示下直接在绘图区选择一点作为输入文本的起始点，执行此项命令时的命令行提示如图 3-19 所示。

图 3-19　命令行提示（3.2.1）

执行上述命令后，即可在指定位置输入文本文字，输入后按 <Enter> 键；文本文字另起一行，可继续输入文字，输入完成后按两次 <Enter> 键退出命令。TEXT 命令也可以输入多行文本，但是不能对多行文本同时进行操作。通过指定文字旋转角度，可以使文本行倾斜一定角度。

②“对正（J）”选项：用来确定文本的对齐方式，对齐方式决定文本的哪部分与所选插入点对齐。执行此项命令时的命令行提示如图 3-20 所示。

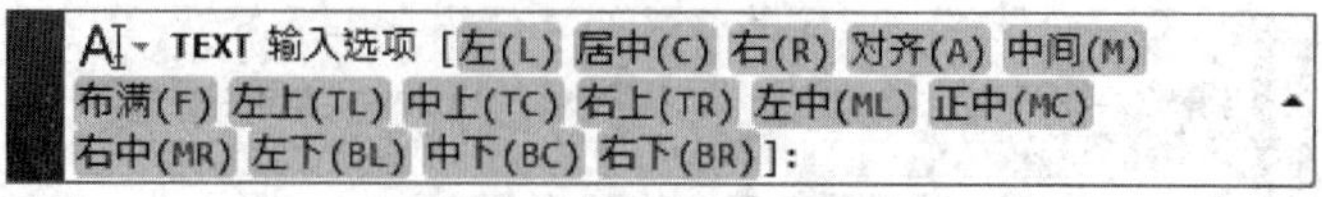

图 3-20 “对正(J)”命令行提示

在此提示下选择一个选项作为文本的对齐方式。当文本文字水平排列时，AutoCAD 2016 为标注文本的文字定义了如图 3-21 所示的底线、基线、中线和顶线。各种对齐方式如图 3-22 所示。

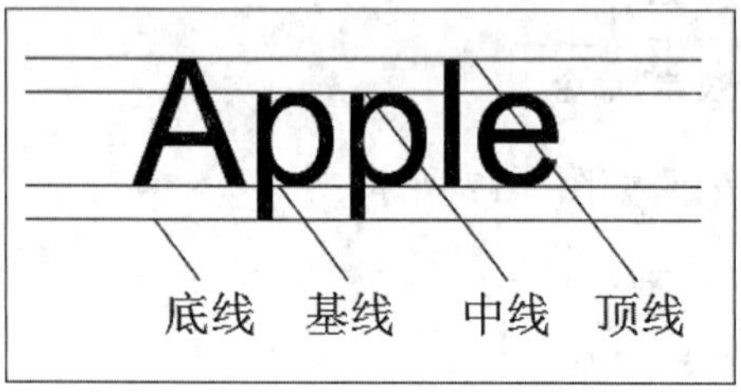

图 3-21 文本行的底线、基线、中线和顶线

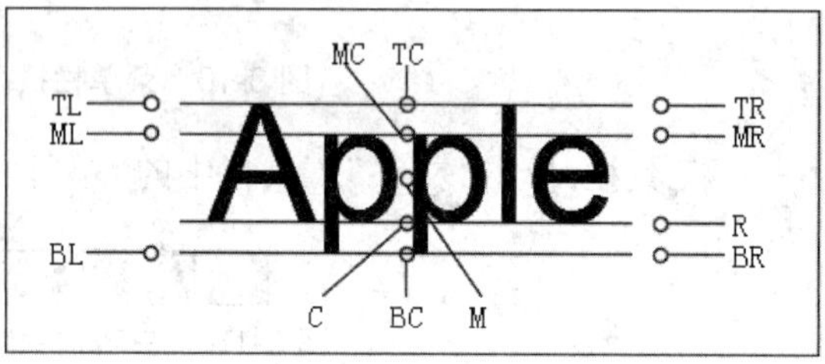

图 3-22 文本的对齐方式

实际绘图时，用户经常会用到一些特殊字符，例如直径符号、正负符号、温度符号等。这些符号不能直接在键盘上输入。在 AutoCAD 2016 中可以通过控制码输入特殊字符，控制码由两个百分号（%%）加字符构成，常用的控制码及其功能如图 3-23 所示。

控制码	对应字符	控制码	对应字符
%%O	上划线	\u+2248	约等号（≈）
%%U	下划线	\u+2220	角度（∠）
%%D	“度”（°）	\u+E100	边界线
%%P	正负符号（±）	\u+2104	中心线
%%C	直径符号（⌀）	\u+0394	差值
%%%	百分号（%）	\u+2126	欧姆（Ω）

图 3-23 AutoCAD 2016 常用控制码

上划线（%%O）或下划线（%%U）在输入文本时第一次出现代表其起点位置，第二次出现代表其终点。例如输入“我们是 %%U 最好的团队 %%U”，则得到如图 3-24 所示的文本行。

图 3-24 “下划线(%%U)”的输入

利用 TEXT 命令可以创建一个或多个单行文本。在“输入文字”提示下输入一行文字后按 <Enter> 键，命令行继续提示“输入文字”，此时用户可输入第二行文本文字。依此类推，全部输入完成后按两次 <Enter> 键结束命令。每一个单行文本可以单独修改其文本样式、字高、旋转角度、对齐方式等。

用 TEXT 命令创建文本时，在命令行输入的文字同时显示在绘图区，而且在输入的过程中可以随时改变文本的位置。移动光标到新的位置并单击，即可结束当前行输入，新输入的文字在新的位置显示。用这种方法可以把多行文本标注到绘图区的不同位置。

3.2.2　多行文本标注

1. 执行方式

①命令行：在命令行输入 MTEXT（快捷命令：T 或 MT），如图 3-25 所示。

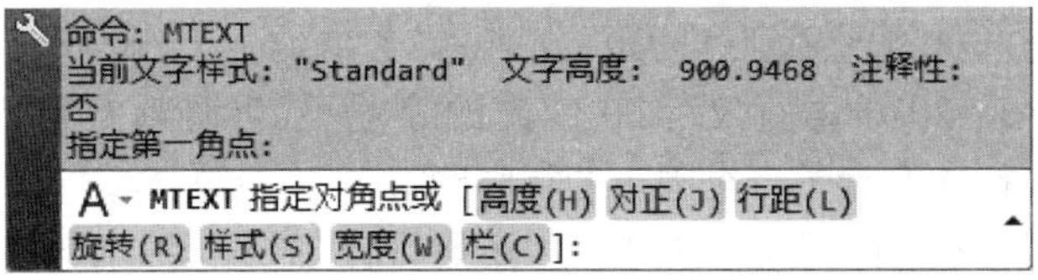

图 3-25　在命令行输入“多行文字”命令

②菜单栏：选择“绘图”→“文字”→“多行文字”，如图 3-26 所示。

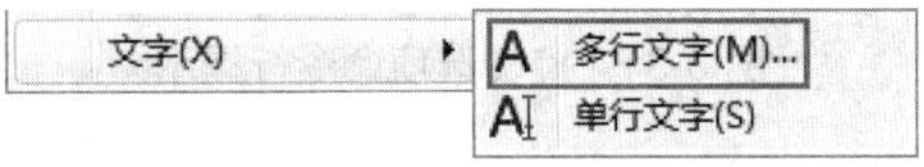

图 3-26　在菜单栏执行“多行文字”命令

③工具栏：单击“绘图”工具栏中的“多行文字”按钮；或单击“文字”工具栏中的“多行文字”按钮，如图 3-27、3-28 所示。

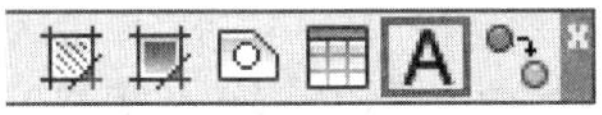

图 3-27　在绘图工具栏执行“多行文字”命令

图 3-28　在文字工具栏执行“多行文字”命令

④功能区：单击“默认”选项卡“注释”面板中的“多行文字”按钮；或单击“注释”选项卡“文字”面板中的“多行文字”按钮，如图 3-29 所示。

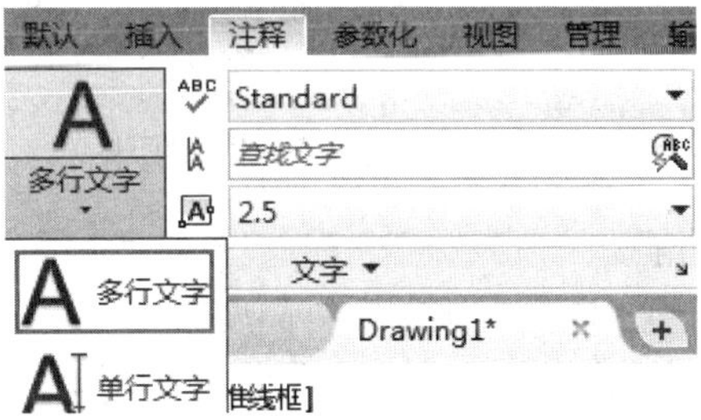

图 3-29　在功能区执行“多行文字”命令

2. 操作说明

①指定对角点：选择第一行文本顶线的起点作为第一个点。直接在屏幕上拾取一个点作为矩形框的第二个角点，AutoCAD 2016 以这两个点为对角点形成一个矩形区域，其宽度作为将来要标注的多行文字的宽度。

②对正（J）：用来确定所标注文本的对齐方式。与“TEXT”中的各种对齐方式相同在此

不再重复。

③行距（L）：用来确定多行文字的行间距。行间距指的是相邻两个文本行基线之间的垂直距离。选择此项后，命令行提示如图 3-30 所示。

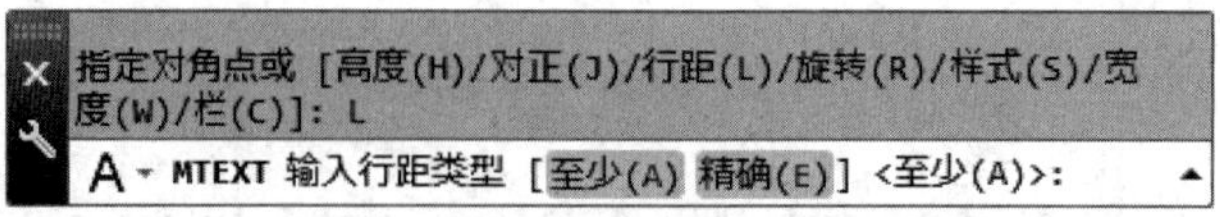

图 3-30　行距选项命令行提示

再次提示下，有两种方式确定行间距，分别是“至少（A）”方式和“精确（E）”方式。“至少”方式下 AutoCAD 2016 每行文字中最大的字符自动调整行间距。“精确”方式下 AutoCAD 2016 给多行文字赋予一个固定的行间距。

④旋转（R）：确定文本行的倾斜角度。选择此项后，命令行提示如图 3-31 所示。

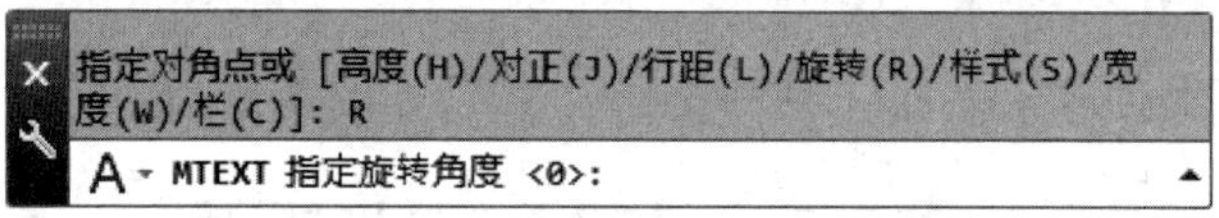

图 3-31　旋转选项命令行提示

⑤样式（S）：确定当前的文字样式。

⑥宽度（W）：指定多行文本的宽度。可在屏幕上拾取一点，将其与前面确定的第一个角点组成的矩形框的跨度作为多行文本的宽度，也可以输入一个数值，精确设置多行文本的宽度。

⑦栏（C）：可以将多行文字对象的格式设置为多栏。可以指定栏与栏之间的宽度、高度及栏数，以及使用夹点编辑栏宽和栏高。

⑧“文字编辑器”选项卡：用来控制文本文字的显示特性，可以在输入文本文字前设置文字特性，也可以改变已输入的文本文字特性。

“文字编辑器”选项卡如图 3-32 所示。

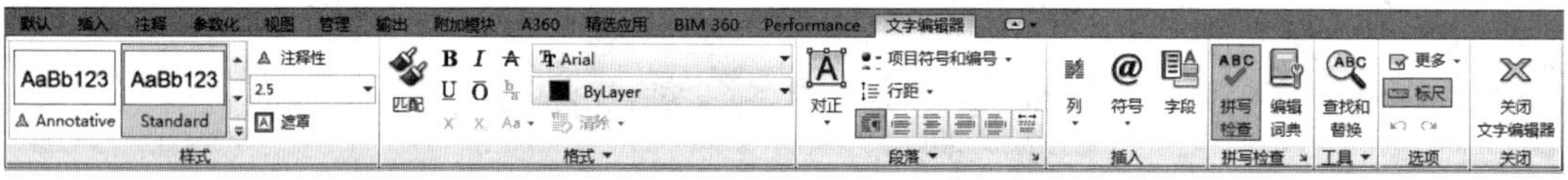

图 3-32　“文字编辑器”选项卡

下面介绍其中的重要功能。

“文字高度”下拉列表：用于确定文本的字符高度。

“加粗”和“斜体”按钮：用于设置加粗和斜体效果，但只对 TrueType 字体有效。

“删除线”按钮：用于在文字上添加水平删除线。

“下划线”“上划线”按钮：用于设置或取消文字的上、下划线。

“倾斜角度”文本框：用于设置文字的倾斜角度。

“符号”按钮：用于输入各种符号。

“字段”按钮：用于插入一些常用或预设的字段。“字段”对话框，如图 3-33 所示。

“追踪”下拉列表框：用于增大或减小选定字符的间距。

“宽度因子”下拉列表框：用于扩展或收缩选定字符。

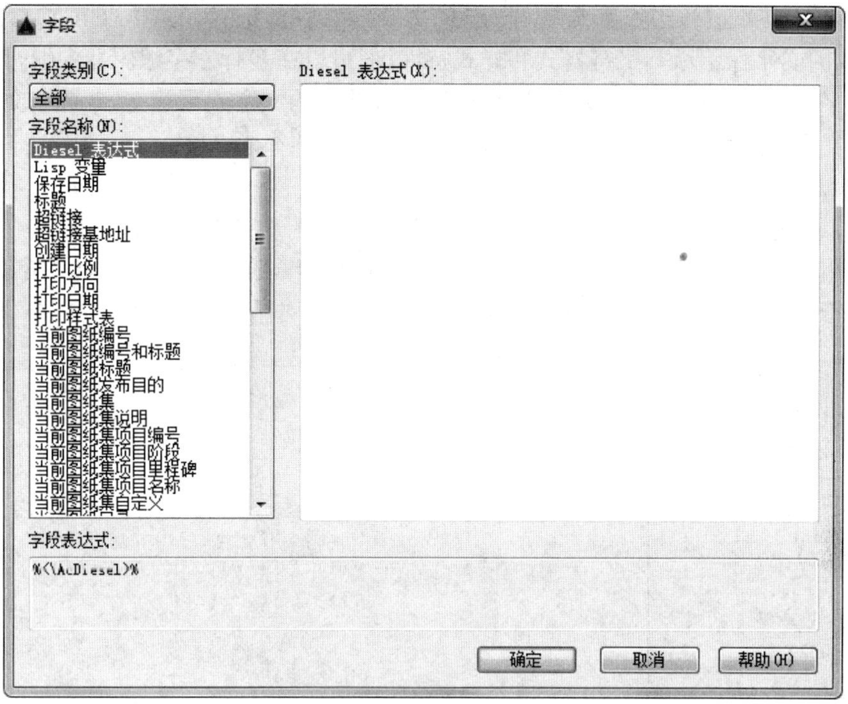

图 3-33　“字段”对话框

“上标”按钮:将选定文字转换为上标,即在输入线的上方设置稍小的文字。

“下标”按钮:将选定文字转换为下标,即在输入线的下方设置稍小的文字。

“清除格式”下拉列表:删除选定字符的字符格式,或删除选定段落的字符格式,或删除选定段落中的所有格式。

“段落”对话框:为段落和段落的第一行设置缩进。指定制表位和缩进,控制段落的对齐方式、段落间距和段落行距,“段落”对话框如图 3-34 所示。

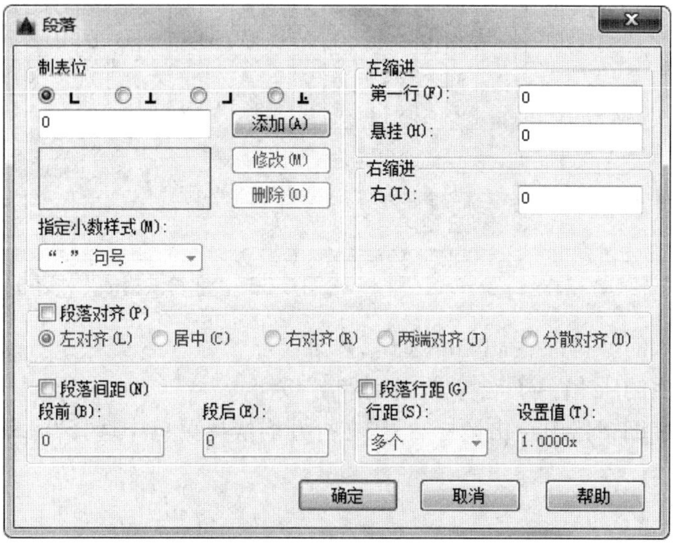

图 3-34　“段落”对话框

“输入文字”：选择此项，系统打开“选择文件”对话框，选择任意 ASCII 或 RTF 格式的文件，输入的文字保留原始字符格式和样式特性，但可以在多行文字编辑器中编辑和格式化输入的文字。选择要输入的文本文件后，可以替换选定的文字或全部文字，或在文字边界内将插入的文字附加到选定的文字中，输入文字的文件必须小于 32 K。

“编辑器设置”：显示“文字格式”工具栏的选项列表。

下面以在标注文字时插入“度数”符号为例，介绍文字标注命令的使用方法。

①利用“多行文字”命令，打开“文字编辑器”选项卡。在“符号”子菜单（图 3-35）中选择需要的符号。或点击“其他”按钮，打开“字符映射表”对话框（图 3-36）。

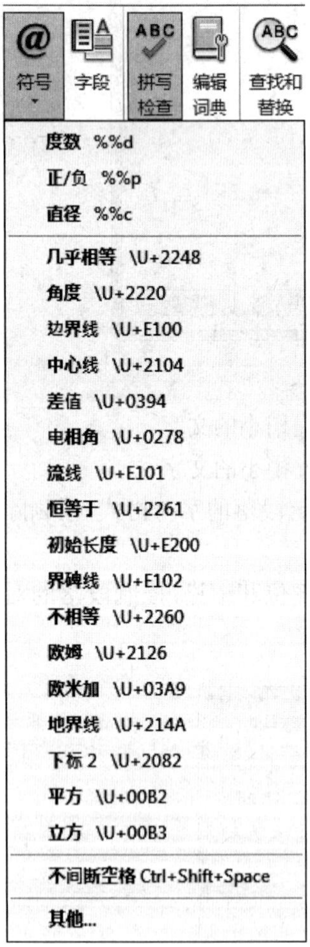

图 3-35 “符号”子菜单

图 3-36 “字符映射表”对话框

②选中要插入的字符，然后单击“选择”按钮。

③选中要使用的所有字符，然后单击“复制”按钮。

④在多行文字编辑器中点击鼠标右键，在打开的快捷菜单中选择“粘贴”命令。

3.3　文本编辑

1. 执行方式

①命令行：在命令行输入 DDEDIT（快捷命令：ED），如图 3-37 所示。

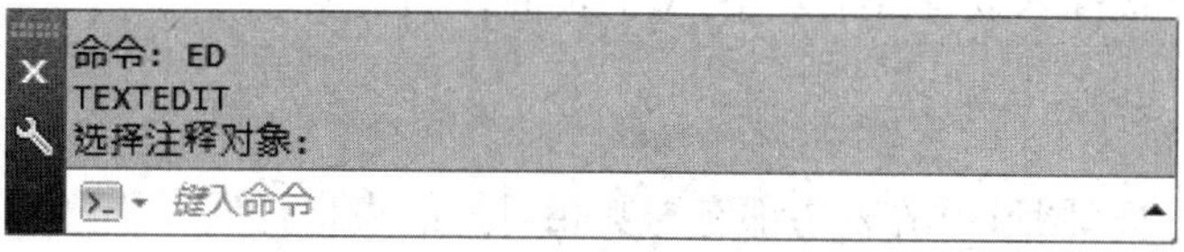

图 3-37　在命令行执行“编辑”命令

②菜单栏：选择“修改”→“对象”→“文字”→“编辑”，如图 3-38 所示。

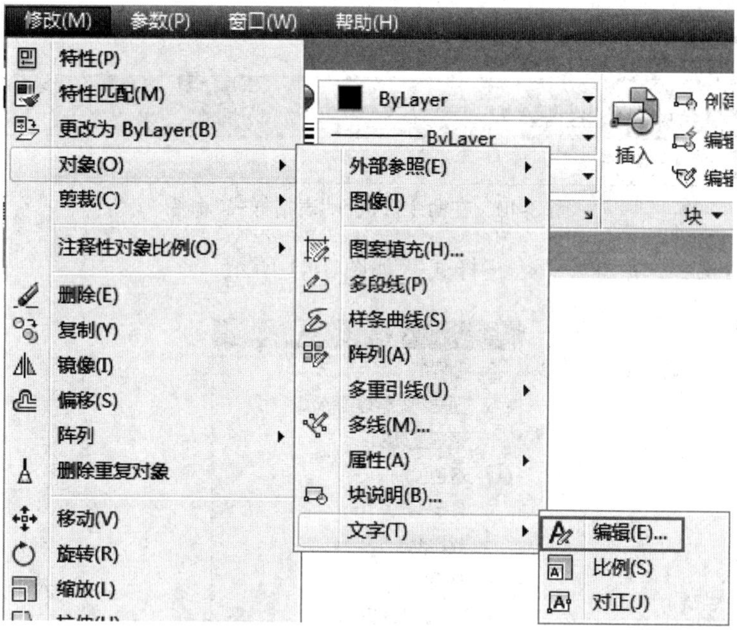

图 3-38　在菜单栏执行“编辑”命令

③工具栏：单击“文字”工具栏中的“编辑”按钮，如图 3-39 所示。

图 3-39　在工具栏执行“编辑”命令

2. 操作说明

执行“编辑”命令后，选择想要修改的文本，此时光标变为拾取框。如果选择的文本是用 TEXT 命令创建的单行文本，则深显该文本，可对其进行修改；如果选择的文本是用 MTEXT 命令创建的多行文本，选择对象后打开多行文字编辑器，可对各项设置和内容进行修改。

3.4 表格

在以前的 AutoCAD 版本中，用户绘制表格需要使用各种编辑命令自己绘制表格，这种方式过程烦琐而且制图效率低。而“表格”绘图工具使绘制表格变得非常快捷、简单，用户可以通过该工具直接插入设置好的表格，从而提高绘图速度。

3.4.1 表格样式

跟文字样式一样，图形中的表格都有与其相对应的表格样式。当插入表格对象时，系统使用当前设置的表格样式。表格样式是用来控制表格基本形状和间距的一组设置。模板文件 ACAD.DWT 和 ACADISO.DWT 中定义了名为“Standard”的默认表格样式。

1. 执行方式

①命令行：在命令行输入 TABLESTYLE，如图 3-40 所示。

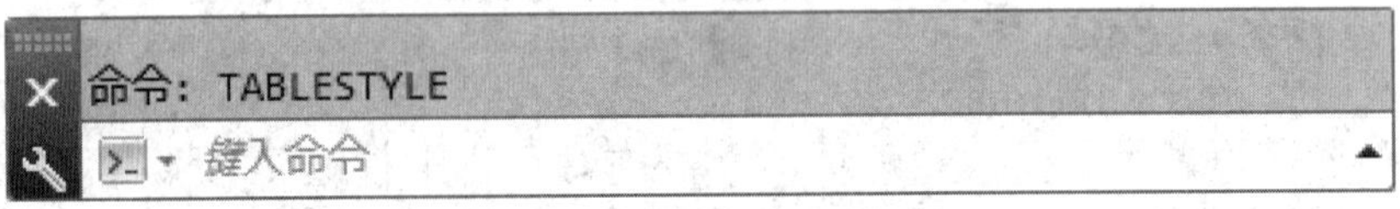

图 3-40 在命令行执行“表格样式”命令

②菜单栏：选择“格式”→“表格样式”，如图 3-41 所示。

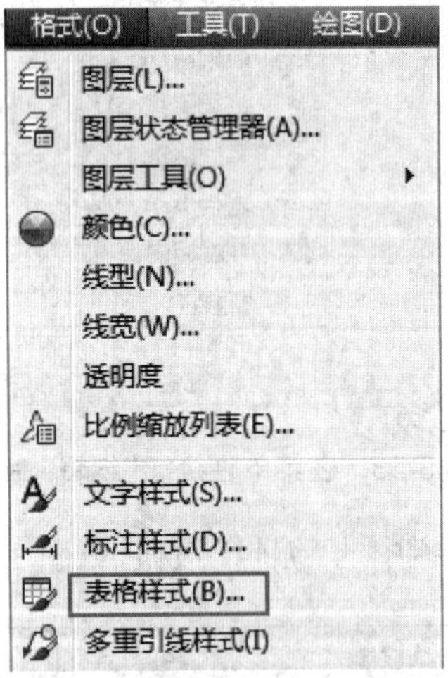

图 3-41 在菜单栏执行“表格样式”命令

③工具栏：单击“样式”工具栏中的“表格样式”按钮，如图 3-42 所示。

图 3-42 在工具栏执行“表格样式”命令

④功能区：单击“默认”选项卡“注释”面板中的“表格样式”按钮，如图 3-43 所示；或单击“注释”选项卡“表格”面板上的“表格样式”下拉菜单中的“管理表格样式”按钮，如图 3-44 所示；或单击“注释”选项卡“表格”面板的“对话框启动器”按钮。

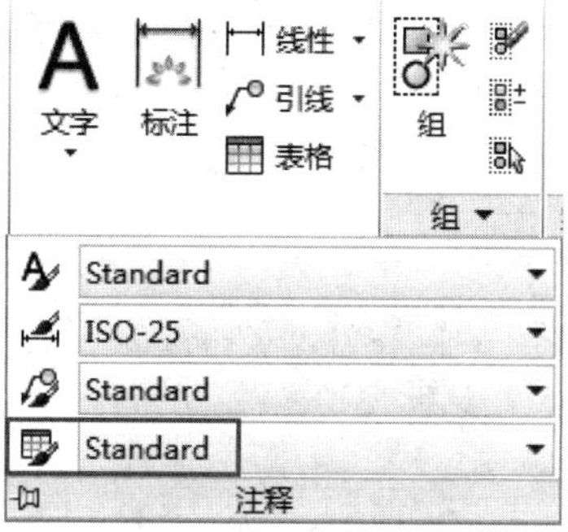

图 3-43　在“注释”面板执行“表格样式”命令

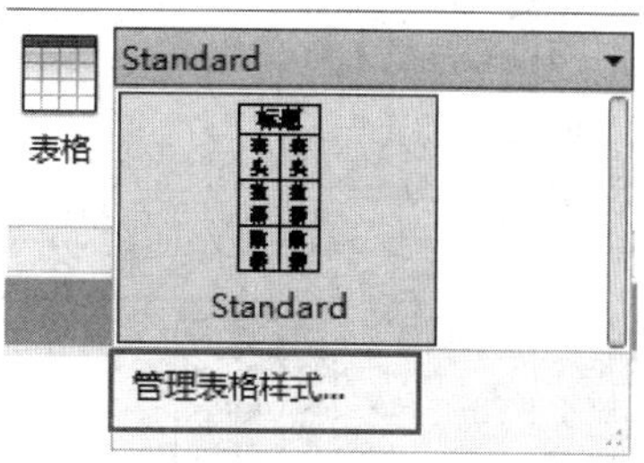

图 3-44　在“表格”面板执行“表格样式”命令

在使用上述任何操作方式后，系统将打开“表格样式”对话框，如图 3-45 所示。

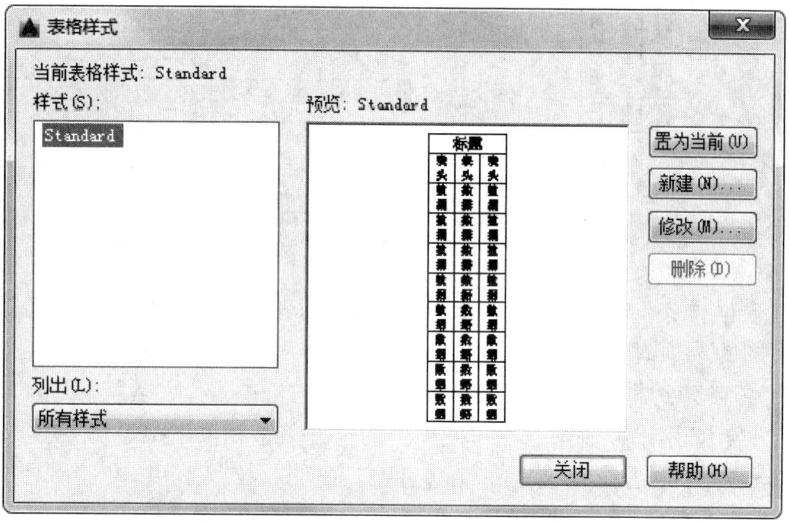

图 3-45　“表格样式”对话框

2. 操作说明

①“新建”按钮：单击此按钮，系统将打开“创建新的表格样式”对话框，可在“新样式名(N)”一栏中命名表格名称，如图 3-46 所示。单击“继续”按钮将打开“新建表格样式”对话框，在该对话框中可以对新表格的样式进行设定，如图 3-47 所示。

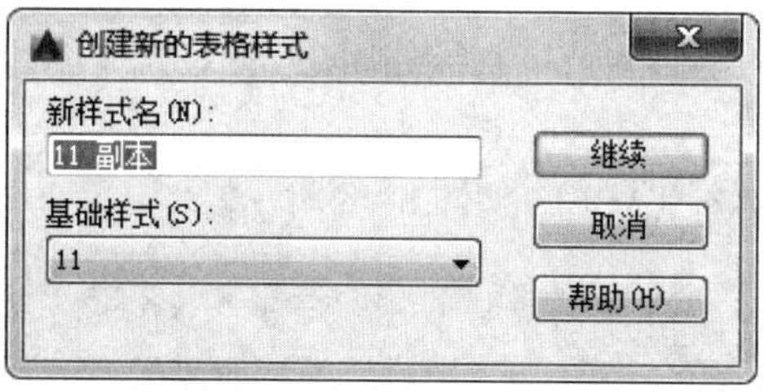

图 3-46　“创建新的表格样式”对话框

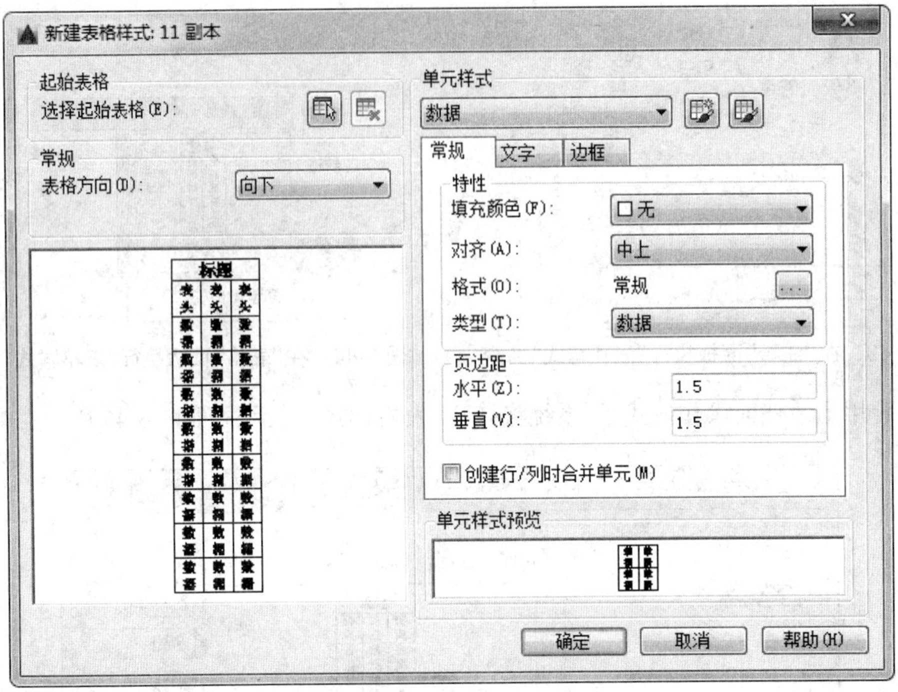

图 3-47 "新建表格样式"对话框

在"新建表格样式"对话框的"单元样式"下拉列表中有"标题""表头""数据"三个选项,在选择不同的选项时可以对"常规""文字""边框"选项进行设置。下面我们主要讲解一下"常规""文字""边框"三个重要的选项卡。

"常规"选项卡:用于控制数据在单元格中的位置关系和页边距等。

"文字"选项卡:用于设置文字属性,包括文字样式、文字高度、文字颜色和文字角度。单击"文字样式"下拉列表可以选择已定义好的文字样式用于数据文字。

"边框"选项卡:用于设置边框属性。点击"线宽""线性""颜色"可以对边框线的宽度、线型和颜色进行设置。下方的边框线按钮用于控制边框线的不同形式,如绘制所有边框、外边框和内边框等。而"间距"用于控制数据与边框之间的距离。

②"修改"按钮:用于修改当前表格样式,方式与新建表格样式相同。

3.4.2 创建表格

在用户设置好表格样式后,就可以直接使用 TABLE 命令创建表格。

1. 执行方式

①命令行:在命令行输入 TABLE,如图 3-48 所示。

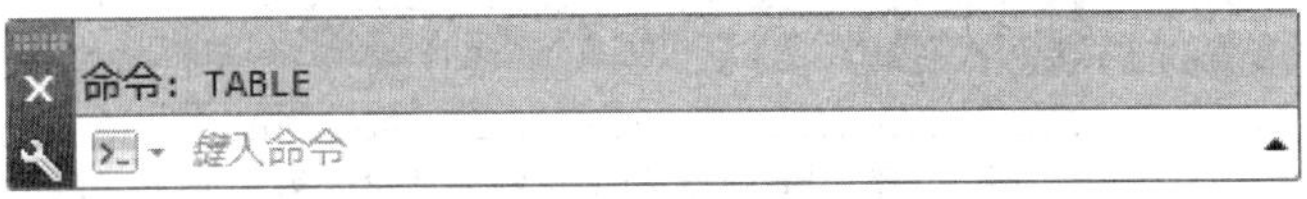

图 3-48 通过命令行创建表格

②菜单栏:选择"绘图"→"表格",如图 3-49 所示。

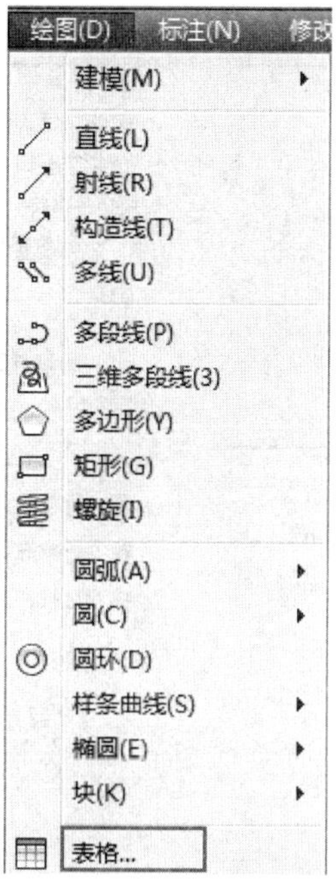

图 3-49　通过菜单栏创建表格

③工具栏：单击“绘图”工具栏中的“表格”按钮，如图 3-50 所示。

图 3-50　通过工具栏创建表格

④功能区：单击“默认”选项卡“注释”面板中的“表格”按钮，如图 3-51；或单击“注释”选项卡“表格”面板中的“表格”按钮，如图 3-52 所示。

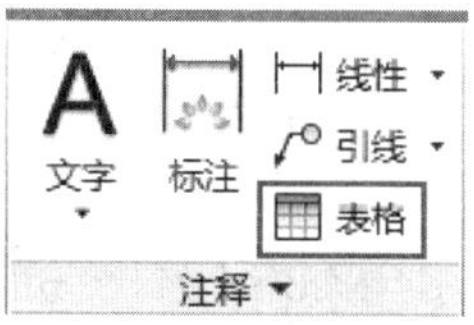

图 3-51　通过默认选项卡创建表格

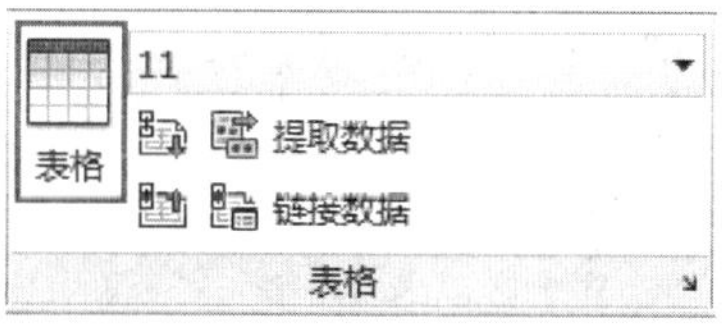

图 3-52　通过注释选项卡创建表格

执行上述命令后，系统打开“插入表格”对话框，如图 3-53 所示。

2. 操作说明

①“表格样式”下拉列表：用于选择已有的表格样式，也可以单击右侧的按钮新建或修改表格样式。

②“插入方式”选项组。

“指定插入点”：指定表格左上角的位置。可以使用光标拾取插入点，或在命令行输入插入点的坐标值。若表格的方向设置为由下而上，则插入点在表格的左下角。

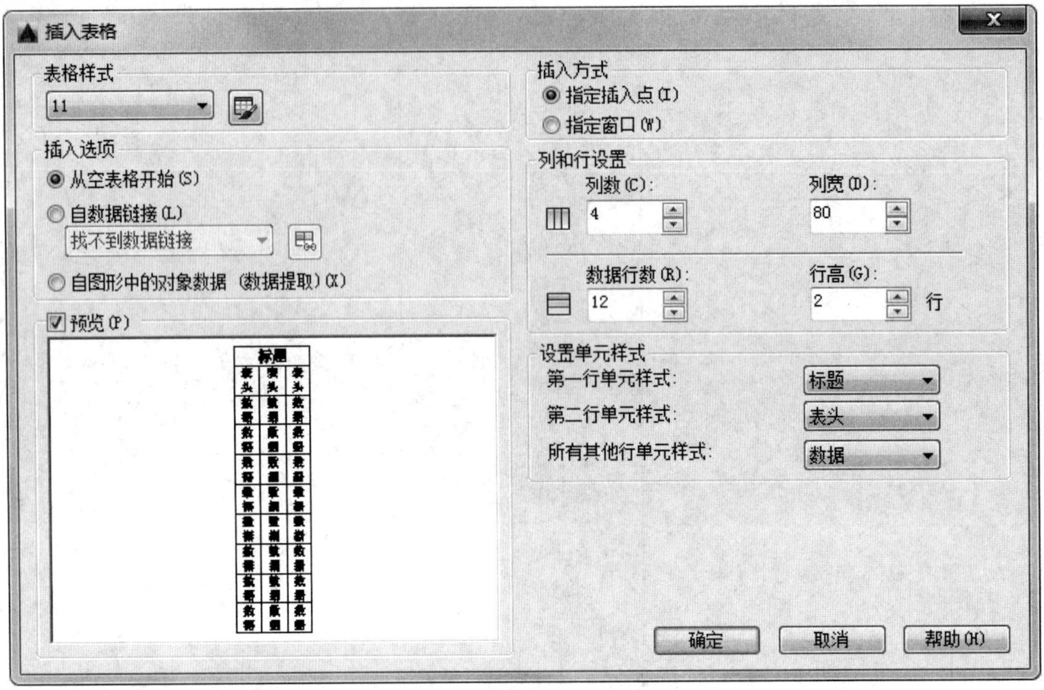

图 3-53 “插入表格”对话框

“指定窗口”:指定表格的大小和位置。可以使用光标拾取插入点或在命令行输入插入点的坐标值,列数、列宽、行数和行高取决于窗口的大小及列和行的设置。

“列和行设置”:用于指定列和行的数目,以及列宽与行高。

在“插入表格”对话框进行相应设置后,单击“确定”按钮,系统在指定的插入点或窗口自动插入一个空表格,并打开多行文字编辑器,用户可以逐行逐列输入文字或数据,如图3-54所示。

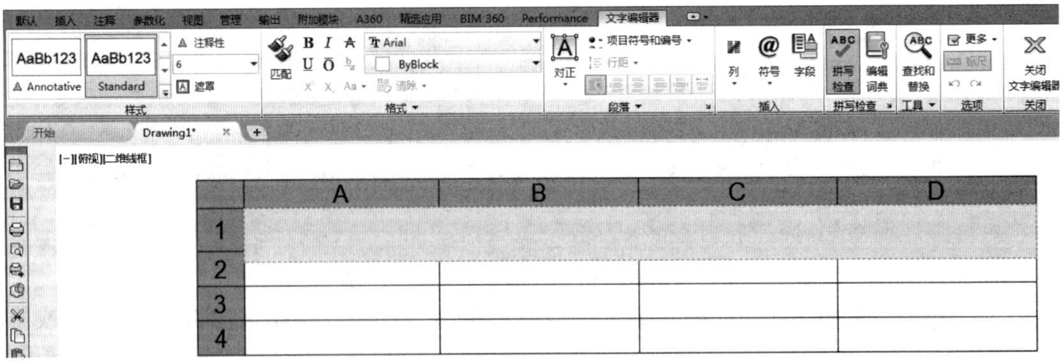

图 3-54 空表格和多行文字编辑器

在插入的表格中选中一个单元格,单击单元格出现编辑点,移动编辑点可以编辑单元格大小,如图3-55所示。

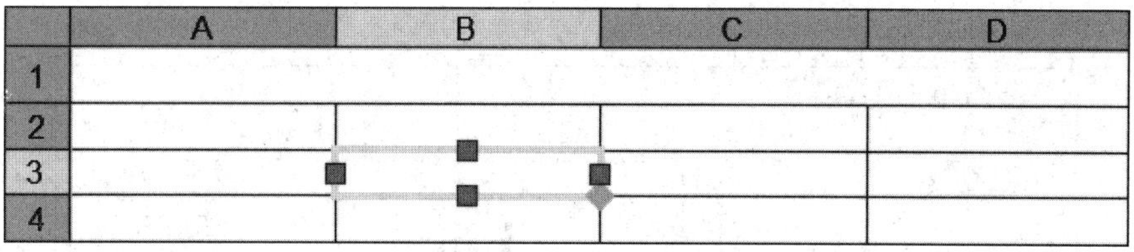

图 3-55　调整单元格大小

3.4.3　表格文字编辑

1. 执行方式

①命令行：在命令行输入 TABLEDIT，如图 3-56 所示。

图 3-56　在命令行执行“编辑文字”命令

②定点设备：选中单元格后直接双击。

③快捷菜单：选中单元格后点击鼠标右键，在快捷菜单栏点击“编辑文字”按钮。

执行上述的操作后，命令行出现“拾取表格单元”的提示，如图 3-56 所示，拾取后系统打开多行文字编辑器，用户可以对选择的单元格进行编辑。

2. 知识巩固

我们以图 3-57 所示的明细表为例，介绍一下表格命令的使用方法。

明　细　表				
序号	代码	名称	数量	单位
1	CC01	PVC踢脚线	85	米
2	CC02	踢脚线卡槽	300	个
3	CC03	钢钉	350	个
4	CC04	转角连接件	60	个
5	CC05	浅绿色乳胶漆	60	公斤
6	CC06	米色壁纸	45	平米
7	CC07	壁纸专用胶	12	公斤
8	CC08	300*300墙砖	22	平米
9	CC09	沙子	35	袋
10	CC10	水泥	30	袋
11	CC11	600*600地砖	42	平米
12	CC12	美缝胶	10	支

图 3-57　明细表

①在命令行输入命令 TABLESTYLE 打开“表格样式”对话框，如图 3-58 所示。

②单击“新建”按钮，打开“创建新的表格样式”对话框，输入表格名称后点击“继续”按钮，系统打开“新建表格样式”对话框，如图 3-59 所示。

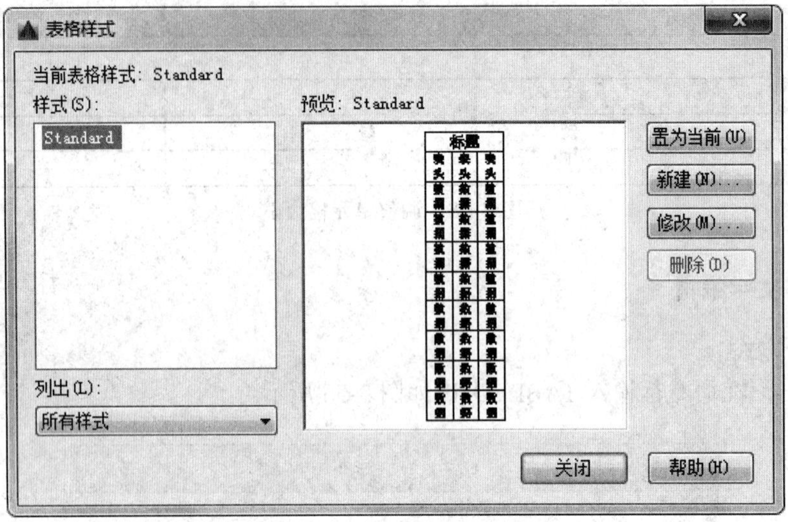

图 3-58 “表格样式”对话框

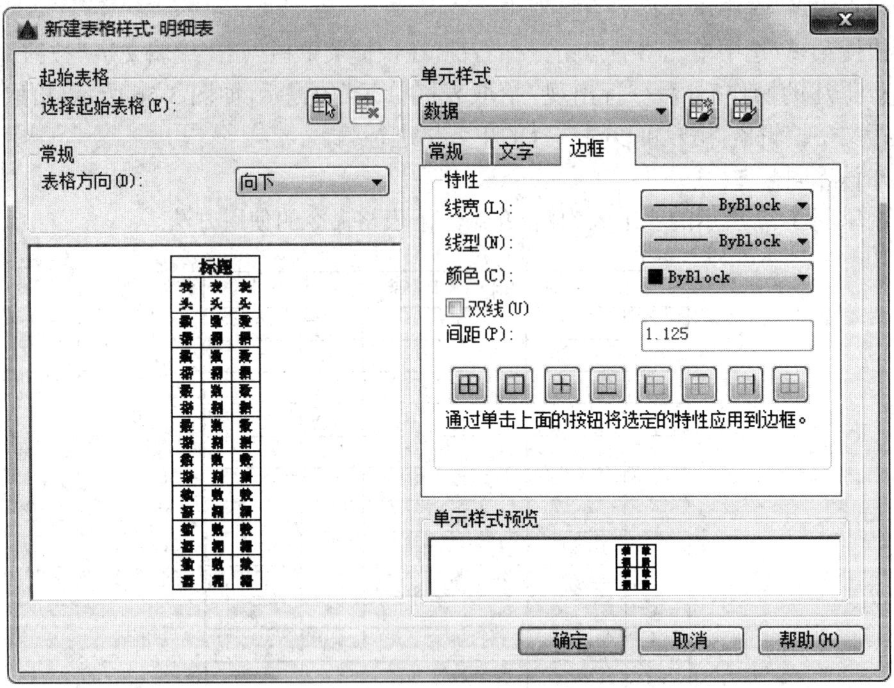

图 3-59 “新建表格样式”对话框

在对话框中，设置标题单元填充颜色为“无”，对齐为“正中”，水平和垂直页边距为“1.5”，文字样式为“Standard”，文字高度为“6”，文字颜色为“黑色”，边框颜色为“黑色”，选择“所有边框”。再将“表头”和“数据”单元样式各项参数进行调整，最后点击“确定”按钮，关闭对话框。

③设置完文字样式后，在“表格样式”对话框中点击“置为当前”，然后点击“关闭”按钮退出。

④在命令行输入“TABLE”打开“插入表格”对话框，插入方式选择“指定插入点”，设置列数为 5，列宽为 10，数据行数为 12，行高 1，如图 3-60 所示。

图 3-60　“插入表格”对话框

确定后在绘图区指定插入点，将会插入如图 3-61 所示的空表格，并打开多行文字编辑器。此时不输入文字，直接关闭多行文字编辑器；

⑤调整适合用户使用的列宽，调整时在需要调整的列中点击任意单元格，选中的单元格将出现钳夹点，将右侧的钳夹点向右拖动到合适的位置，依次调整列宽后得到如图 3-62 所示的表格。双击单元格输入文字或数据，最终结果如图 3-57 所示。

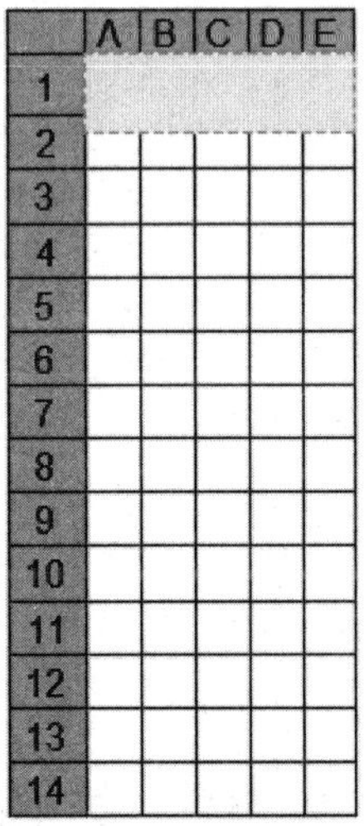

图 3-61　插入表格

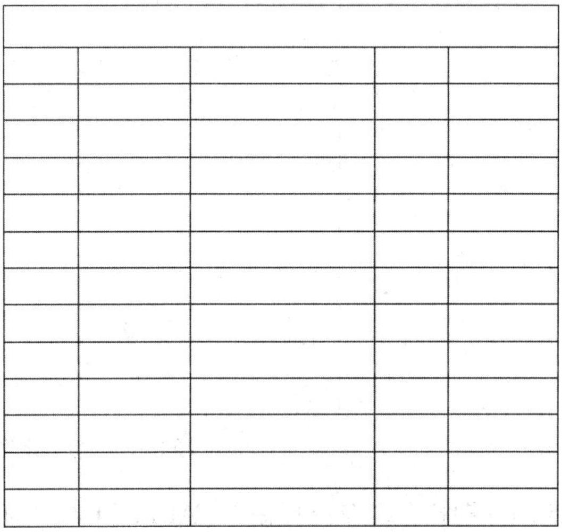

图 3-62　调整列宽后的表格

3.5　综合演练

绘制图 3-63 所示的 A3 样板图。

图 3-63　A3 样板图

①绘制一个矩形外轮廓。设置矩形的两个角点坐标分别为（25，10）和（410，287），如图 3-64 所示。这里需要说明一下，标准的 A3 图纸尺寸为 420 mm×297 mm，我们在绘制图框时要留出图纸的边界，用于图纸装订。

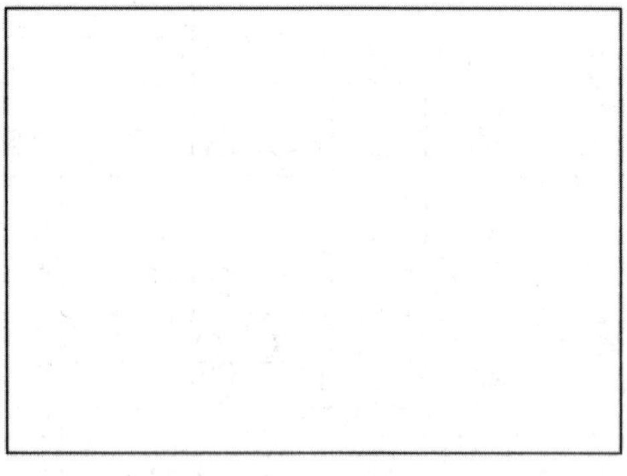

图 3-64　绘制矩形

②绘制标题栏。在命令行输入 TABLESTYLE 打开“表格样式”对话框，点击“修改”按钮，打开“修改表格样式”对话框，对单元样式进行设置。“填充颜色”选择“无”，“对齐”选

择“正中”，页边距全部选择 1.5，文字高度选择 4.5（图 3-65）。点击“确认”按钮返回“表格样式”对话框，点击“置为当前”按钮关闭对话框（图 3-66）。

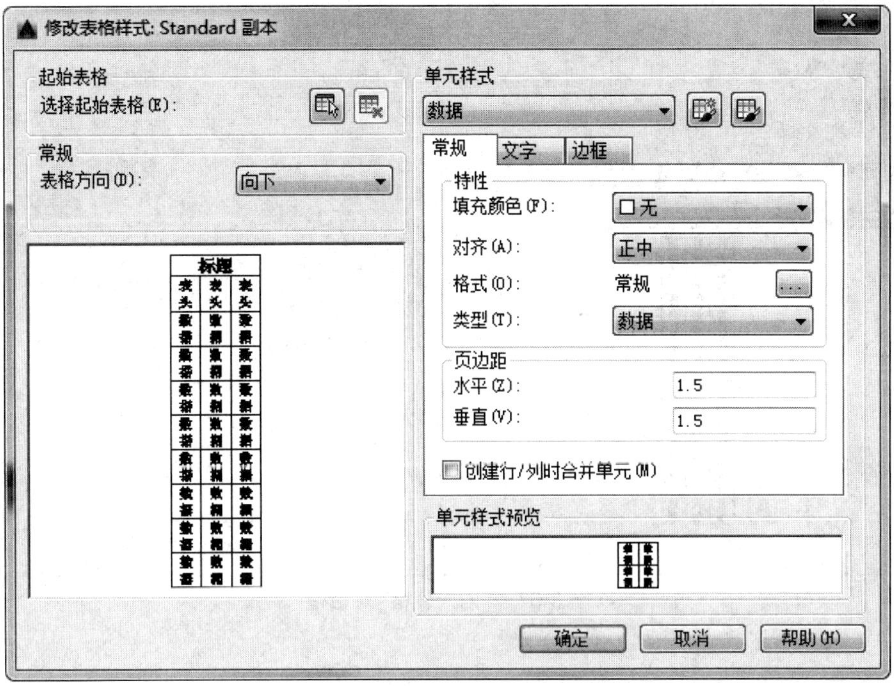

图 3-65　“修改表格样式”对话框

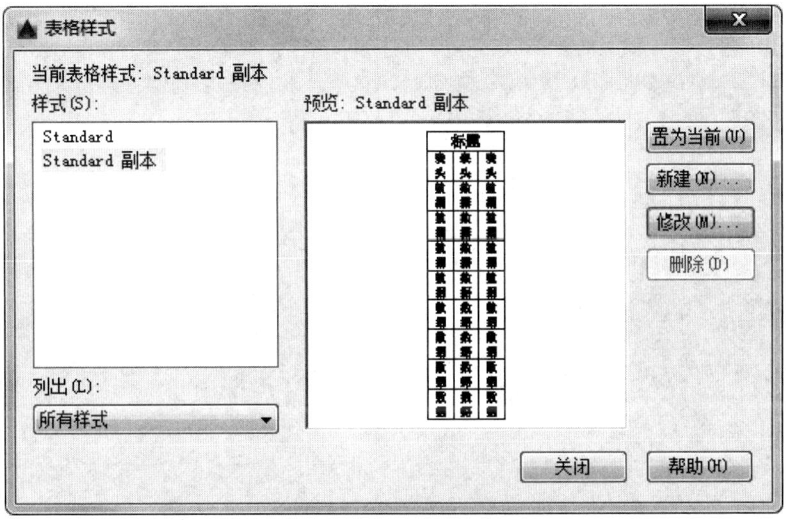

图 3-66　“表格样式”对话框

③在命令行输入 TABLE 打开“插入表格”对话框，插入方式选择“指定插入点”；列数设置为 28，列宽设置为 5，行数设置为 2，行高设置为 1；最后将第一行和第二行单元样式都设置为“数据”，如图 3-67 所示。将表格插入到矩形内靠近右下角的位置，捕捉表格的右下角点，将表格移动到图框的右下角，如图 3-68 所示。

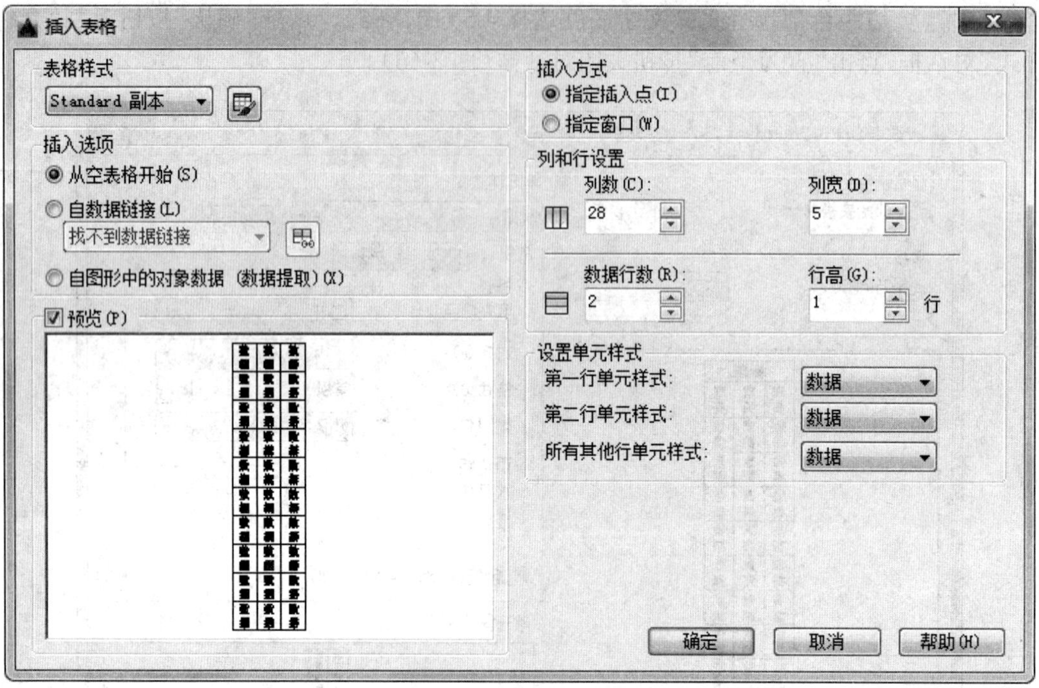

图 3-67　“插入表格”对话框

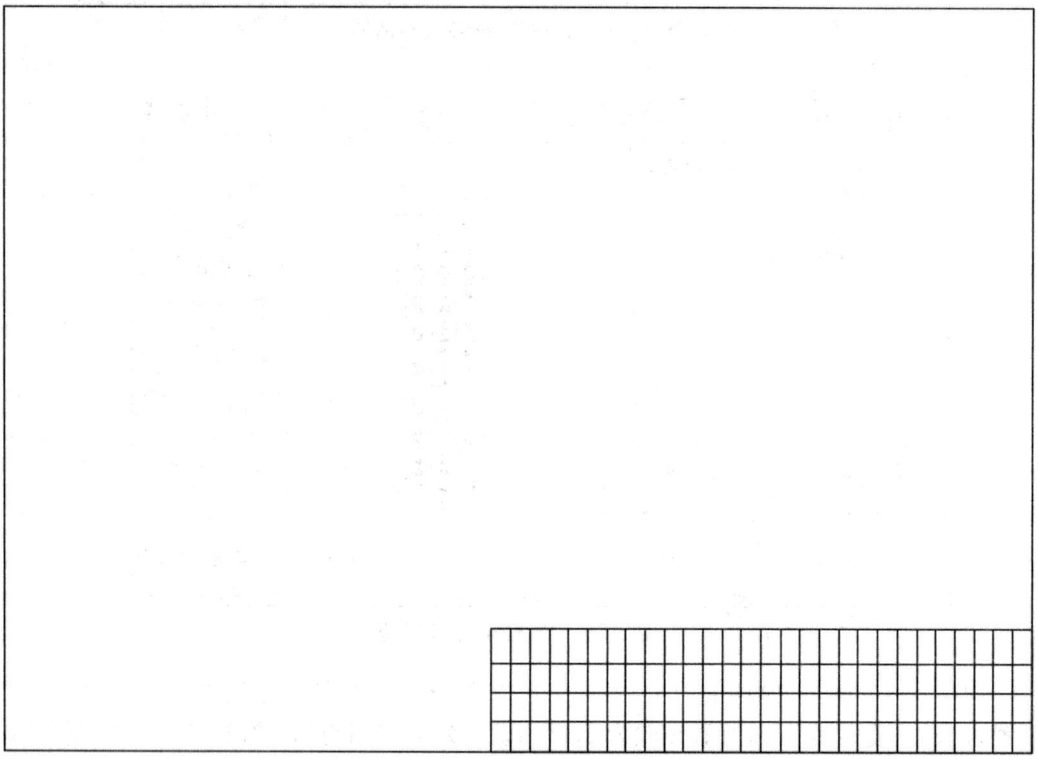

图 3-68　插入表格

④按住鼠标左键，从右下到左上的方向选中需要合并的单元格，然后单击鼠标右键打开快捷菜单，点击“合并”→“全部”命令，如图 3-69 所示。重复此操作完成的图框如图 3-70 所示。

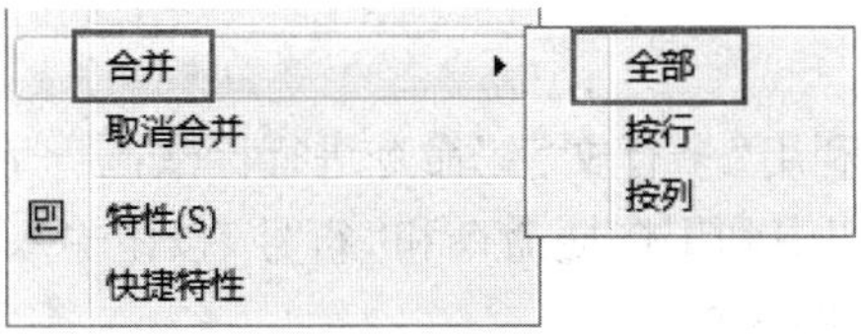

图 3-69　快捷菜单

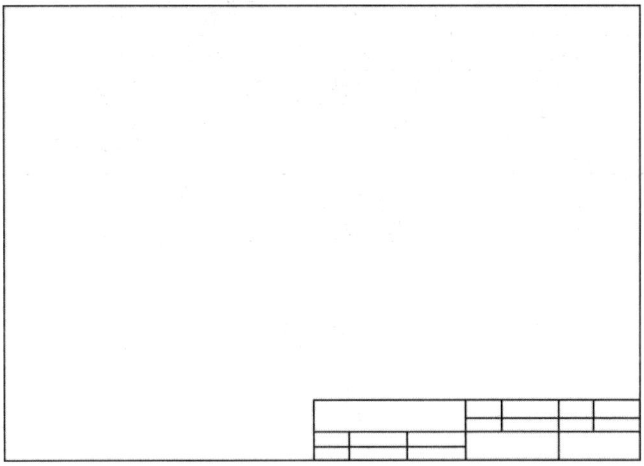

图 3-70　完成表格绘制

⑤在表格内输入文字信息。将光标移动到单元格内，双击鼠标左键打开文字编辑器，输入需要的文字即可。输入文字后可点击文字编辑器的关闭按钮完成输入；或将光标移动到空白处单击退出编辑，完成后的图框如图 3-63 所示。

3.6　上机实战

【实战一】绘制技术要求（图 3-71）

40厚C20混凝土内配Ø6@150双向钢筋网
10厚1:4灰砂
SBS防水隔热层
20厚1:3水泥砂浆抹平
40厚聚苯乙烯保温层
15-50厚1:3水泥砂浆找坡抹平
钢筋混凝土屋面

图 3-71　技术要求

目标要求：

文字标注在建筑外檐和室内、室外施工图中必不可少，是对我们绘制的图纸进一步的补充说明，完善图纸信息。通过对范例的练习，掌握文字标注的一般方法，尤其是特殊字符的标注方法。

操作提示：

①设置文字标注样式，利用“多行文字”命令进行标注；

②在“多行文字编辑器”中利用快捷命令和“符号”按钮输入特殊字符。

【实战二】绘制材料表（图 3-72）

材 料 表					
序号	材料	用途	规格	数量	备注
1	钢方管	龙骨	40*40*3	30	
2	镀锌钢板	后置埋件	240*180*6	200	
3	膨胀螺栓	固定埋件	M8*120	800	
4	镀锌垫片	后置埋件	30*30*3	800	
5	角钢	龙骨	L40*30*4	5	

图 3-72 材料表

目标要求：

掌握表格相关命令的使用方法，体会表格功能的便捷性。

操作提示：

①设置表格样式；

②插入表格，调整单元格大小；

③输入文字和数据。

第4章　二维编辑命令

章节概括

在 AutoCAD 2016 中，二维编辑命令很重要，与二维绘图命令配合使用能够大幅度提高用户绘图的速度和绘图的精准度。二维编辑命令主要包括：选择命令、复制类命令、删除及恢复类命令、改变位置类命令、改变几何特性类命令、多段线、多线、样条曲线、图案填充、对象编辑命令等，用户应熟练掌握并能够灵活运用以上二维编辑命令。

学习重点

◆ 选择命令、复制类命令、删除及恢复类命令、改变位置类命令、改变几何特性类命令

◆ 多段线、多线、样条曲线、图案填充、对象编辑命令

职业素养

国家制造业，从“大”到“强”，任重道远，在教授制图的过程中，引导学生树立为中华民族伟大复兴努力奋斗的远大理想；引导学生建立学习自信和专业自信。

4.1　选择命令

选择命令是编辑图形的基本命令，所以熟练掌握选择命令尤为重要。一般情况下，执行编辑命令前都要先选择相应的编辑对象，再执行相关的编辑命令；又或者在输入某一个编辑命令后，再选择要编辑的图形对象。

AutoCAD 2016 提供了多种选择对象的方法，如点取方法、选择窗口选择对象、对话框选择对象等。

AutoCAD 2016 为我们提供了多种方法来构造选择集。

①在命令行输入 SELECT 命令。

②运用点取设备选择对象，再执行编辑命令。

③先执行某个编辑命令，再选择需要编辑的对象。

④定义对象组。

下面通过 SELECT 命令对选择对象的方法进行说明。在命令行输入 SELECT 后按 <Enter> 键执行命令，也可以在输入编辑命令后自动执行选择对象命令，此时光标变成拾取框。

当我们输入 SELECT 命令，再输入“？”命令时，命令行会出现如图 4-1 所示的提示。

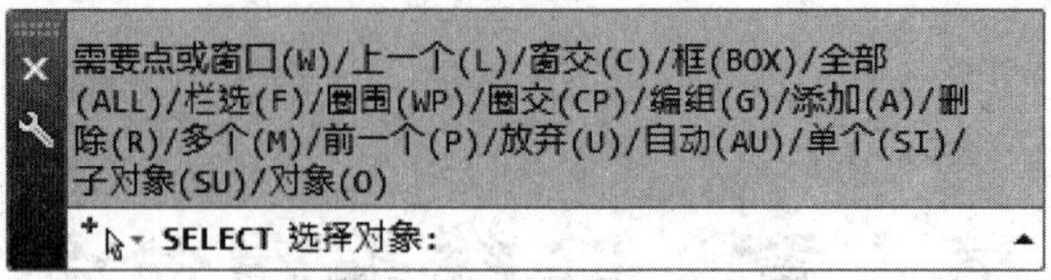

图 4-1 命令行提示(选择)

我们对命令行提示的各个选项进行如下说明。

①点。

该选项表示直接通过点取的方式选择对象，这是系统默认的对象选择方式，也是我们最常用的一种方法。用户可以直接移动拾取框，使其直接框住要选取的对象，单击左键就可以选中该对象。

②窗口（W）。

用两个对角点以从左到右的方向确定一个矩形的选取窗口，这时窗口内的所有对象都会被选中，但是与矩形的边框相交的对象不会被选中，下面以图 4-2 为例说明。

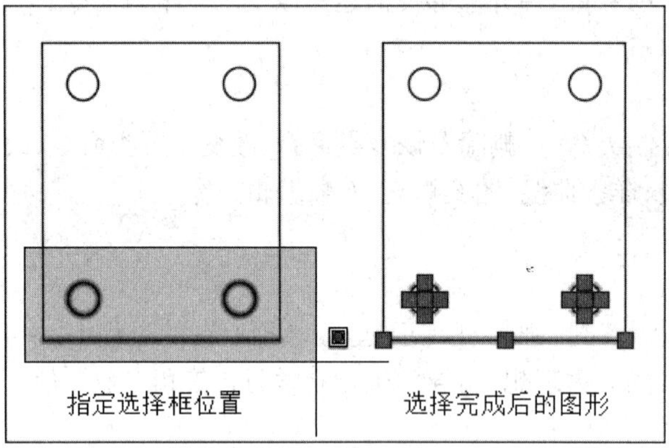

图 4-2 “窗口”对象选择方式

③上一个（L）。

选择“上一个”选项，系统自动选择最后绘制的图形。

④窗交（C）。

此命令类似于“窗口”命令，同样是用两个对角点确定一个矩形的选取窗口，不同的是此命令会同时选中窗口内部和与矩形边框相交的对象，下面以图 4-3 为例说明。

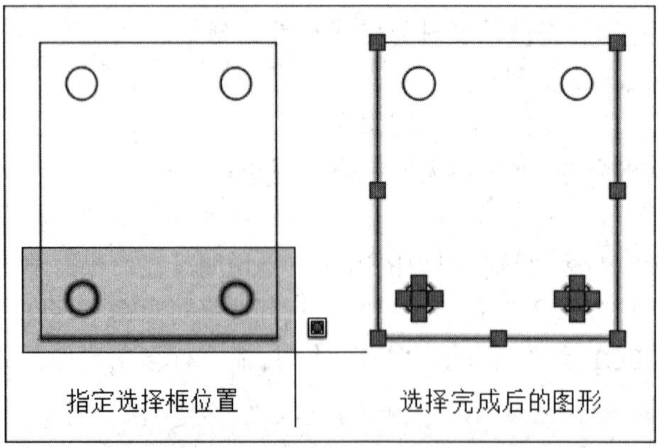

图 4-3 “窗交”对象选择方式

⑤框（BOX）。

此命令在使用时根据用户在屏幕上捕捉对角点的顺序自动使用“窗口”和“窗交”的选择方式。若从左到右指定选取窗口的对角点，系统自动执行“窗口”的选择方式。若是从右到左选取对角点，则系统自动执行“窗交”的选择方式。

⑥全部（ALL）。

在“选择对象”命令提示下，输入“ALL”系统将会选择绘图区域内的全部对象。

⑦栏选（F）。

此选择方式会临时绘制多条虚线，与这些虚线相交的所有对象都会被选中，绘制的虚线不必是封闭的图形，下面以图 4-4 为例说明。

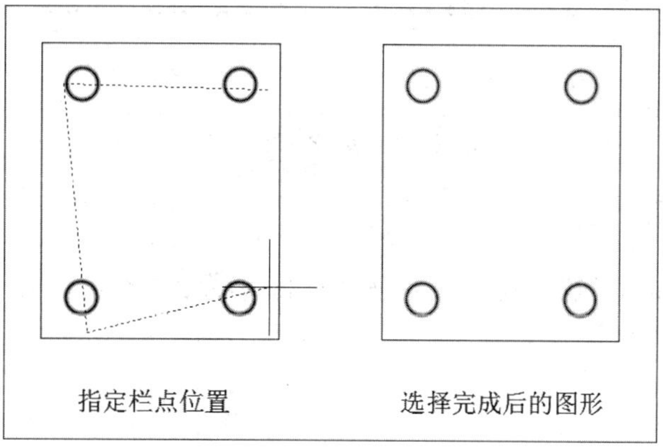

图 4-4　“栏选”对象选择方式

⑧圈围（WP）。

在使用“对象选择”命令时输入“WP”，指定第一个圈围点，再连续指定需要的圈围点，最后按 <Enter> 键结束命令，系统自动闭合第一个和最后一个圈围点，在形成的闭合选择框内的对象将被选择，与边界线相交的对象不会被选中，如图 4-5 所示。

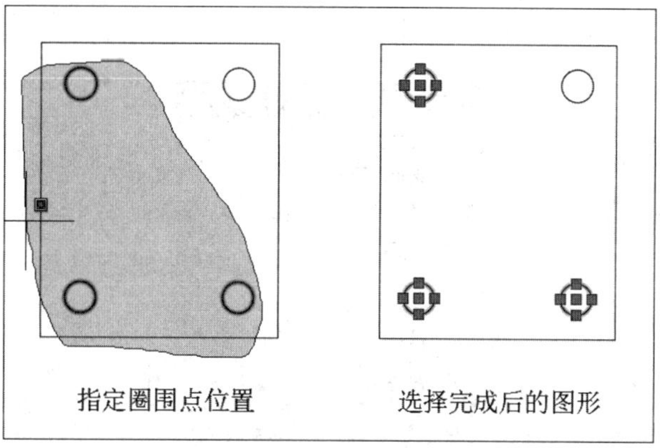

图 4-5　“圈围”对象选择方式

⑨圈交（CP）。

与“圈围”命令相似，在使用“对象选择”命令时输入“CP”，随后依次指定需要的圈围点，在形成的闭合选择框内的所有对象将被选择，与边界线相交的对象也会被选中，如图 4-6 所示。

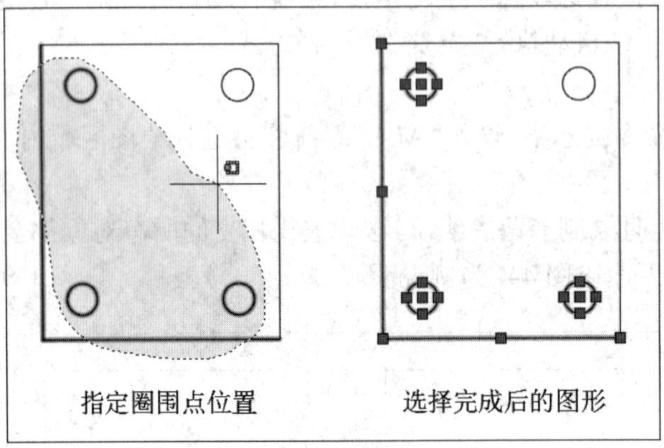

图 4-6 “圈交”对象选择方式

4.2 复制类命令

本节中我们将详细讲解复制类命令，例如复制、镜像、偏移和阵列，利用这些命令我们可以方便地编辑图形。

4.2.1 复制命令

1. 执行方式

①命令行：在命令行输入 COPY（快捷命令：CO），如图 4-7 所示。

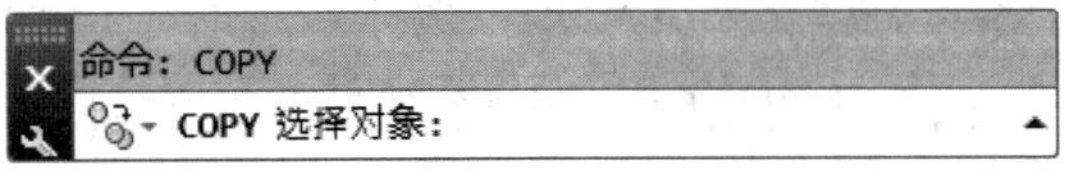

图 4-7 在命令行执行“复制”命令

②菜单栏：选择“修改”→“复制”，如图 4-8 所示。

图 4-8 在菜单栏执行“复制”命令

③工具栏：单击“修改”工具栏中的“复制”按钮，如图 4-9 所示。

图 4-9　在工具栏执行“复制”命令

④功能区：单击“默认”选项卡“修改”面板中的“复制”按钮，如图 4-10 所示。

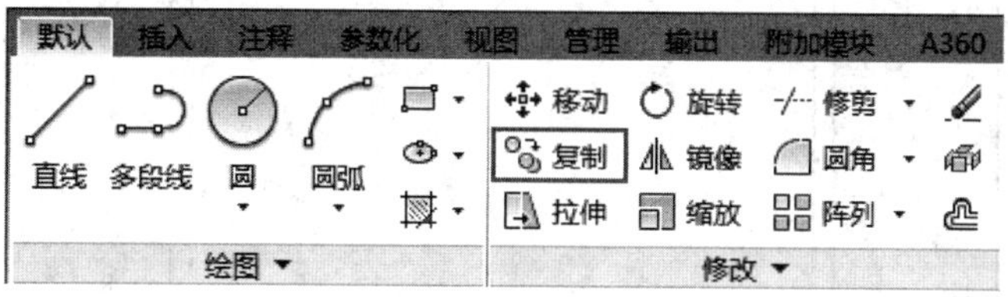

图 4-10　在功能区执行“复制”命令

2. 操作步骤

使用上面讲到的任意方式执行“复制”命令，选择需要的对象后按 <Enter> 键结束选择，“复制”命令的命令行提示如图 4-11 所示。

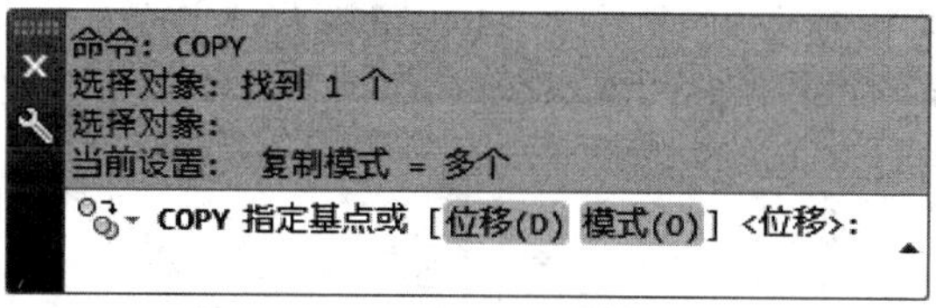

图 4-11　“复制”命令命令行提示

3. 操作说明

①指定基点：指定一个坐标点并把该点作为复制对象的基点。

②位移（D）：直接输入位移值，以对象的拾取点为基准，以拾取点坐标为移动方向，按纵横比移动指定位移后确定的点为基点。

③模式（O）：用于控制是否重复使用该命令。

4. 知识巩固

我们以图 4-12 的屏风立面图为例，介绍一下复制命令的使用方法。

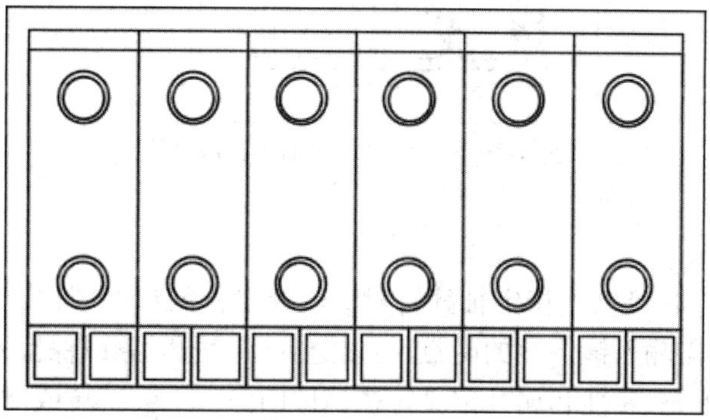

图 4-12　屏风

①使用“矩形”命令绘制屏风的外轮廓，并利用 <Enter> 键继续使用“矩形”命令完善图形，绘制结果如图 4-13 所示。

②使用“圆”命令绘制屏风的装饰部分，如图 4-14 所示。

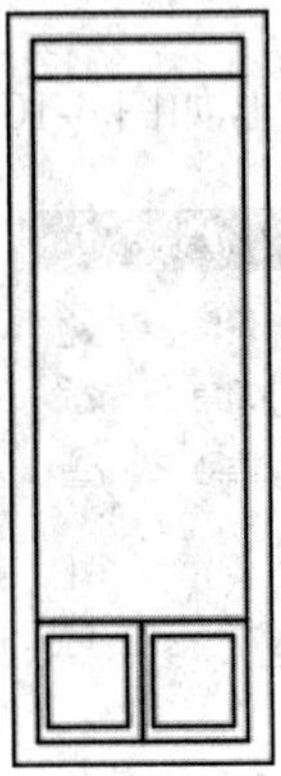

图 4-13　绘制屏风的外轮廓

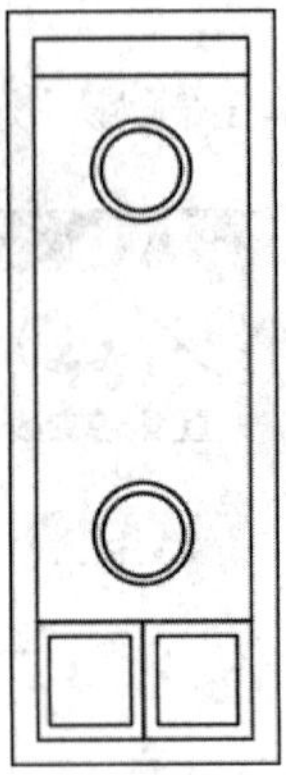

图 4-14　绘制屏风的装饰

③使用“复制”命令完成屏风的完整绘制。首先选择绘制好的屏风部分，以图形的左上顶点为基点，然后指定右上顶点为“第二点”点击鼠标左键完成复制，如图 4-15 所示；再依次执行四次复制命令，完成绘制，绘制的结果如图 4-12 所示。

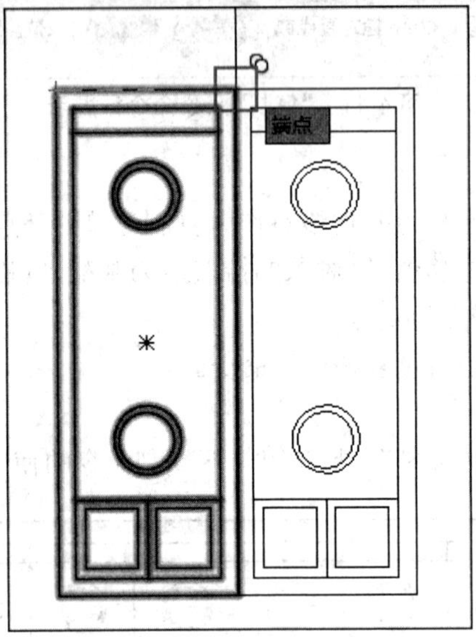

图 4-15　使用“复制”命令绘制屏风

4.2.2　镜像命令

镜像命令在执行时可以绕指定轴翻转对象创建对称的镜像图像。执行镜像命令时，要指定临时镜像线，即需输入镜像线的两点，可以选择删除源对象或保留源对象。在默认情况下，镜像文字、图案填充、属性和属性定义等在镜像图像中不会反转或倒置。

1. 执行方式

①命令行：在命令行输入 MIRROR（快捷命令：MI），如图 4-16 所示。

图 4-16　在命令行执行“镜像”命令

②菜单栏：选择“修改”→“镜像”，如图 4-17 所示。

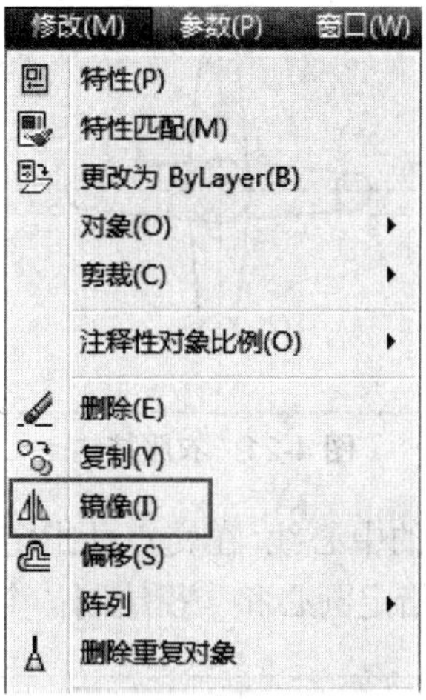

图 4-17　在菜单栏执行“镜像”命令

③工具栏：点击“修改”工具栏中的“镜像”按钮，如图 4-18 所示。

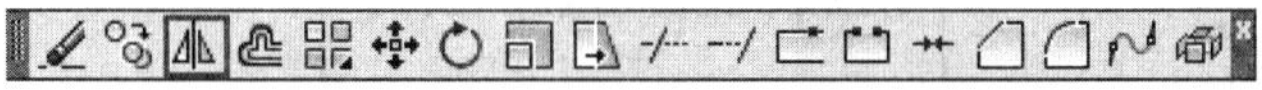

图 4-18　在工具栏执行“镜像”命令

④功能区：单击“默认”选项卡“修改”面板的“镜像”按钮，如图 4-19 所示。

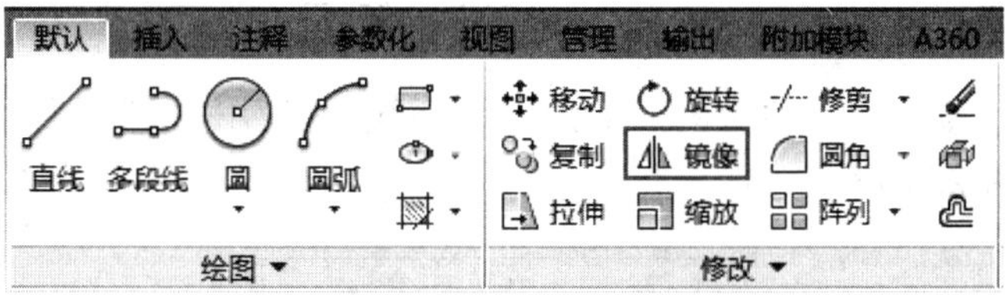

图 4-19　在功能区执行“镜像”命令

2. 操作步骤

在命令行输入 MIRROR 后，命令行提示如图 4-20 所示。

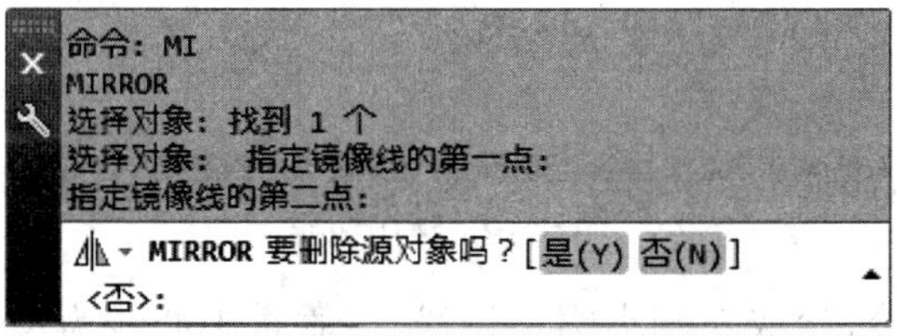

图 4-20　命令行提示步骤(镜像)

命令行提示指定镜像线的第一点和第二点，从而绘制一条临时的对称轴，被选择的对象会以此对称轴进行镜像，并可以选择是否保留源对象。

3. 知识巩固

我们以图 4-21 所示的衣服挂钩为例，我们演示一下镜像命令的使用方法。

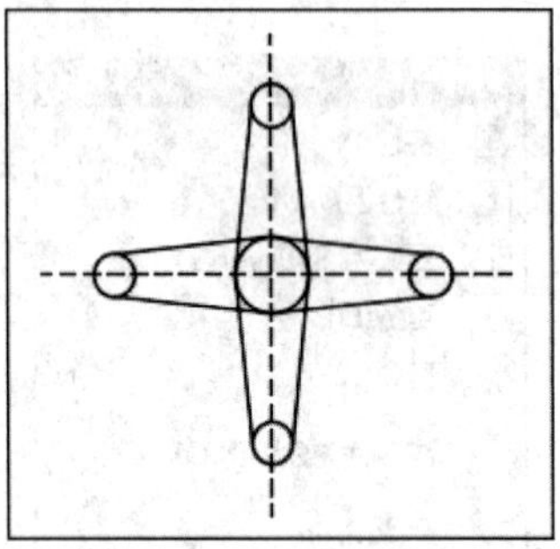

图 4-21 衣服挂钩

①在屏幕中绘制水平和垂直的中心线，在交点处指定圆的圆心并输入适当半径值绘制圆。同样在此圆的左边中心线上指定圆心和半径绘制一个小圆，绘制结果如图 4-22 所示。

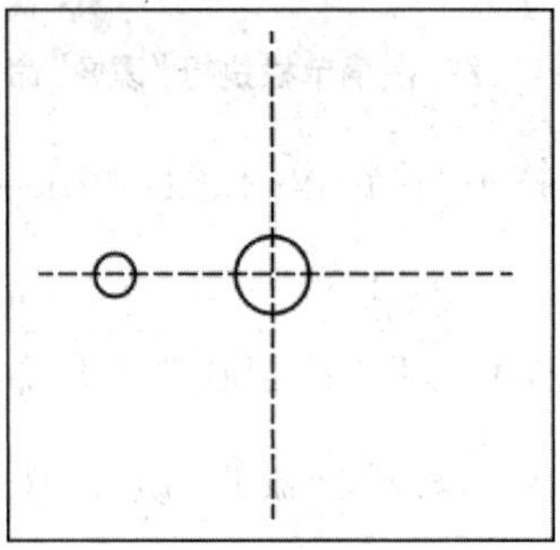

图 4-22 绘制中心线和圆

②使用“直线”命令连接两个圆的切点绘制切线，并使用“镜像”命令绘制出另一条切线，绘制结果如图 4-23 所示。

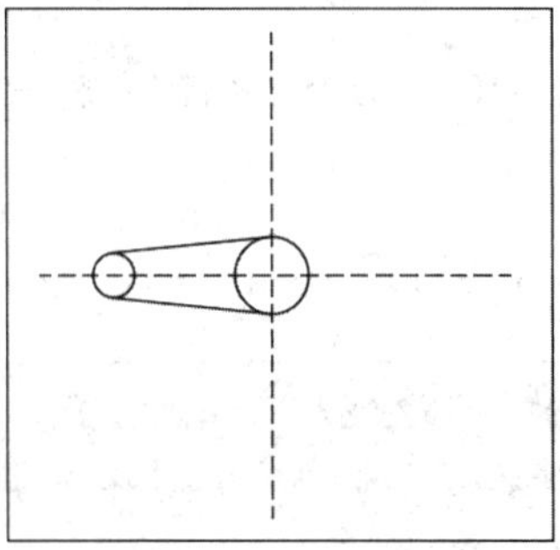

图 4-23 绘制切线

③使用“镜像”命令，拾取左侧小圆和切线，以垂直中心线为镜像线，绘制出另一侧图形，绘制结果如图 4-24 所示。

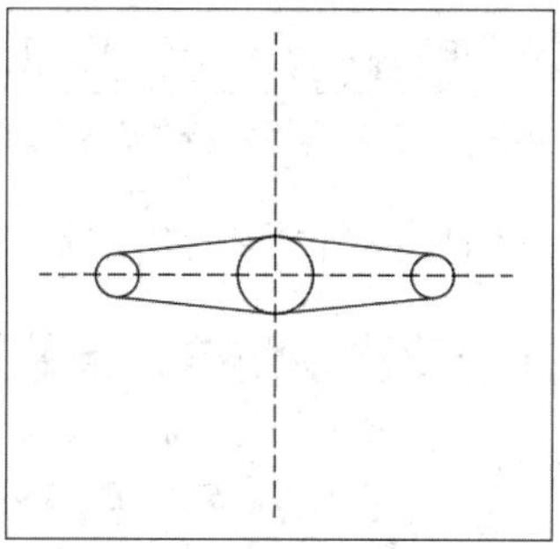

图 4-24　镜像图形

④以水平中心线为镜像线，重复前几部操作绘制出挂钩的垂直部分，绘制的结果如图 4-21 所示。

4.2.3　偏移命令

偏移指的是按照指定的距离创建与选定对象平行或同心的集合对象，偏移后的图形与原对象的几何形状不改变，但偏移后图形的大小根据偏移方向来决定。如果偏移的图形为一条线段，也可能不改变图形的大小。

1. 执行方式

①命令行：在命令行输入 OFFSET（快捷命令：O），如图 4-25 所示。

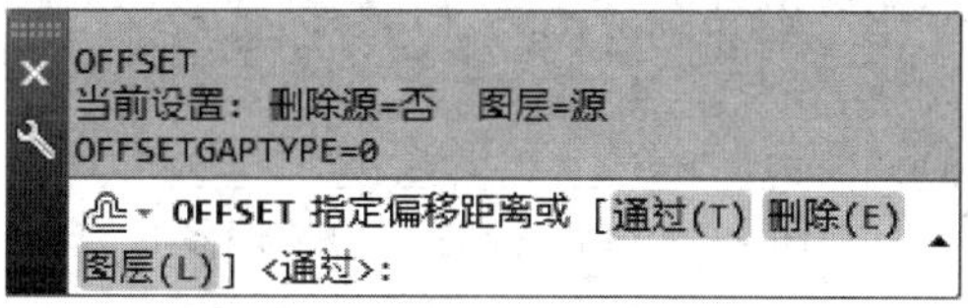

图 4-25　在命令行执行“偏移”命令

②菜单栏：选择“修改”→“偏移”，如图 4-26 所示。

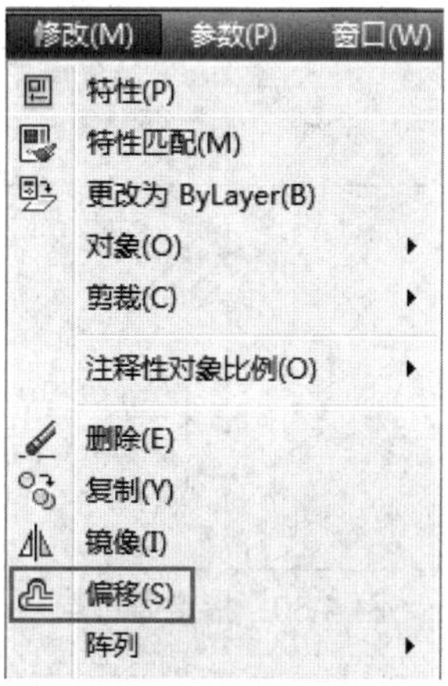

图 4-26　在菜单栏执行“偏移”命令

③工具栏：单击“修改”工具栏中的“偏移”按钮，如图 4-27 所示。

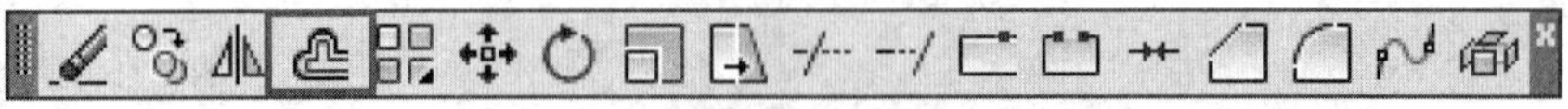

图 4-27　在工具栏执行“偏移”命令

④功能区：单击“默认”选项卡“修改”面板中的“偏移”按钮，如图 4-28 所示。

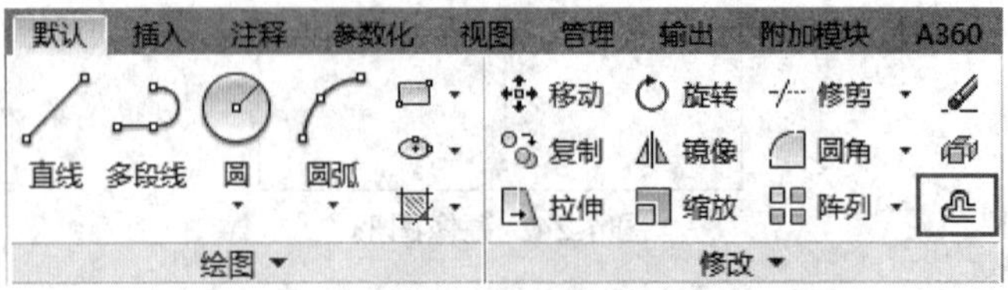

图 4-28　在功能区执行“偏移”命令

2. 操作步骤

执行偏移命令后，命令行提示步骤如图 4-29 所示。

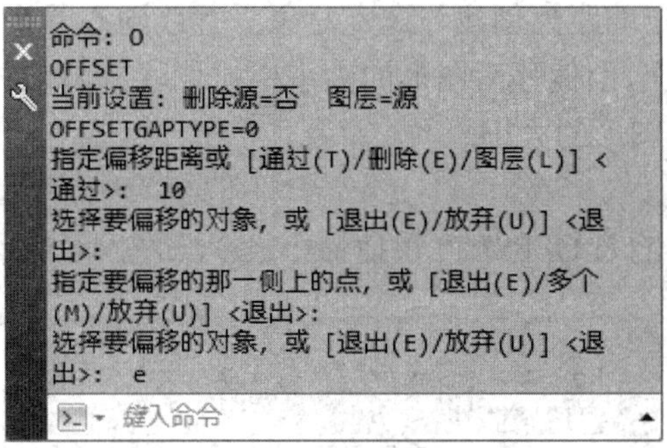

图 4-29　命令行提示步骤(偏移)

3. 操作说明

①指定偏移距离：即输入一个数值，作为对象偏移的距离。需要注意的是输入数值后要按 <Enter> 键才能使用输入的数值。

②通过（T）：指定偏移的通过点。执行上述命令后，系统会根据指定的通过点绘制出偏移对象，如图 4-30 所示。

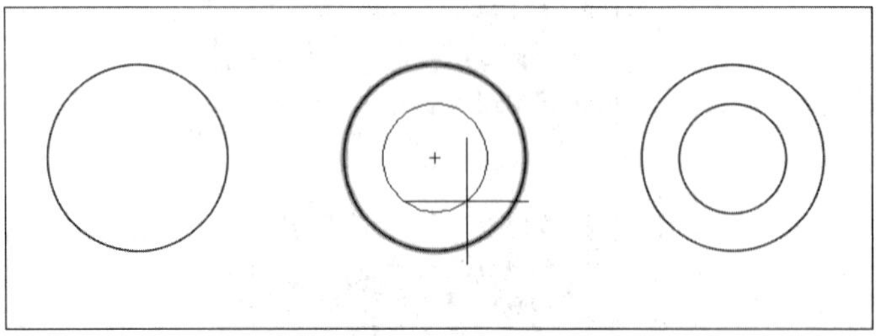

图 4-30　指定通过点

③删除（E）：对象偏移后将源对象删除。

④图层（L）：确定将偏移对象创建在当前图层还是源对象所在图层。

⑤多个（M）：使用当前偏移距离重复使用偏移命令，如图 4-31 所示。

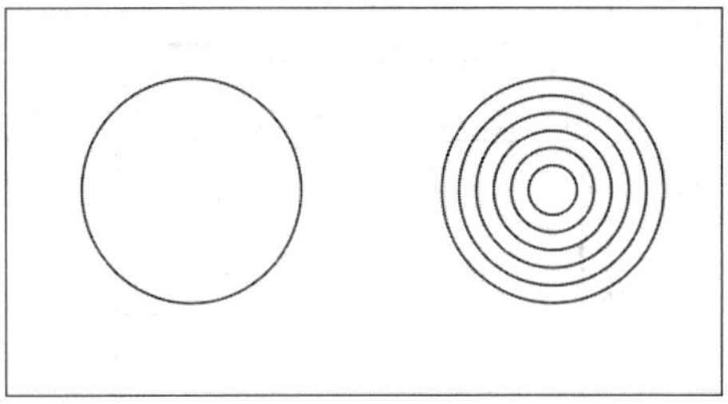

图 4-31　执行“多个”选项偏移对象

4. 知识巩固

下面我们以图 4-32 所示的对开门为例，讲一下偏移命令的绘制步骤。

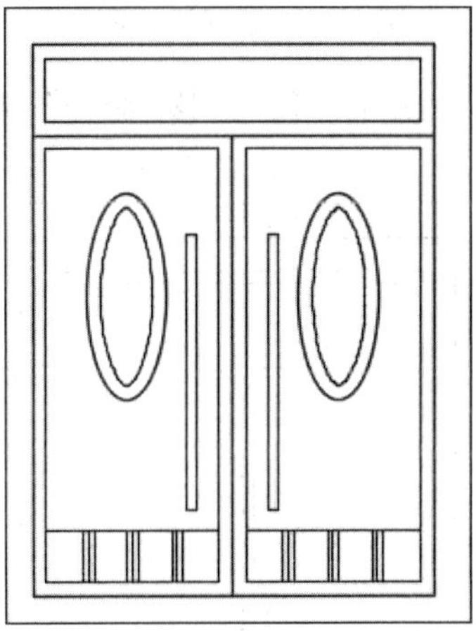

图 4-32　对开门

①使用“矩形”命令绘制门的外轮廓，如图 4-33 所示。

图 4-33　绘制门外轮廓

②使用“矩形”和“偏移”命令绘制出门的上固定部分。偏移时将矩形向内偏移，如图 4-34 所示。

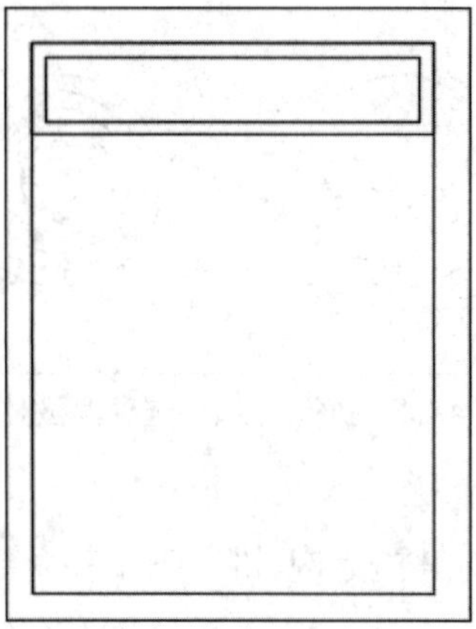

图 4-34　绘制门上固定

③下面绘制门扇，同样使用“矩形”和“偏移”命令绘制，并且绘制出门的拉手，如图 4-35 所示。

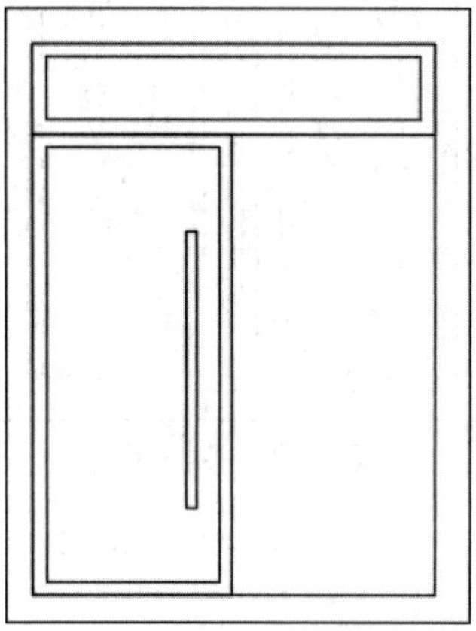

图 4-35　绘制门扇和拉手

④用椭圆命令绘制门扇的玻璃窗口，并使用“偏移”命令绘制出窗口的厚度关系，如图 4-36 所示。

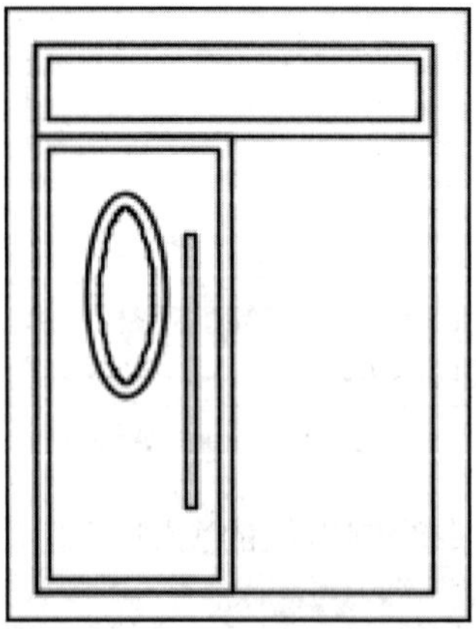

图 4-36　绘制门扇窗口

⑤我们继续绘制门扇的下部装饰。这里我们要使用的命令是“直线”和“偏移”。先画出水平线条，再画出垂直线条，并向两侧偏移垂直线条，如图 4-37 所示。

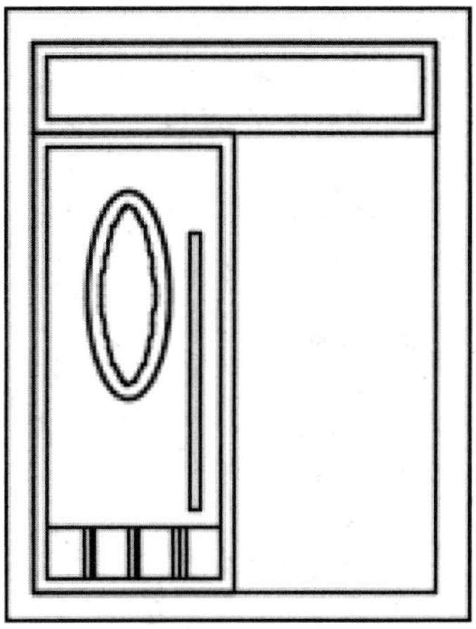

图 4-37　绘制门扇装饰线条

⑥最后我们使用“镜像”命令选中整个门扇部分：以门框外轮廓线的上下两个中点确定镜像线，对已画好的门扇执行镜像命令，操作过程如图 4-38 所示，最终的绘制结果如图 4-32 所示。

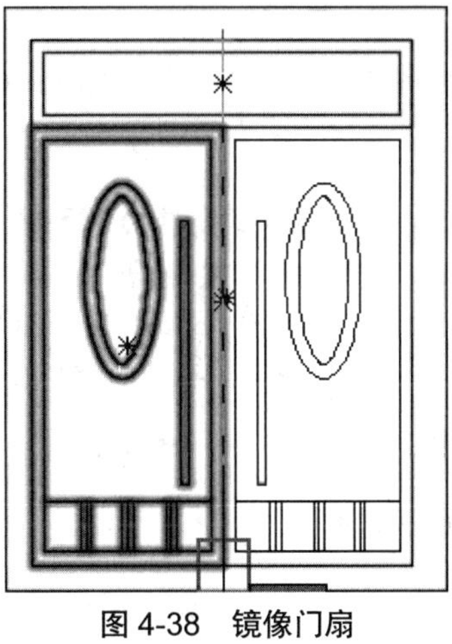

图 4-38　镜像门扇

4.2.4　阵列命令

阵列命令是指将源对象按矩形、环形或路径的形式进行复制排列。AutoCAD 2016 使用 ARRAY 命令创建阵列，该命令并可以创建矩形阵列、环形阵列和路径阵列。

1. 执行方式

①命令行：在命令行输入 ARRAY（快捷命令：AR），如图 4-39 所示。

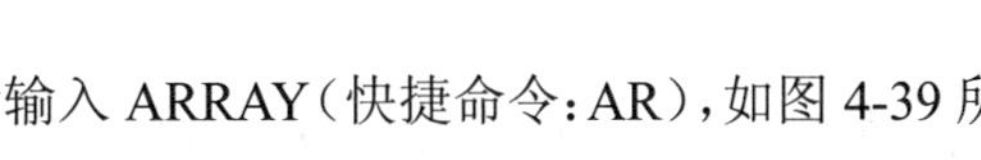

图 4-39　在命令行执行“阵列”命令

②菜单栏：选择“修改”→“阵列”，如图 4-40 所示。

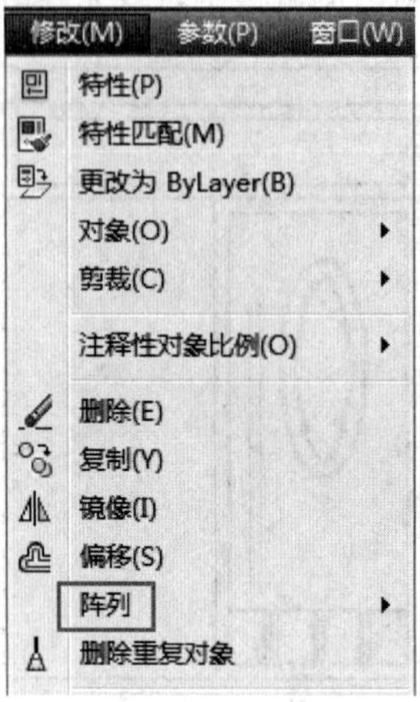

图 4-40　在菜单栏执行“阵列”命令

③工具栏：单击“修改”工具栏中的“阵列”按钮，如图 4-41 所示。

图 4-41　在工具栏执行“阵列”命令

④功能区：单击“默认”选项卡“修改”面板中的“矩形阵列”按钮、“环形阵列”按钮或“路径阵列”按钮，如图 4-42 所示。

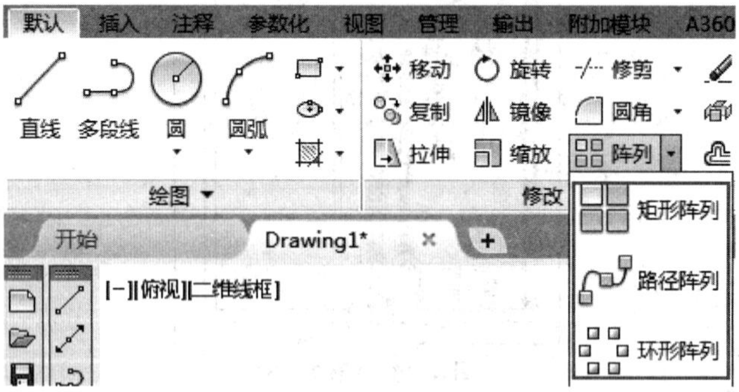

图 4-42　功能区执行“阵列”命令

2. 选项说明

①“矩形阵列”按钮：用于创建矩形阵列。

②“路径阵列”按钮：用于创建路径阵列。

③“环形阵列”按钮：用于创建环形阵列。

使用以上三种阵列命令的绘制结果如图 4-43 所示。双击图形，系统会打开修改面板，用户可以对三种阵列命令的相关参数进行修改，如图 4-44~图 4-46 所示。

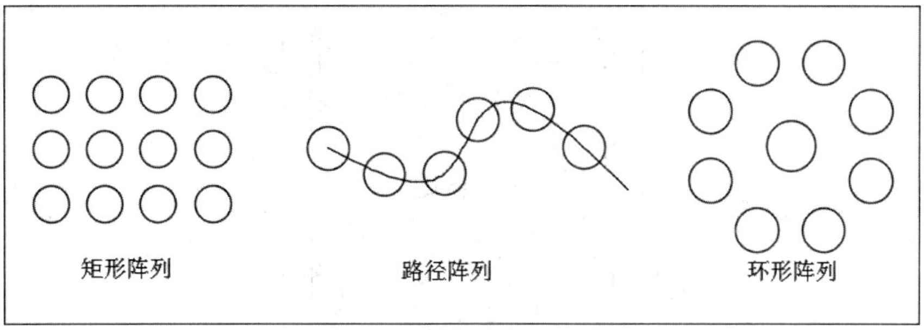

图 4-43　阵列命令的绘制效果

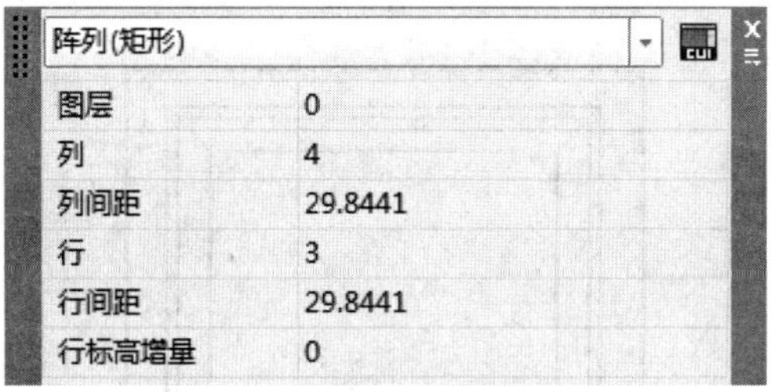

图 4-44　矩形阵列修改面板

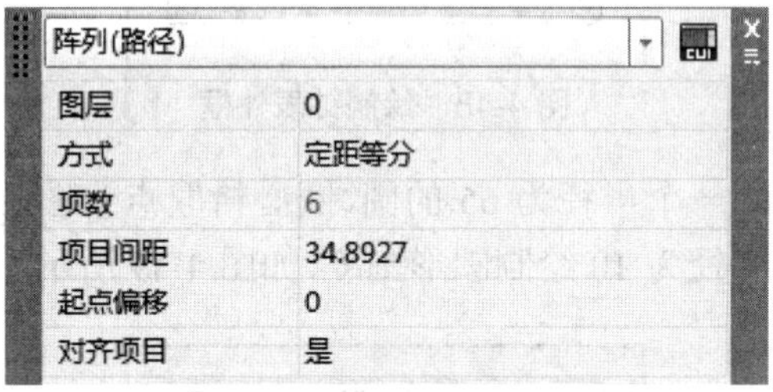

图 4-45　路径阵列修改面板

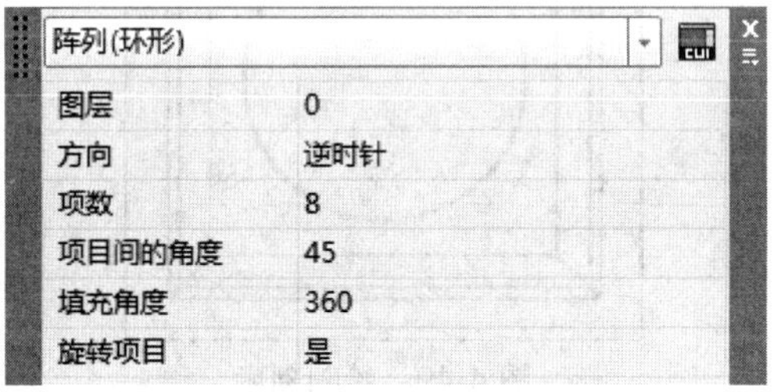

图 4-46　环形阵列修改面板

3. 知识巩固

下面我们以图 4-47 所示的钟表为例，对阵列命令的使用方法作出说明。

①使用“矩形”命令绘钟表的外框。定义矩形长、宽尺寸为 200，以偏移值为 5 和 20 分别向内“偏移”外框，再使用“直线”命令连接各角，绘制结果如图 4-48 所示。

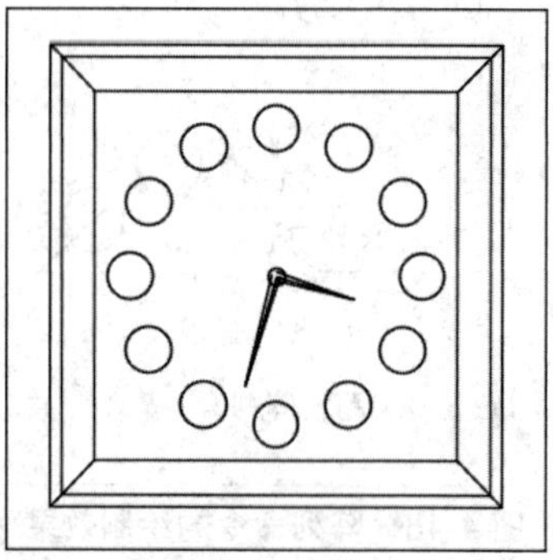

图 4-47 钟表

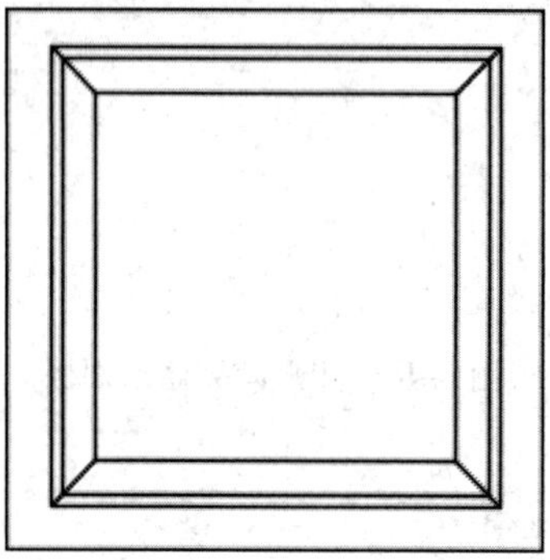

图 4-48 绘制钟表外框

②使用“圆”命令绘制一个半径为 65 的圆，圆心拾取点为图形的几何中心点。捕捉圆上方的象限点为圆心，以半径为 10 绘制圆形刻度，如图 4-49 所示。

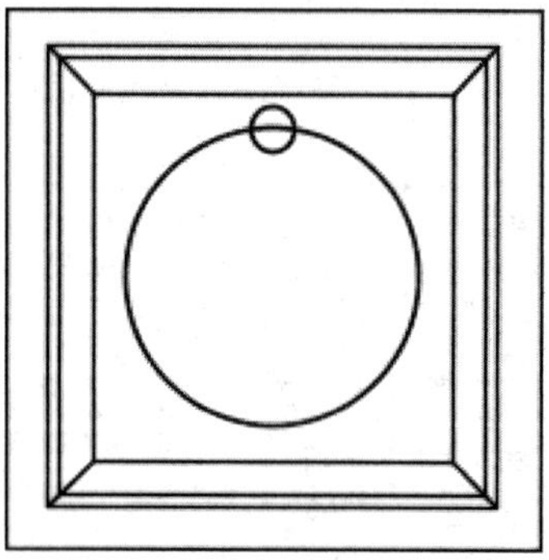

图 4-49 绘制刻度

③使用“环形阵列”命令绘制其他 11 个刻度。单击左键指定大圆的圆心为“阵列中心点”，此时双击阵列的圆打开修改面板，将项数设置为 12。随后，删除辅助绘图的大圆，绘制结果如图 4-50 所示。

④以图形的几何中心为圆心，绘制半径为 4 的一个圆作为指针转轴。以几何中心点为起点，使用“直线”命令绘制时针和分针。利用“镜像”命令完善指针细节，绘制结果如图 4-47 所示。

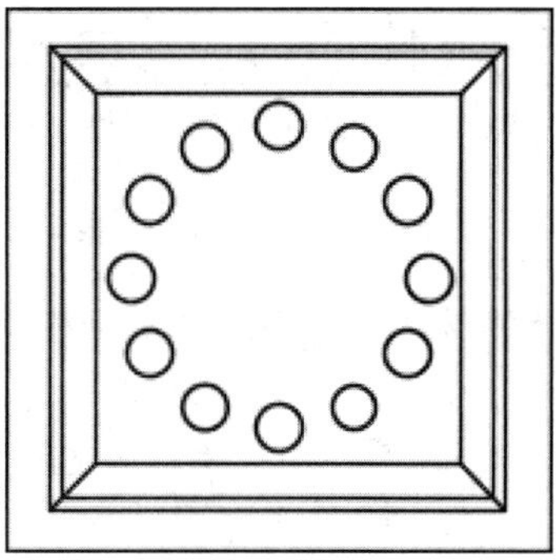

图 4-50　绘制所有刻度

4.3　删除及恢复类命令

4.3.1　删除命令

删除命令可以从图形中删除选定的对象。此方法不会将对象移动到剪贴板，使用过程中应区别于复制命令。

1. 执行方式

①命令行：在命令行输入 ERASE，如图 4-51 所示。

图 4-51　在命令行执行“删除”命令

②菜单栏：选择“修改”→“删除”，如图 4-52 所示。

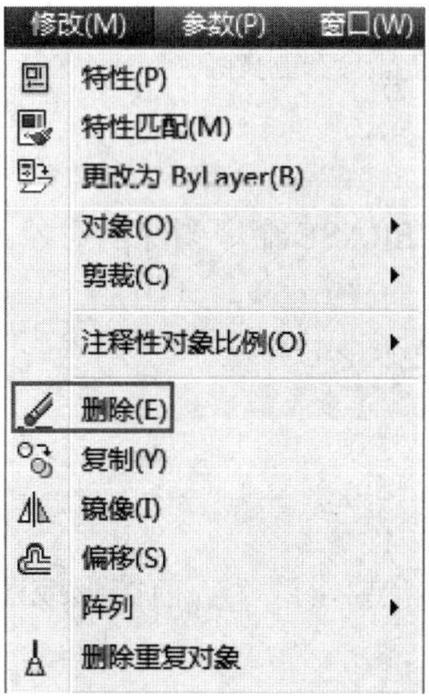

图 4-52　在菜单栏执行“删除”命令

③工具栏：单击“修改”工具栏中的“删除”按钮，如图 4-53 所示。

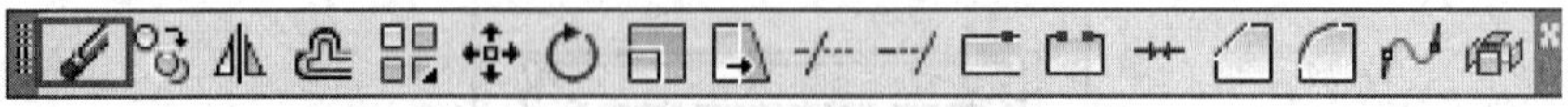

图 4-53　在工具栏执行“删除”命令

④功能区：单击“默认”选项卡“修改”面板中的“删除”按钮，如图 4-54 所示。

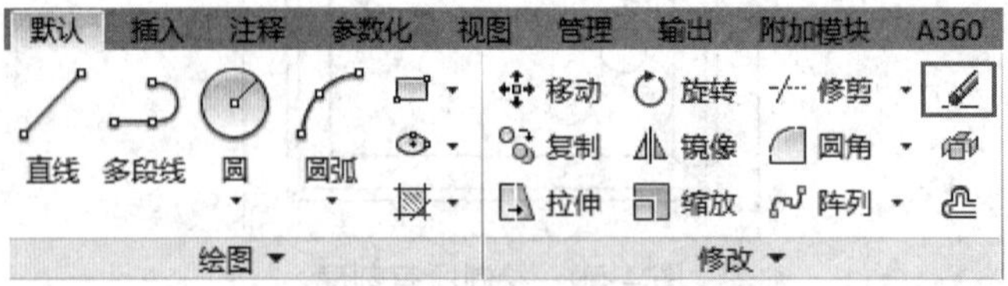

图 4-54　在功能区执行“删除”命令

⑤快捷菜单：选中要删除的对象，在绘图区单击右键，点击快捷菜单中的“删除”按钮，如图 4-55 所示。

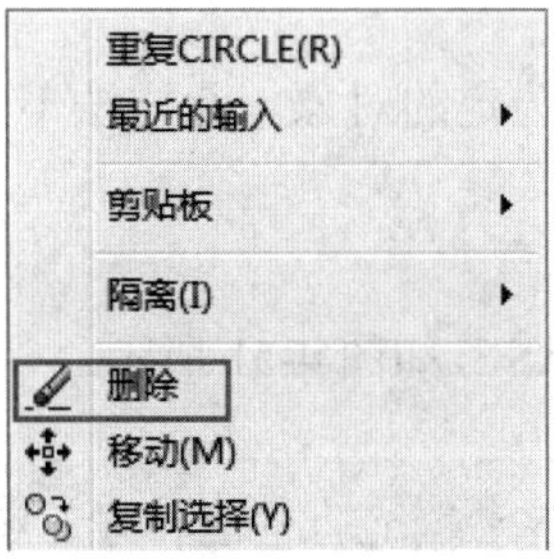

图 4-55　在快捷菜单执行“删除”命令

⑥通过快捷键执行：<Delete> 键。

如果需要删除的对象数目较多，可以全部选中后再使用“删除”命令一次全部删除；也可以先使用“删除”命令，再一次选中需要删除的对象，按 <Enter> 键删除。若选中的是某个对象组，则该对象组中的所有对象都会被删除。

4.3.2　恢复命令

恢复命令可以恢复上一个由 ERASE 命令删除的对象。

执行方式：

①在命令行输入 OOPS（快捷命令 U）；

②快捷键为 <Ctrl>+<Z> 键。

4.4　改变位置类命令

改变位置类命令是指按照指定要求改变当前图形或图形中某部分的位置，主要包括移动、旋转和缩放等命令。

4.4.1　移动命令

移动命令是指在指定方向上按指定距离移动对象。用户可以借助坐标、格栅捕捉、对象捕捉和其他工具等精确移动对象。

1. 执行方式

①命令行：在命令行输入 MOVE（快捷命令：M），如图 4-56 所示。

图 4-56　在命令行执行“移动”命令

②菜单栏：选择“修改”→“移动”，如图 4-57 所示。

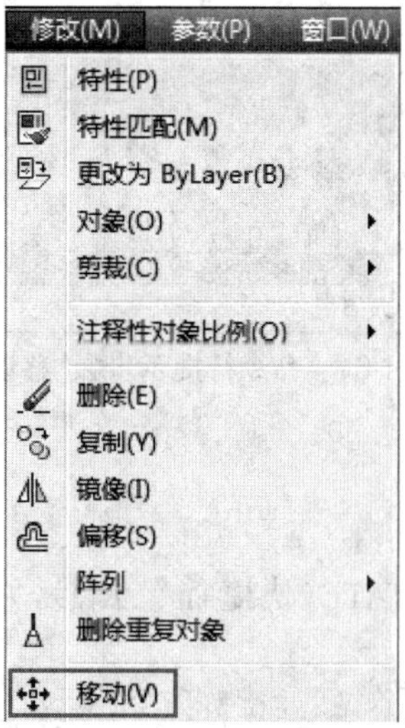

图 4-57　在菜单栏执行“移动”命令

③工具栏：单击“修改”工具栏中的“移动”按钮，如图 4-58 所示。

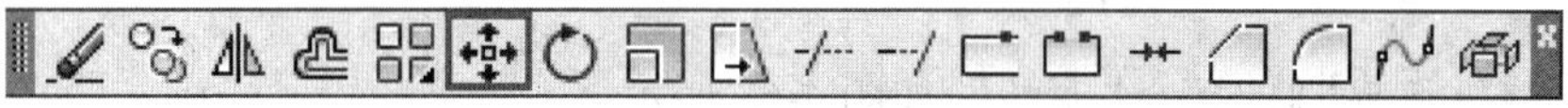

图 4-58　在工具栏执行“移动”命令

④功能区：单击“默认”选项卡“修改”面板中的“移动”按钮，如图 4-59 所示。

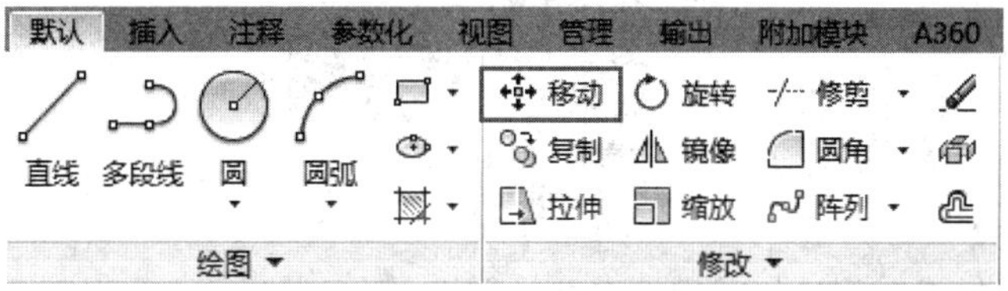

图 4-59　在功能区执行“移动”命令

⑤快捷菜单：选中要移动的对象，在绘图区单击右键，点击快捷菜单中的“移动”按钮，如图 4-60 所示。

2. 操作步骤

移动命令的操作步骤的命令行提示如图 4-61 所示。

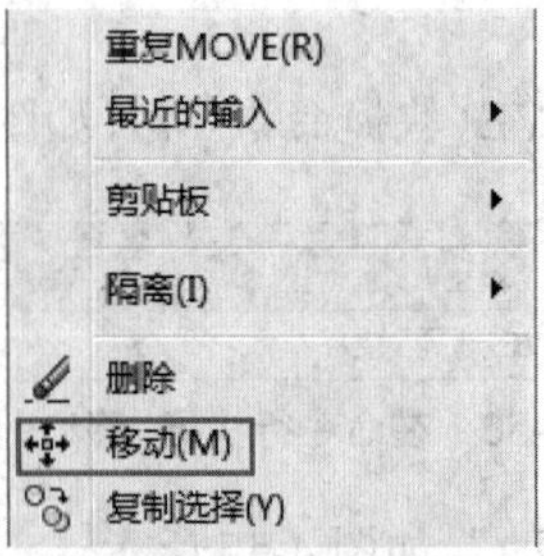

图 4-60　快捷菜单执行“移动”命令

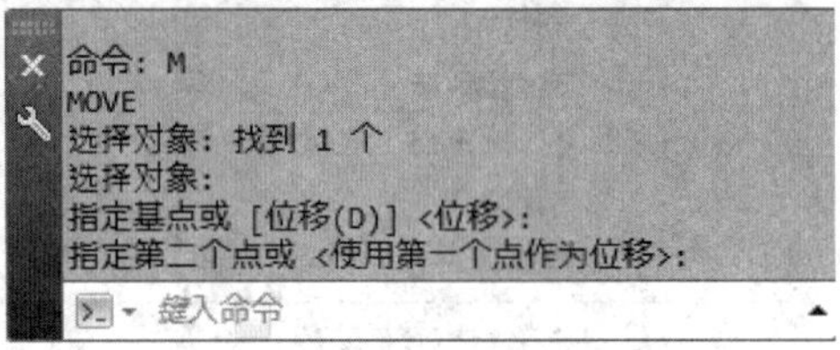

图 4-61　命令行提示步骤(移动)

4.4.2　旋转命令

1. 执行方式

①命令行：在命令行输入 ROTATE（快捷命令：RO），如图 4-62 所示。

图 4-62　在命令行执行“旋转”命令

②菜单栏：选择“修改”→“旋转”，如图 4-63 所示。

图 4-63　在菜单栏执行“旋转”命令

③工具栏：单击“修改”工具栏中的“旋转”按钮，如图 4-64 所示。

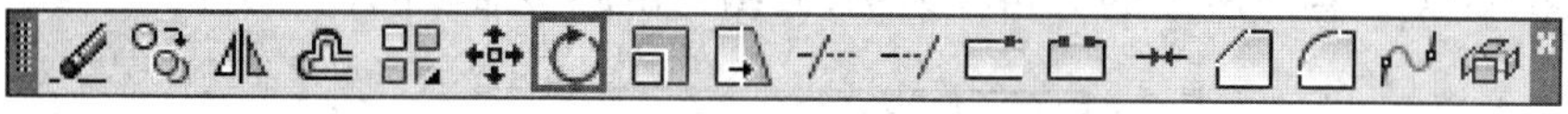

图 4-64　在工具栏执行“旋转”命令

④功能区：单击“默认”选项卡“修改”面板中的“旋转”按钮，如图 4-65 所示。

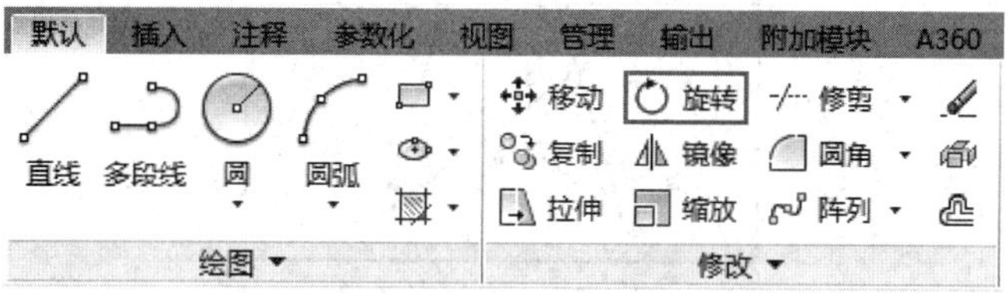

图 4-65　在功能区执行“旋转”命令

⑤快捷菜单：选中要旋转的对象，在绘图区单击右键，点击快捷菜单中的“旋转”按钮如图 4-66 所示。

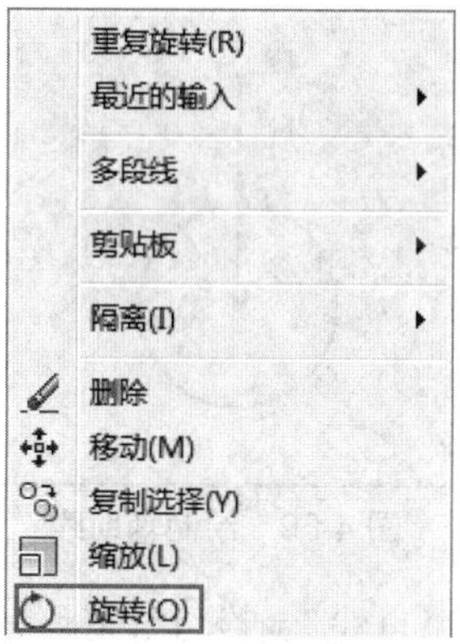

图 4-66　在快捷菜单执行“旋转”命令

2. 操作步骤

旋转命令的命令行提示如图 4-67 所示。

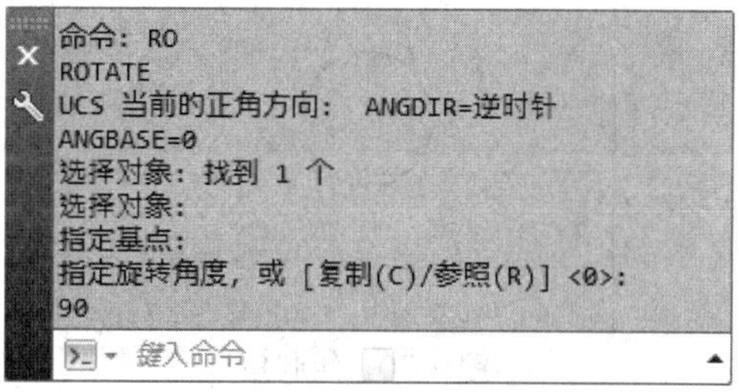

图 4-67　命令行提示步骤(旋转)

3. 操作说明

①复制(C)：选择该选项后，在使用旋转命令时保留源对象。

②参照(R)：使用参照方式旋转对象时，对象被旋转至指定角度位置。

4. 知识巩固

下面我们以图 4-68 所示的五角星为例，介绍一下旋转命令的使用方法。

图 4-68 绘制五角星

①首先在绘图区绘制一个圆，以圆心为起点绘制一条垂直的线段作为辅助线，如图 4-69 所示。

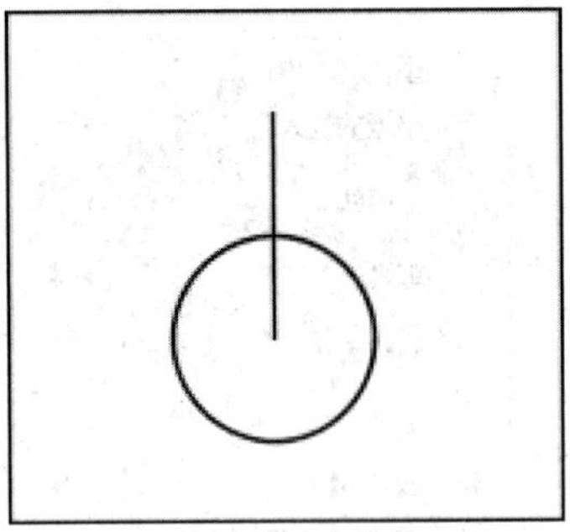

图 4-69 绘制辅助线

②下面绘制五角星的角：使用“直线”命令，以辅助线的顶点为起点、以圆的象限点为端点绘制线段，并以辅助线为镜像线将其镜像，如图 4-70 所示。

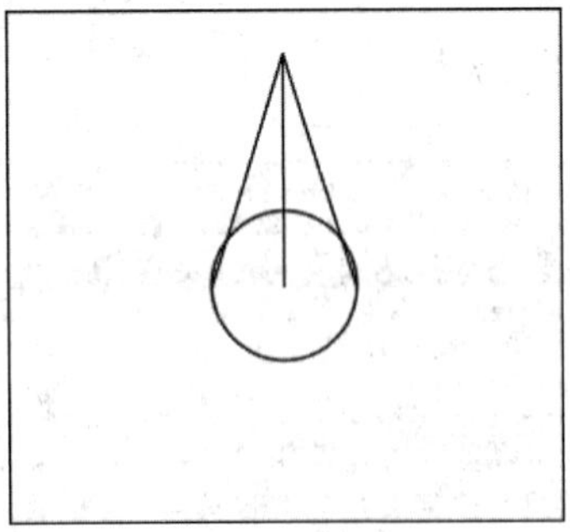

图 4-70 绘制角

③选中角的两条线段，使用旋转命令将其旋转 72°，同时保留源对象。依次旋转出全部角，绘制结果如图 4-71 所示。

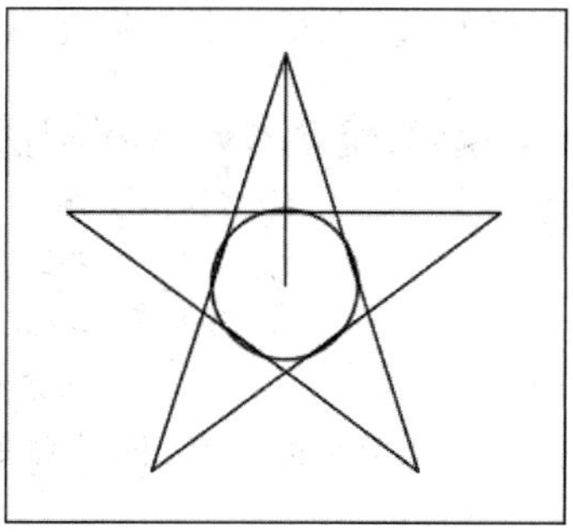

图 4-71　镜像其余角

④选中图中的圆和辅助线，使用“删除”命令将其删除，绘制结果如图 4-68 所示。

4.4.3　缩放命令

1. 执行方式

①命令行：在命令行输入 SCALE，如图 4-72 所示。

图 4-72　在命令行执行“缩放”命令

②菜单栏：选择“修改”→“缩放”，如图 4-73 所示。

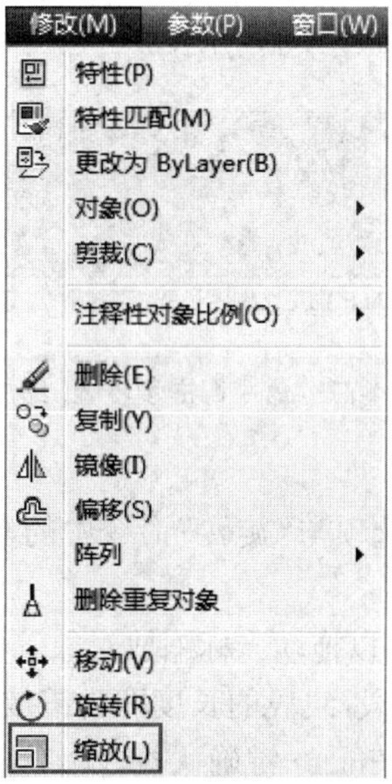

图 4-73　在菜单栏执行“缩放”命令

③工具栏：单击“修改”工具栏中的“缩放”按钮，如图 4-74 所示。

图 4-74　在工具栏执行“缩放”命令

④功能区：单击“默认”选项卡“修改”面板中的“缩放”按钮，如图 4-75 所示。

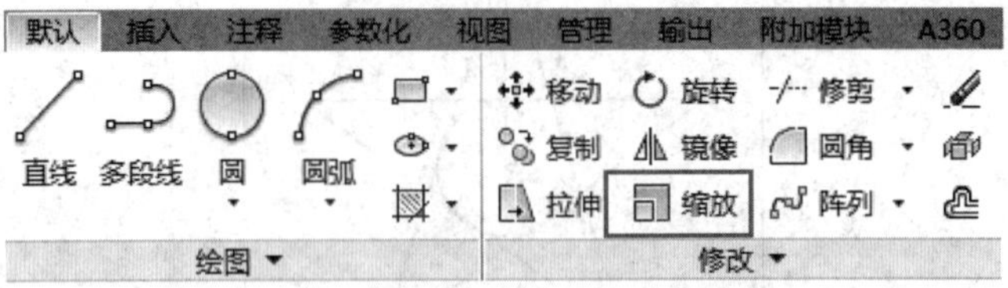

图 4-75　在功能区执行“缩放”命令

⑥快捷菜单：选中要缩放的对象，在绘图区单击右键，点击快捷菜单中的“缩放”按钮，如图 4-76 所示。

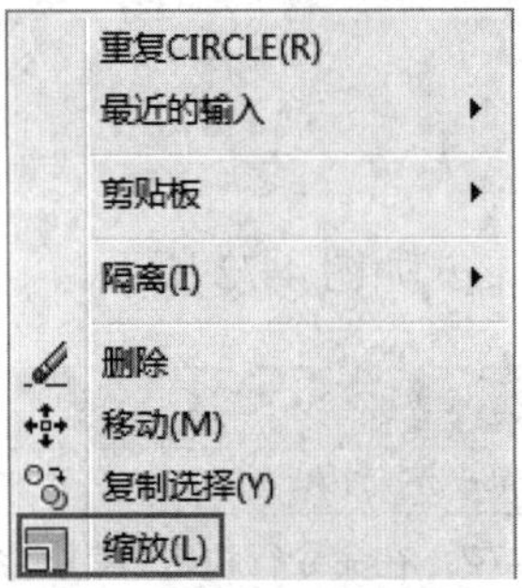

图 4-76　在快捷菜单执行“缩放”命令

2. 操作步骤

缩放命令的命令行提示步骤如图 4-77 所示。

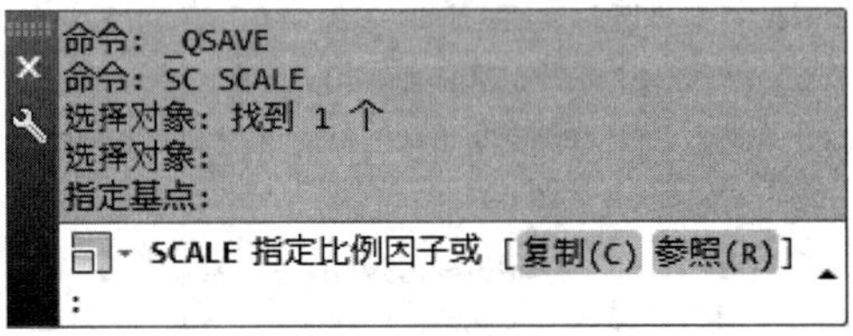

图 4-77　命令行提示步骤（缩放）

3. 操作说明

①复制（C）：在这里“复制”选项与“旋转”命令中的复制作用相同，用户可以选择是否保留源对象。

②在给某对象进行缩放时，可以拖动光标缩放对象。首先选择光标并指定基点，这时从基点到光标的位置会出现一条线段，线段的长度即为缩放比例。拖动光标时对象会随着线段的长短而放大或缩小，随后按 <Enter> 键确认执行命令。

③用户可以直接输入比例因子对选中的对象进行缩放。当输入值大于 1，对象将会按照数值比例进行放大，反之则会缩小。

4. 知识巩固

下面我们以图 4-78 所示的蜘蛛网为例，介绍一下缩放命令的使用方法。

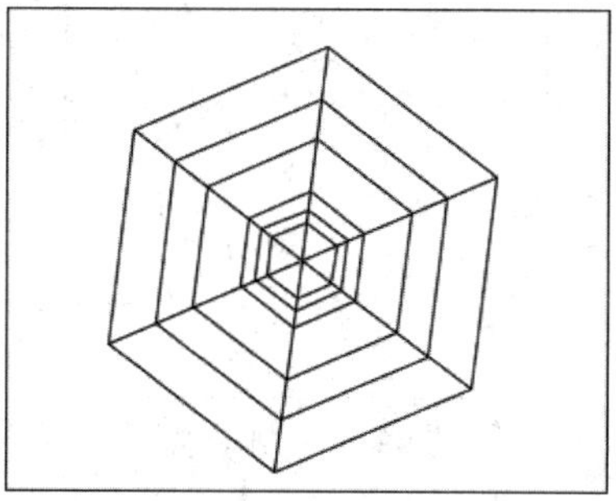

图 4-78　蜘蛛网

①首先使用多边形命令绘制一个“正六边形”作为蜘蛛网的轮廓：依次输入侧边数为 6，指定正多边形中心点，选择内接于圆或外切于圆，最后输入圆半径。以上每步都需要按 <Enter> 键确认命令后再进行下一步，绘制结果如图 4-79 所示。

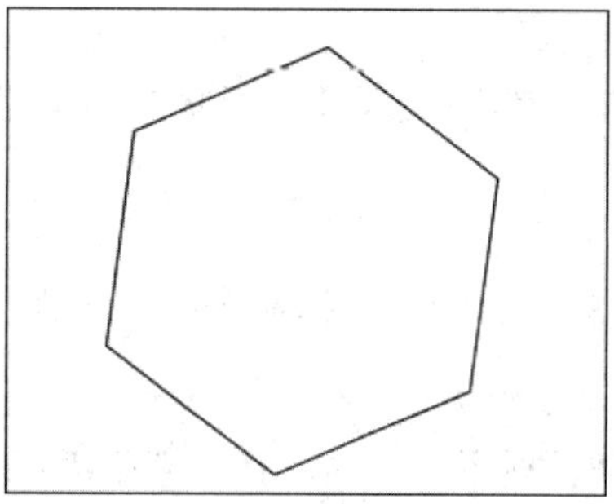

图 4-79　蜘蛛网轮廓

②使用“缩放”命令继续绘制图形：选择要缩放的对象，指定正六边形的几何中心点为基点，选择“复制”选项，输入比例因子为 0.75 并按 <Enter> 键确认；重复此命令直至达到满意的图形效果，绘制结果如图 4-80 所示。

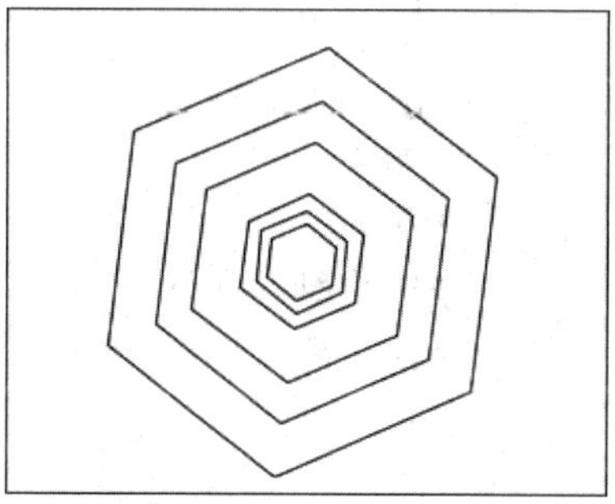

图 4-80　绘制蜘蛛网

③使用直线命令连接正多边形的几何中心与任意端点，如图 4-81 所示。使用“环形阵列”命令绘制其他五条线段，绘制结果如图 4-78 所示。

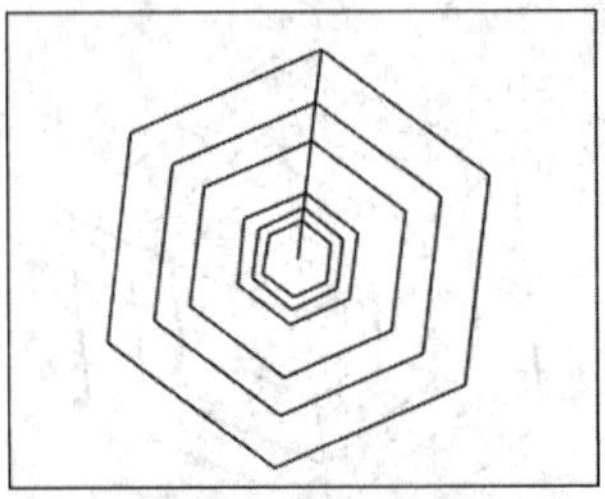

图 4-81　蜘蛛网

4.5　改变几何特性类命令

改变几何特性类命令主要包括拉伸、拉长、修剪、延伸、打断、打断于点、分解、倒角、圆角等。这些命令在执行后，可以使编辑对象的几何特性发生改变。

4.5.1　拉伸命令

拉伸是指通过拖拉选择的对象，改变对象的形状。一些辅助工具可以提高拉伸的精度，比如对象捕捉、正交等。

1. 执行方式

①命令行：在命令行输入 STRETCH（快捷命令：S），如图 4-82 所示。

图 4-82　在命令行执行“拉伸”命令

②菜单栏：选择“修改”→“拉伸”，如图 4-83 所示。

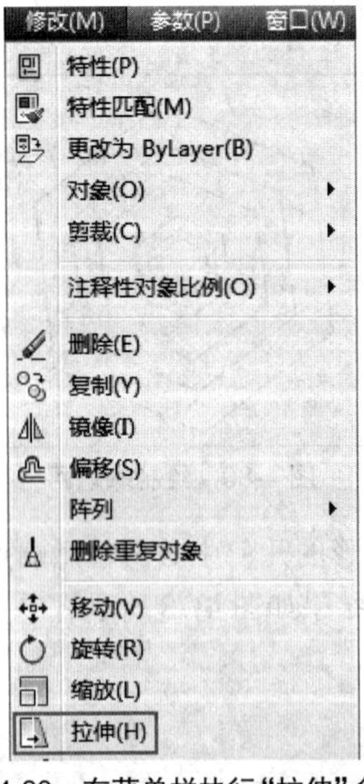

图 4-83　在菜单栏执行“拉伸”命令

③工具栏：单击“修改”工具栏中的“拉伸”按钮，如图 4-84 所示。

图 4-84　在工具栏执行“拉伸”命令

④功能区：单击“默认”选项卡“修改”面板中的“拉伸”按钮，如图 4-85 所示。

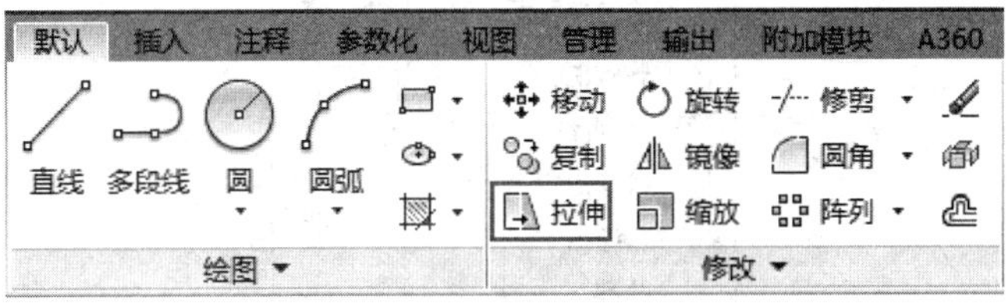
默认
插入
注释
参数化
视图
管理
输出
附加模块
A360
直线
多段线
圆
圆弧
移动
旋转
修剪
复制
镜像
圆角
拉伸
缩放
阵列
绘图
修改

图 4-85　在功能区执行“拉伸”命令

2. 操作步骤

拉伸命令的命令行提示步骤如图 4-86 所示。

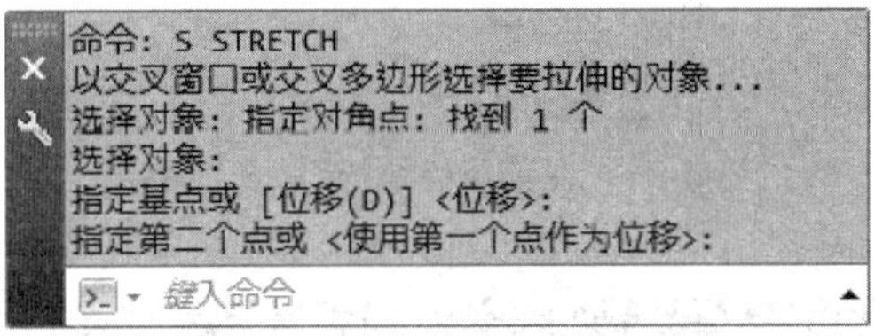
命令: S STRETCH
以交叉窗口或交叉多边形选择要拉伸的对象...
选择对象: 指定对角点: 找到 1 个
选择对象:
指定基点或 [位移(D)] <位移>:
指定第二个点或 <使用第一个点作为位移>:
键入命令

图 4-86　命令行提示步骤（拉伸）

拉伸命令对全部包含在交叉窗口内的对象不会被拉伸，部分包含在交叉窗口内的对象将被拉伸。水平和垂直拉伸时可以打开“正交限制光标”功能，拉伸时可以在命令行输入数值或用光标拾取指定点进行拉伸。

4.5.2　拉长命令

1. 执行方式

①命令行：在命令行输入 LENGTHEN（快捷命令：LEN），如图 4-87 所示。

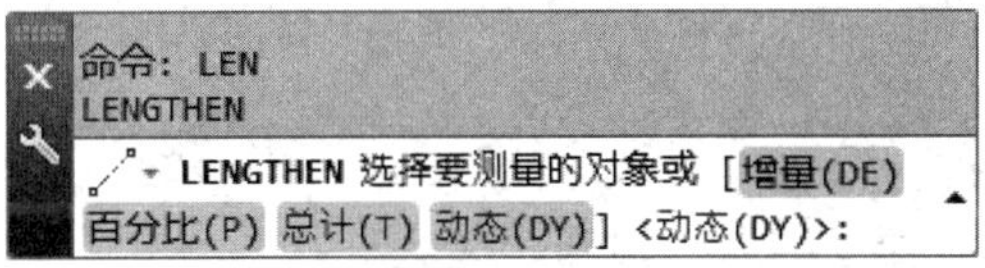
命令: LEN
LENGTHEN
LENGTHEN 选择要测量的对象或 [增量(DE) 百分比(P) 总计(T) 动态(DY)] <动态(DY)>:

图 4-87　在命令行执行“拉长”命令

②菜单栏：选择“修改”→“拉长”，如图 4-88 所示。

③功能区：单击“默认”选项卡“修改”面板中的“拉长”按钮，如图 4-89 所示。

2. 操作步骤

拉长命令的命令行提示步骤如图 4-90 所示。

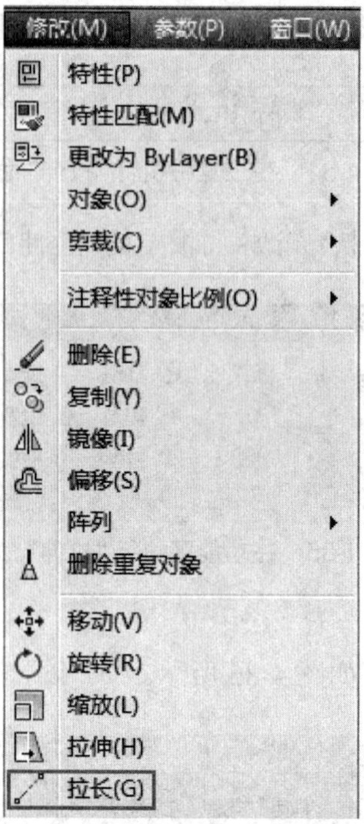

图 4-88 在菜单栏执行“拉长”命令

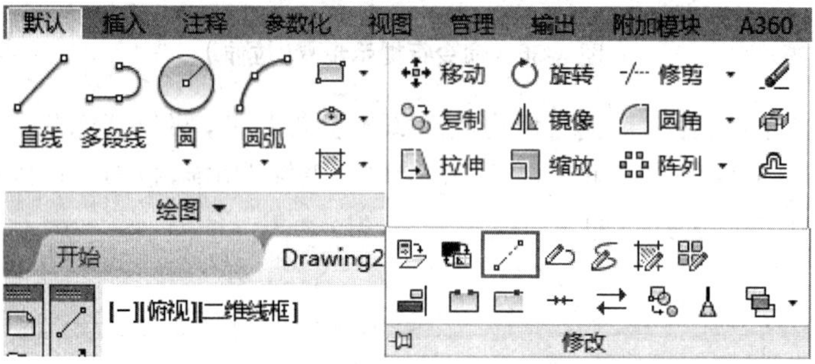

图 4-89 在功能区执行“拉长”命令

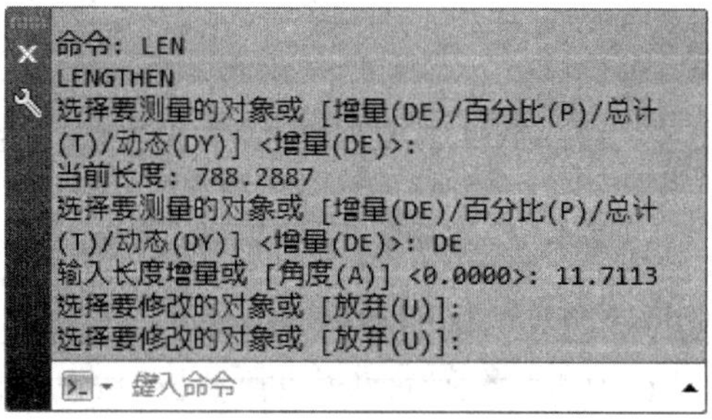

图 4-90 命令行提示步骤（拉长）

3. 操作说明

①增量（DE）：用指定增加量的方式改变对象的长度或角度。

②百分比(P):用指定占总长度百分比的方式改变圆弧或线段的长度。

③总计(T):用指定新总长度或总角度值的方法改变对象的长度或角度。

④动态(DY):在此模式下,可以使用拖拉光标的方法来动态改变对象的长度或角度。

4.5.3　修剪命令

1. 执行方式

①命令行:在命令行输入 TRIM,如图 4-91 所示。

图 4-91　在命令行执行"修剪"命令

②菜单栏:选择"修改"→"修剪",如图 4-92 所示。

图 4-92　在菜单栏执行"修剪"命令

③工具栏:单击"修改"工具栏中的"修剪"按钮,如图 4-93 所示。

图 4-93　在工具栏执行"修剪"命令

④功能区:单击"默认"选项卡"修改"面板中的"修剪"按钮,如图 4-94 所示。

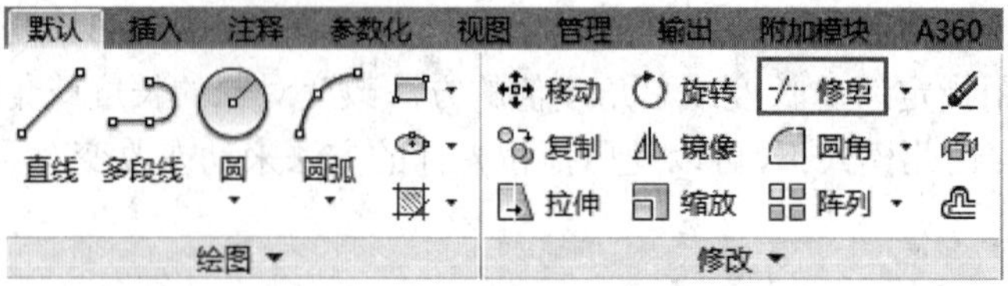

图 4-94　功能区执行“修剪”命令

2. 操作步骤

修剪命令的命令行提示步骤如图 4-95 所示。

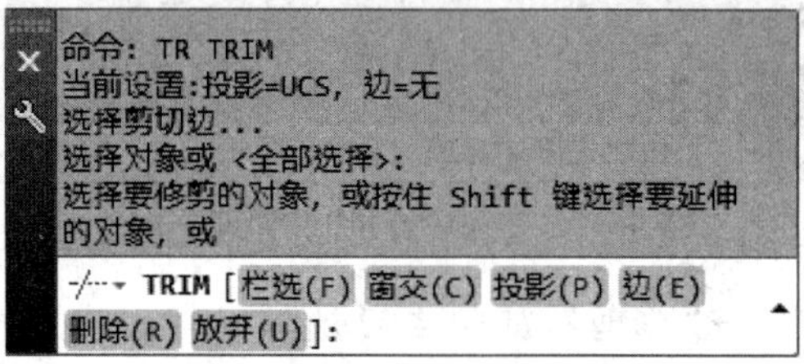

图 4-95　命令行提示步骤(修剪)

3. 操作说明

①在选择对象时，如果按住 <Shift> 键，系统就会自动将“修剪”命令转换为“延伸”命令，“延伸”命令将在下节中介绍。

②栏选（F）：系统以栏选的方式选择修剪对象，如图 4-96 所示。

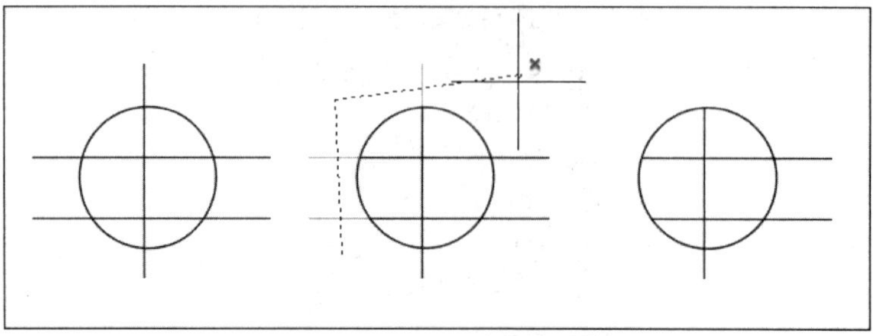

图 4-96　“栏选”修剪对象

③窗交（C）：系统以窗交的方式选择修剪对象，如图 4-97 所示。

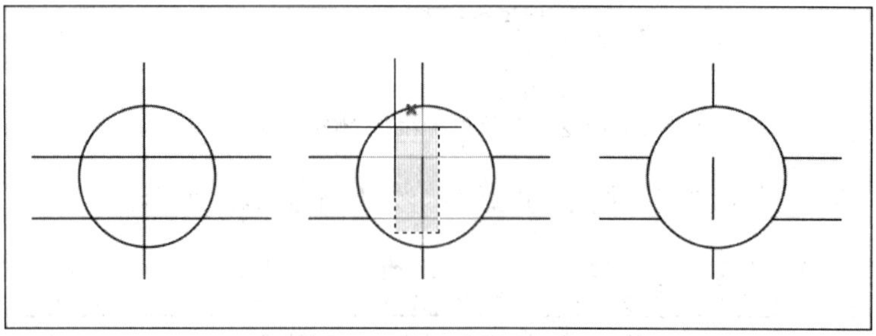

图 4-97　“窗交”修剪对象

需要注意的是，全部包含在窗交窗口内的对象不会被修剪。例如，图 4-97 所示的圆内部的线段就不会被修剪。

④边(E):可以选择对象的修剪方式。使用“延伸”进行修剪时,如果修剪边没有与要修剪的对象相交,系统会延伸修剪边直至与对象相交后进行修剪,如图 4-98 所示。当使用“不延伸”时,不延伸边界修剪对象,只修剪与修剪边相交的对象。

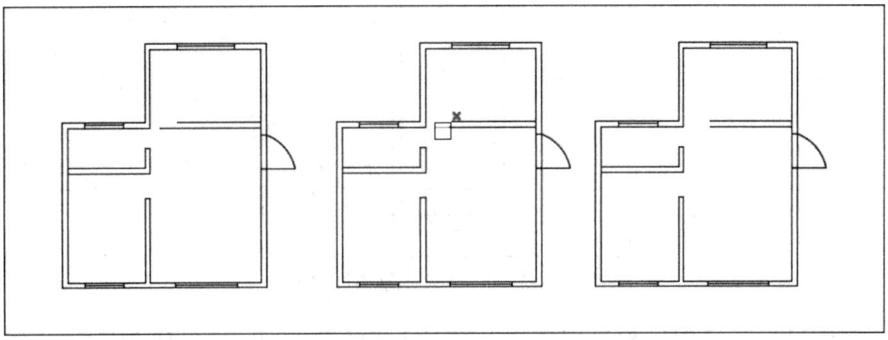

图 4-98　“延伸”修剪对象

4. 知识巩固

我们以图 4-99 所示的铝型材截面图为例,介绍一下修剪命令的使用方法。

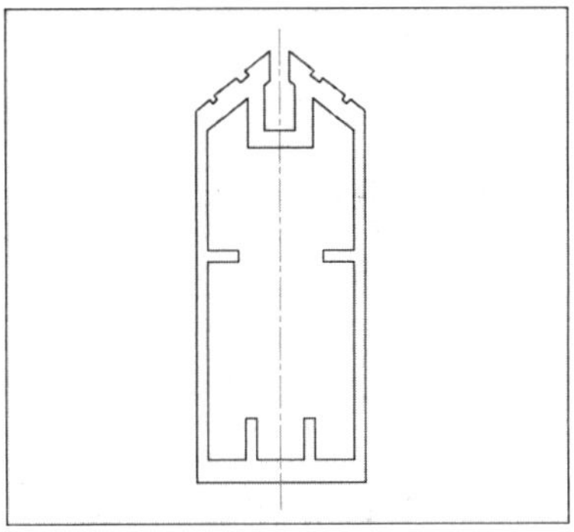

图 4-99　铝型材截面图

①使用“直线”命令绘制一条垂直的中心线作为辅助线,并用“直线”命令绘制铝型材的外轮廓,如图 4-100 所示。

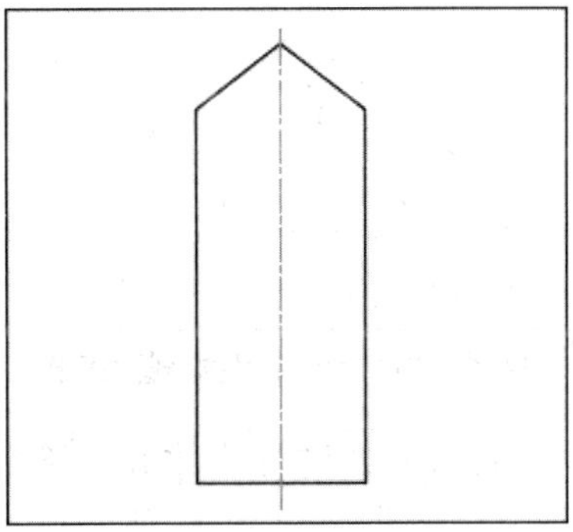

图 4-100　铝型材外轮廓

②使用“偏移”命令绘制型材截面的壁厚，并使用“直线”和“镜像”命令绘制出型材内壁的加强筋，如图 4-101 所示。

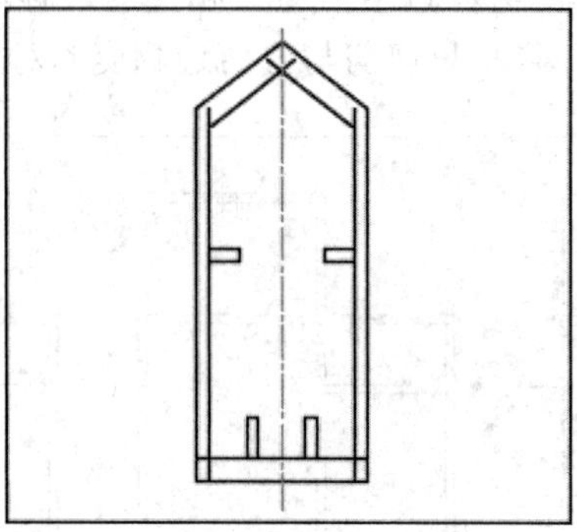

图 4-101 铝型材壁厚和加强筋

③使用“修剪”命令对图形进行修改。需要注意的是上面的两条线段没有交点，这时的操作步骤是：选择“修剪”→“边”→“延伸”，然后拾取斜线段的下端点，用移动光标的方式将线段拉长到交点处，绘制结果如图 4-102 所示。

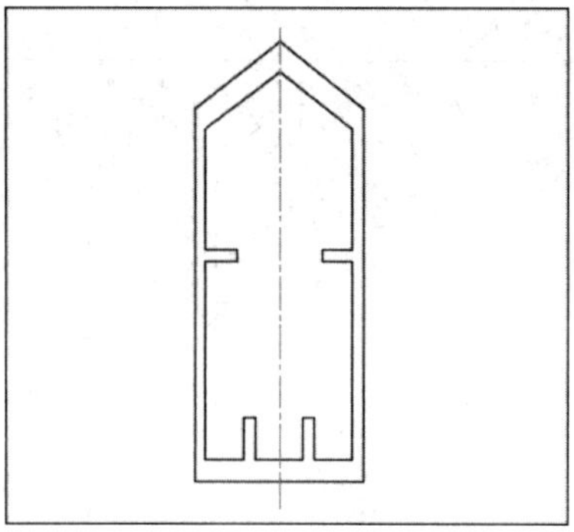

图 4-102 修剪铝型材截面

④使用“直线”和“偏移”命令绘制截面前端的部分，再配合“镜像”命令使左右两侧的形成轴对称，如图 4-103 所示。

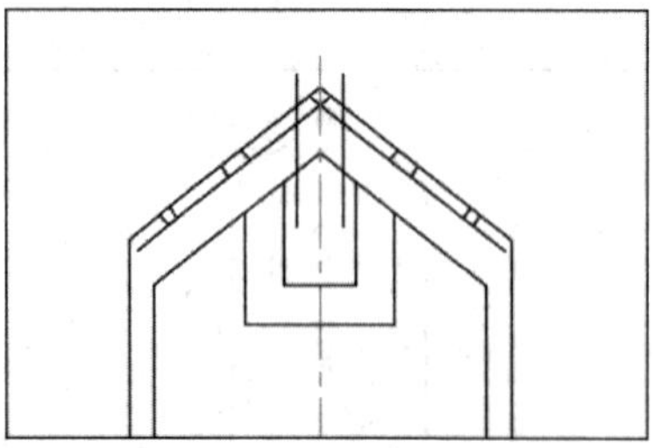

图 4-103 绘制铝型材截面细节

⑤使用“修剪”命令对图形上端部分进行修改并删除多余部分，绘制结果如图 4-99 所示。

4.5.4　延伸命令

1. 执行方式

①命令行：在命令行输入 EXTEND（快捷命令：EX），如图 4-104 所示。

图 4-104　在命令行执行"延伸"命令

②菜单栏：选择"修改"→"延伸"，如图 4-105 所示。

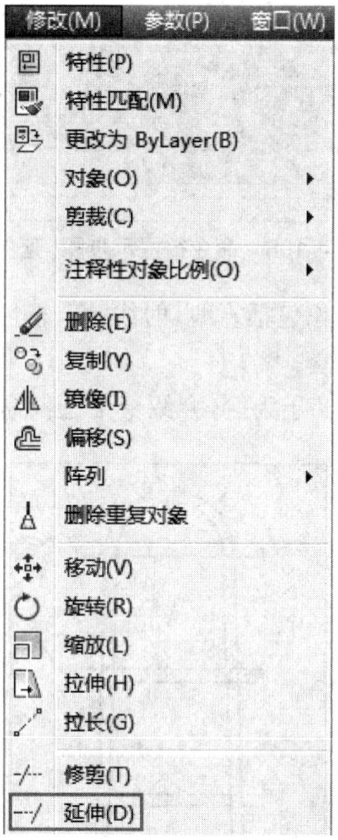

图 4-105　在菜单栏执行"延伸"命令

③工具栏：单击"修改"工具栏中的"延伸"按钮，如图 4-106 所示。

图 4-106　在工具栏执行"延伸"命令

④功能区：单击"默认"选项卡"修改"面板中的"延伸"按钮，如图 4-107 所示。

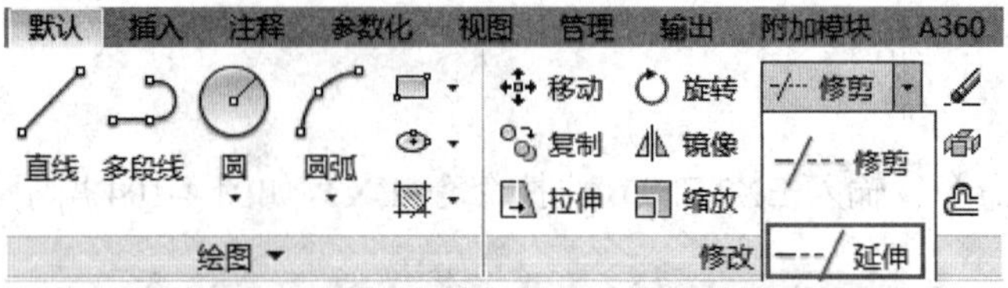
默认
插入
注释
参数化
视图
管理
输出
附加模块
A360
直线
多段线
圆
圆弧
移动
旋转
修剪
复制
镜像
拉伸
缩放
延伸
绘图
修改

图 4-107 在功能区执行“延伸”命令

2. 操作步骤

延伸命令的命令行提示步骤如图 4-108 所示。

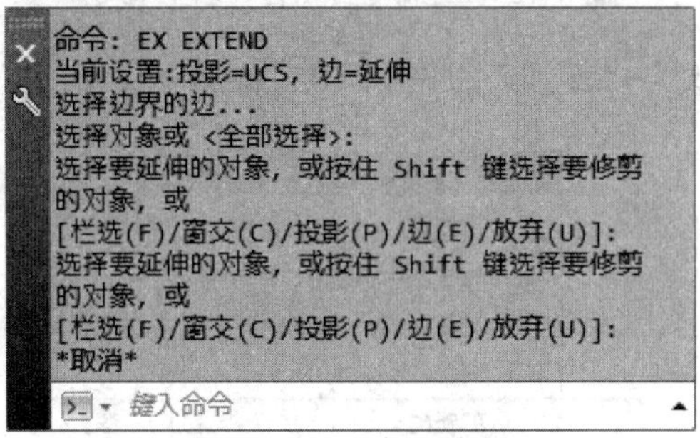
命令: EX EXTEND
当前设置:投影=UCS, 边=延伸
选择边界的边...
选择对象或 <全部选择>:
选择要延伸的对象, 或按住 Shift 键选择要修剪的对象, 或
[栏选(F)/窗交(C)/投影(P)/边(E)/放弃(U)]:
选择要延伸的对象, 或按住 Shift 键选择要修剪的对象, 或
[栏选(F)/窗交(C)/投影(P)/边(E)/放弃(U)]:
取消
键入命令

图 4-108 命令行提示步骤(延伸)

系统中可用作边界对象的对象包括直线、射线、圆、椭圆、圆弧、样条曲线、文本等。

3. 知识巩固

下面我们以图 4-109 所示的梯子为例,介绍一下延伸命令的使用方法。

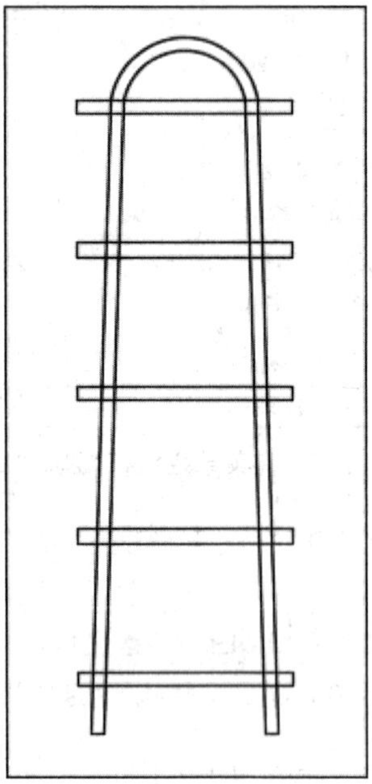

图 4-109 梯子

①首先绘制梯子的横杆,绘制时用到的命令有“矩形”和“镜像”。绘制长宽比例适合的矩形,然后选中矩形为绘制对象,使用“矩形”阵列命令,将阵列列数设为 1,行数设为 5,行

间距取合适的数值，绘制结果如图 4-110 所示。

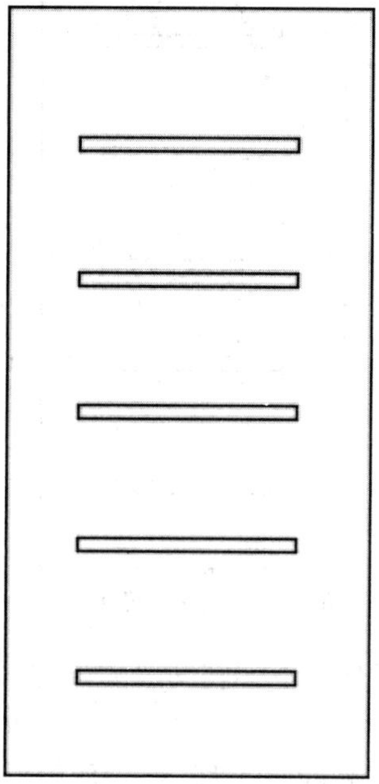

图 4-110　梯子的横杆

②使用“圆弧”命令绘制梯子的顶端，使用“偏移”命令完善细节。捕捉顶端的中心对称点，使用“移动”命令将其移动到适合的位置，修剪多余部分，绘制结果如图 4-111 所示。

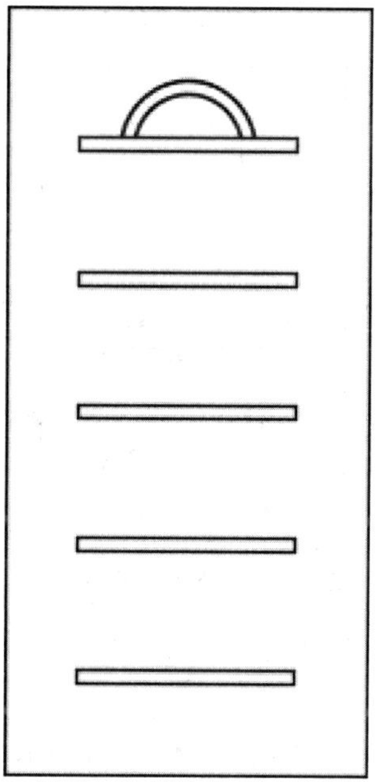

图 4-111　梯子的顶端

③使用“直线”命令绘制梯子的竖向支撑杆。绘制一条垂直于横杆的线段然后将其按顺时针旋转 2°，如图 4-112 所示。

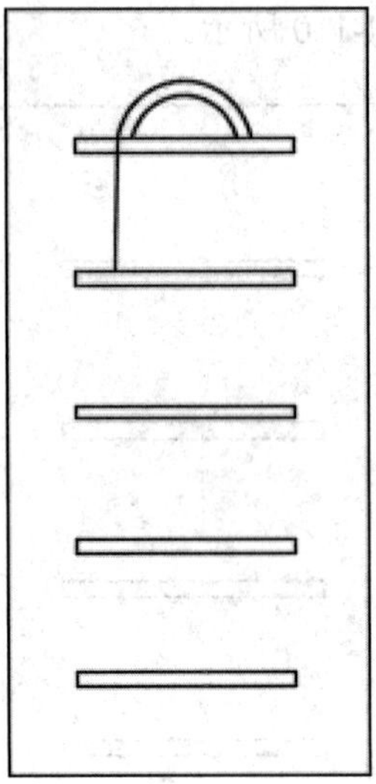

图 4-112　梯子的支撑杆

④使用“延伸”命令将线段延长至下端辅助线的位置，使用“偏移”命令偏移绘制另一条线段，如图 4-113 所示。

⑤使用“镜像”命令绘制出右侧的支撑杆，最后使用“修剪”命令完善图形，绘制结果如图 4-109 所示。

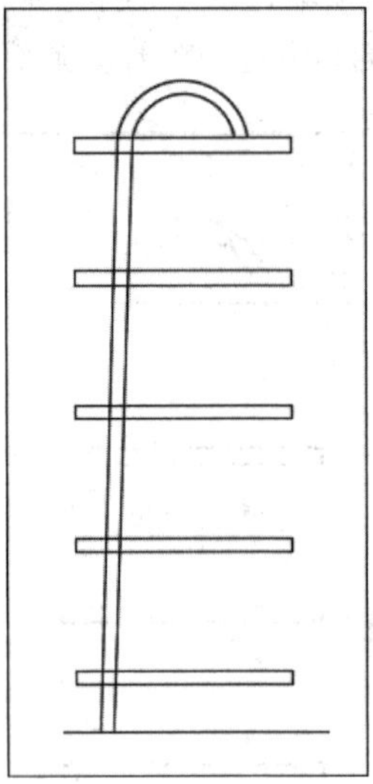

图 4-113　梯子的支撑杆

4.5.5　打断命令

打断命令可以在对象上的两个指定点之间创建间隔，从而将对象打断为两个对象。如果这些点不在对象上，则系统会自动将这些点投影到该对象上。

1. 执行方式

①命令行：在命令行输入 BREAK（快捷命令：BR），如图 4-114 所示。

图 4-114　在命令行执行“打断”命令

②菜单栏：选择“修改”→“打断”，如图 4-115 所示。

图 4-115　在菜单栏执行“打断”命令

③工具栏：单击“修改”工具栏中的“打断”按钮，如图 4-116 所示。

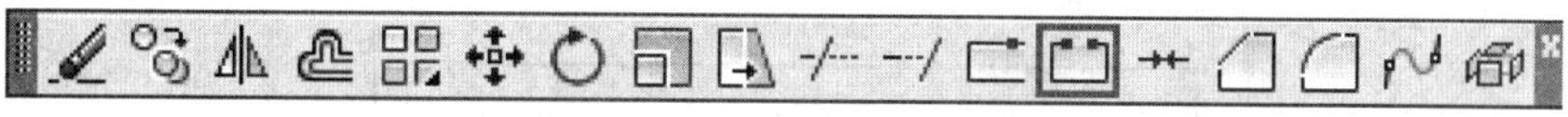

图 4-116　在工具栏执行“打断”命令

④功能区：单击“默认”选项卡“修改”面板中的“打断”按钮，如图 4-117 所示。

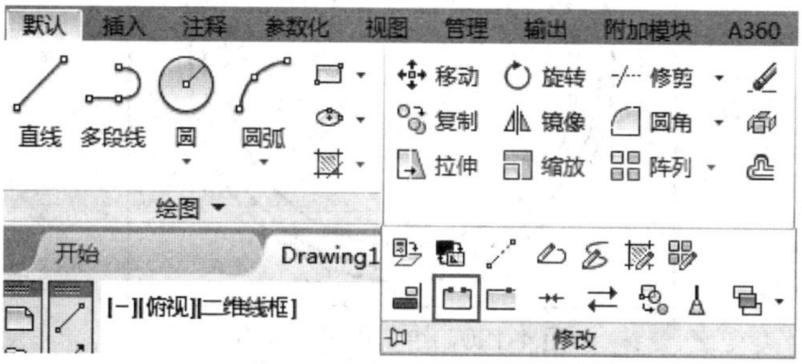

图 4-117　在功能区执行“打断”命令

2. 操作步骤

打断命令的命令行提示步骤如图 4-118 所示。

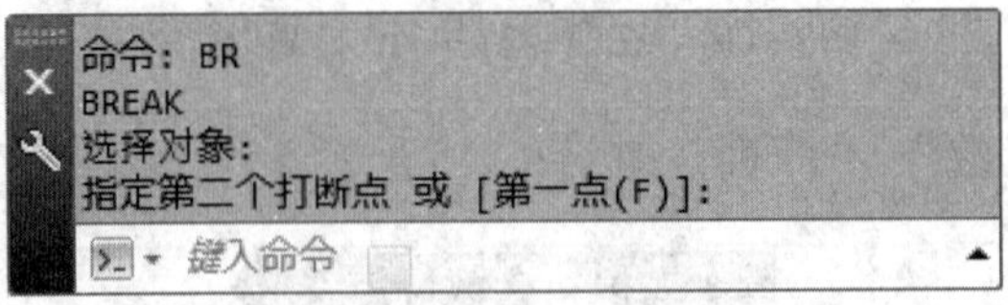
命令：BR
BREAK
选择对象:
指定第二个打断点 或 [第一点(F)]:
键入命令

图 4-118　命令行提示步骤(打断)

3. 操作说明

如果选择“第一点(F)”选项，系统将放弃前面选择的第一个点，重新提示用户指定两个断开点的位置。

4. 知识巩固

下面我们以图 4-119 所示的排风扇为例，介绍一下打断命令的使用方法。

图 4-119　排风扇

①使用“圆”命令绘制三个同心圆作为排风扇的外框。同心圆的半径分别为 52 mm、58 mm 和 62 mm(图 4-120)。

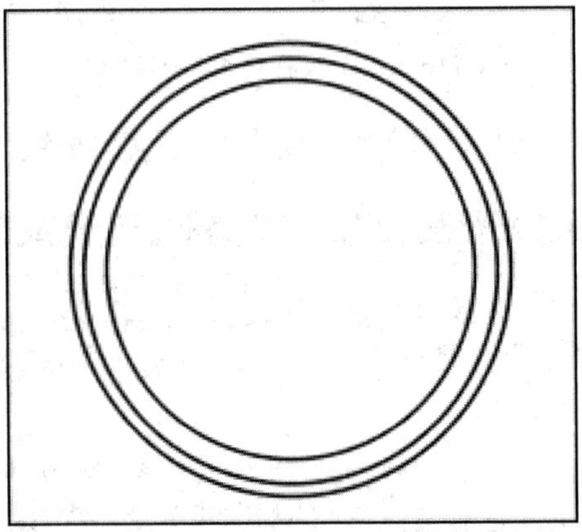

图 4-120　绘制排风扇外框

②使用“直线”命令绘制一条垂直的线段，线段通过圆的圆心。以圆心为中心点，设定项目数为 6，使用“环形阵列”命令编辑线段，绘制结果如图 4-121 所示。

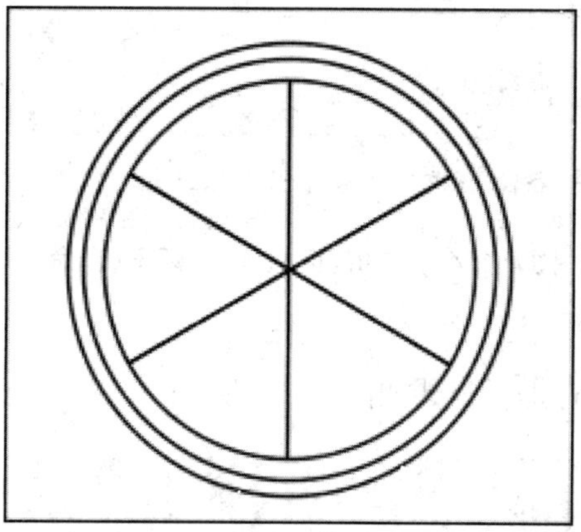

图 4-121　绘制排风扇扇叶

③使用“打断”命令删除扇叶多余部分。输入“第一点（F）”重新拾取打断起点，按逆时针方向拾取下一个交点为第二点，如图 4-122 所示，继续重复三次本步骤后绘制结果如图 4-119 所示。

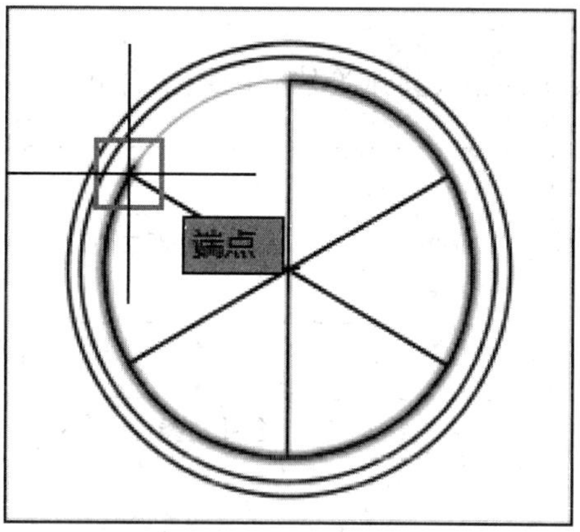

图 4-122　打断绘制排风扇扇叶

4.5.6　打断于点命令

与打断命令类似，打断于点命令是指在对象上指定一点，从而以此点将对象分成两部分。

1. 执行方式

①工具栏：单击“修改”工具栏中的“打断于点”按钮，如图 4-123 所示。

图 4-123　在工具栏执行“打断于点”命令

②功能区：单击“默认”选项卡“修改”面板中的“打断于点”按钮，如图 4-124 所示。

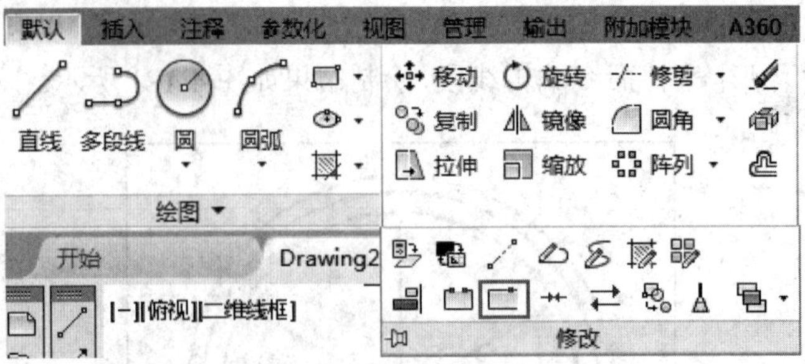

图 4-124　在功能区执行“打断于点”命令

2. 操作步骤

打断于点命令的命令行提示步骤如图 4-125 所示。

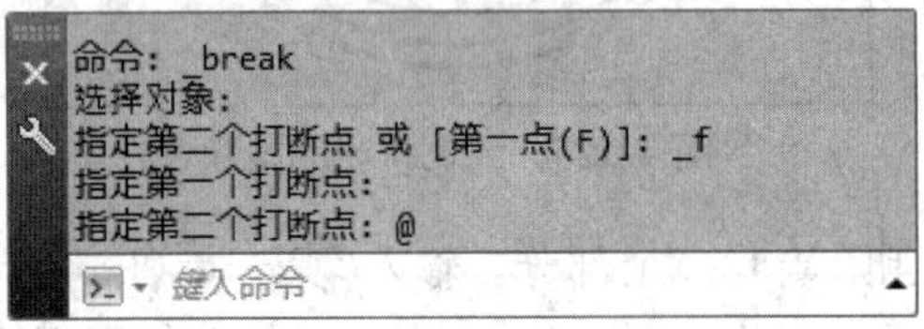

图 4-125　命令行提示步骤（打断于点）

4.5.7　合并命令

合并命令可以将直线、圆、矩形、圆弧等独立的线条合并成一个对象，如图 4-126 所示。

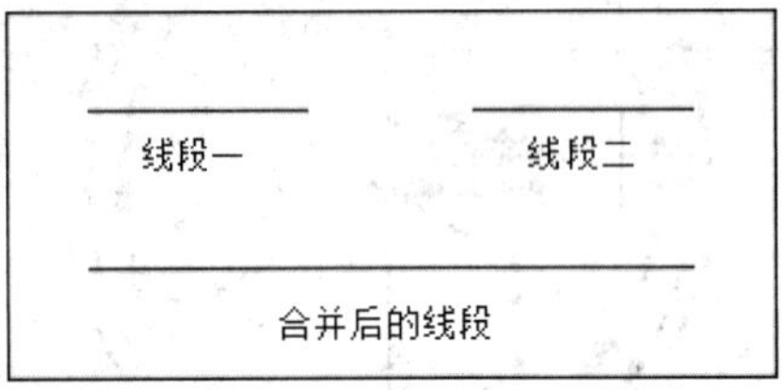

图 4-126　合并对象

1. 执行方式

①命令行：在命令行输入 JOIN，如图 4-127 所示。

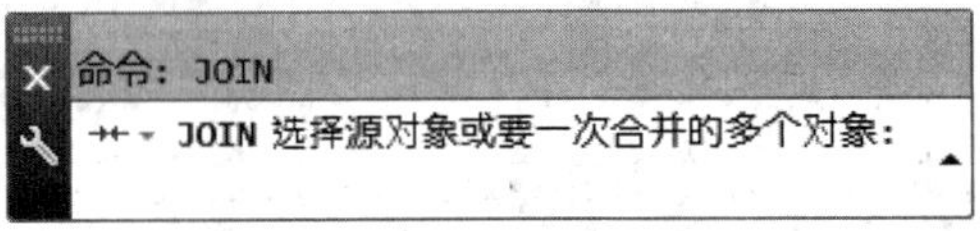

图 4-127　在命令行执行“合并”命令

②菜单栏：选择“修改”→“合并”，如图 4-128 所示。

③工具栏：单击“修改”工具栏中的“合并”按钮，如图 4-129 所示。

④功能区：单击“默认”选项卡“修改”面板中的“合并”按钮，如图 4-130 所示。

2. 操作步骤

合并命令的命令行提示步骤如图 4-131 所示。

图 4-128　在菜单栏执行“合并”命令

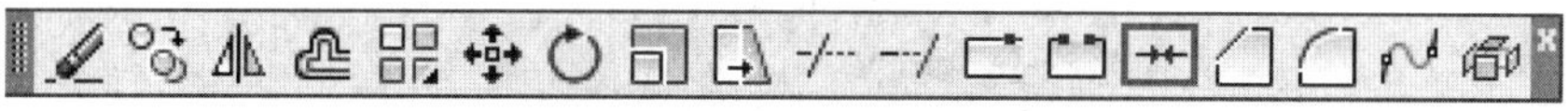

图 4-129　在工具栏执行“合并”命令

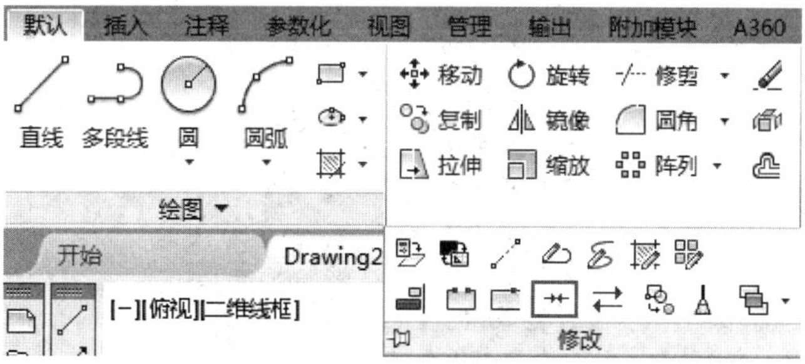

图 4-130　在功能区执行“合并”命令

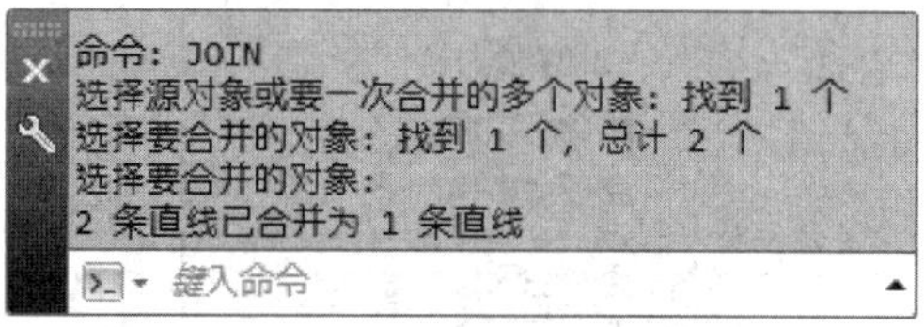

图 4-131　命令行提示步骤(合并)

4.5.8　分解命令

1. 执行方式

①命令行：在命令行输入 EXPLODE，如图 4-132 所示。

图 4-132　在命令行执行“分解”命令

②菜单栏：选择“修改”→“分解”，如图 4-133 所示。

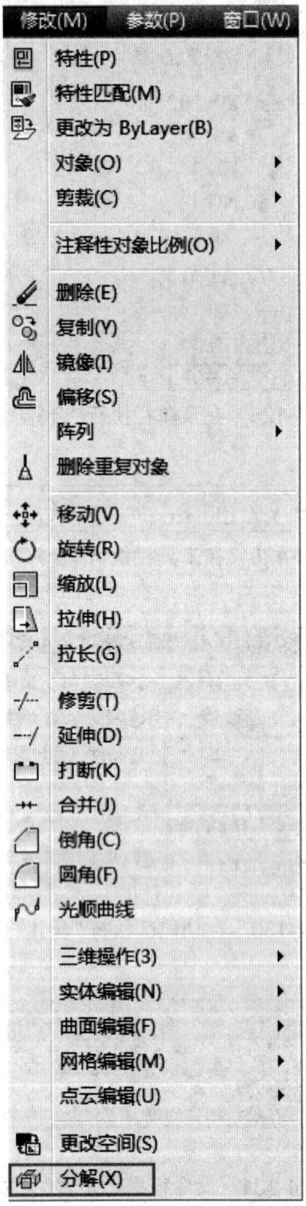

图 4-133　在菜单栏执行“分解”命令

③工具栏：单击“修改”工具栏中的“分解”按钮，如图 4-134 所示。

图 4-134　在工具栏执行“分解”命令

④功能区：单击“默认”选项卡“修改”面板中的“分解”按钮，如图 4-135 所示。

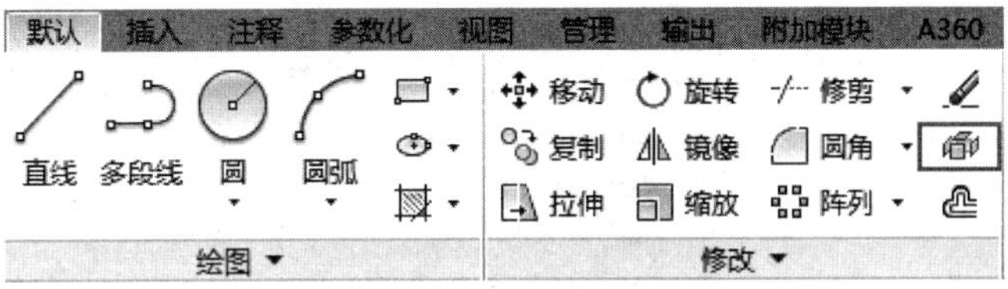

图 4-135　在功能区执行“分解”命令

2. 操作步骤

分解命令的命令行提示步骤如图 4-136 所示。

图 4-136　命令行提示步骤(分解)

4.5.9　倒角命令

倒角命令指的是用斜线连接两个不平行的线型对象。系统采用两种方式确定连接两个对象的斜线：指定两个斜线距离；指定斜线角度和一个斜线距离。

1. 执行方式

①命令行：在命令行输入 CHAMFER，如图 4-137 所示。

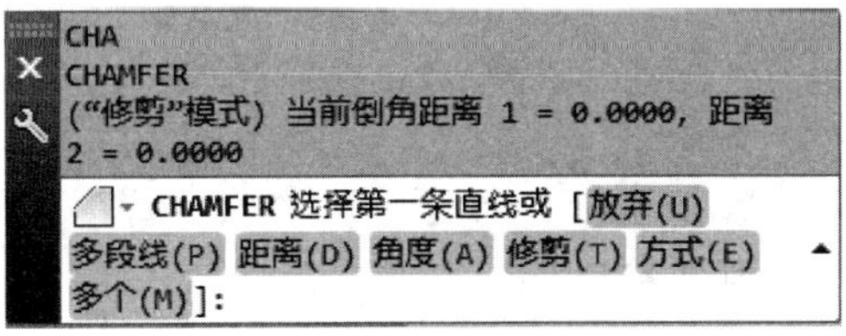

图 4-137　在命令行执行“倒角”命令

②菜单栏：选择“修改”→“倒角”，如图 4-138 所示。

③工具栏：单击“修改”工具栏中的“倒角”按钮，如图 4-139 所示。

④功能区：单击“默认”选项卡“修改”面板中的“倒角”按钮，如图 4-140 所示。

2. 操作步骤

倒角命令的命令行提示步骤如图 4-141 所示。

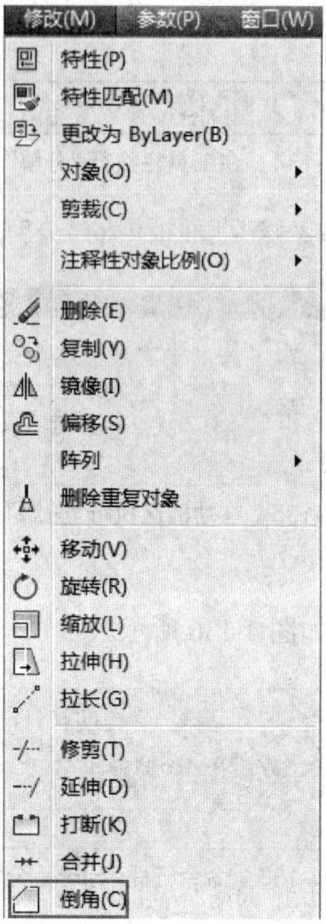

图 4-138　在菜单栏执行“倒角”命令

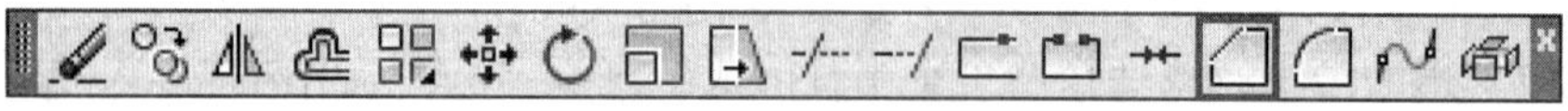

图 4-139　在工具栏执行“倒角”命令

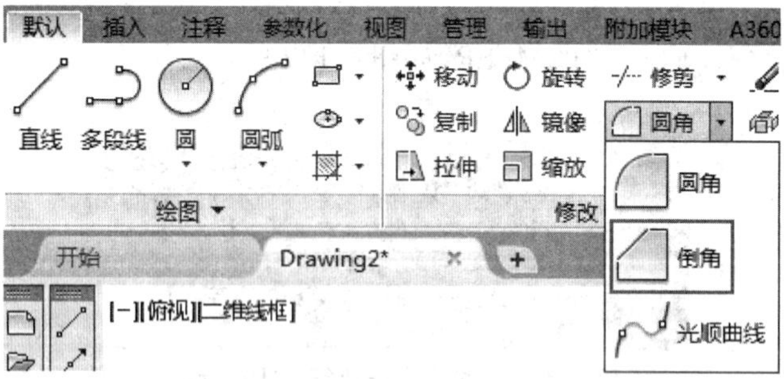

图 4-140　在功能区执行“倒角”命令

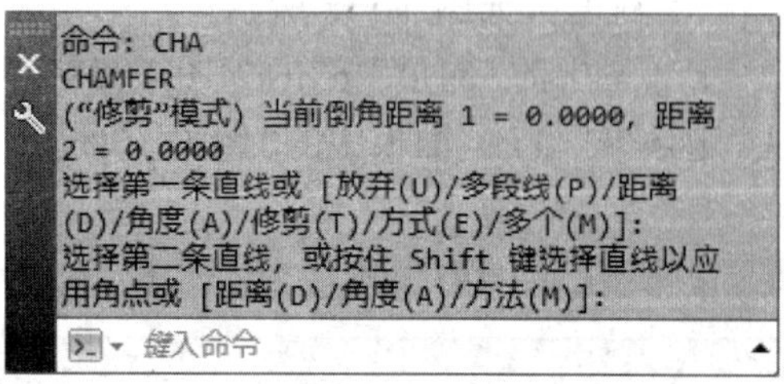

图 4-141　命令行提示步骤(倒角)

3. 操作说明

①多段线（P）：对多段线的各个交点倒斜角。为了得到最好的连接效果，一般设置斜线的长度值是相等的，系统根据指定的斜线距离把多段线的每个交叉点都做斜线连接，连接的斜线成为多段线新的组成部分，如图 4-142 所示。

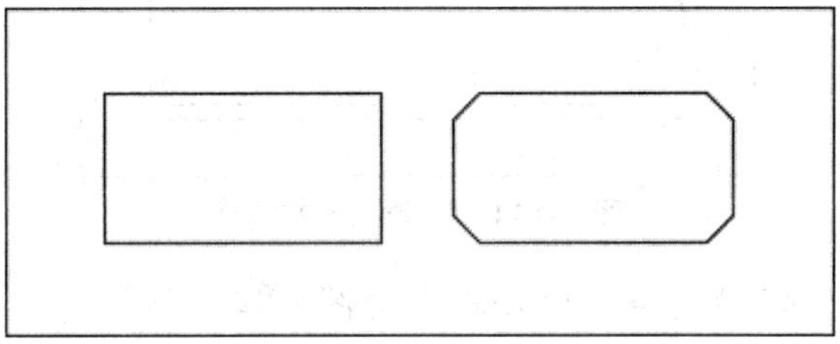

图 4-142　多段线倒斜角

②距离（D）：指定倒角的两个斜线的距离，这两个斜线的距离可以相等也可以不相等。若这两个斜线距离都为 0，则系统不会绘制连接的斜线，而是把两个对象延伸至相交并修剪多余部分。

③角度（A）：选择第一条直线的斜线距离和第一条直线的倒角角度。

④修剪（T）：该选项控制连接对象后是否修剪源对象。

⑤方式（E）：用于选择采用“距离”方式还是“角度”方式倒角。

⑥多个（M）：同时对多个对象进行倒斜角操作。

4. 知识巩固

下面我们以图 4-143 所示的换衣柜为例，介绍一下倒角命令的使用方法。

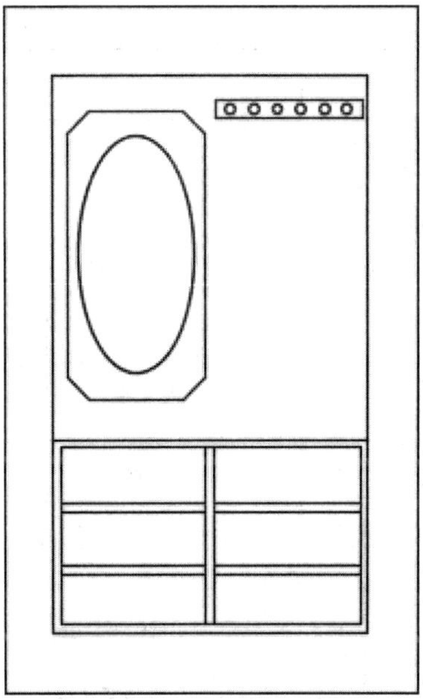

图 4-143　换衣柜

①使用“矩形”命令绘制出换衣柜下半部分的轮廓线，并使用“偏移”命令偏移，如图 4-144 所示。

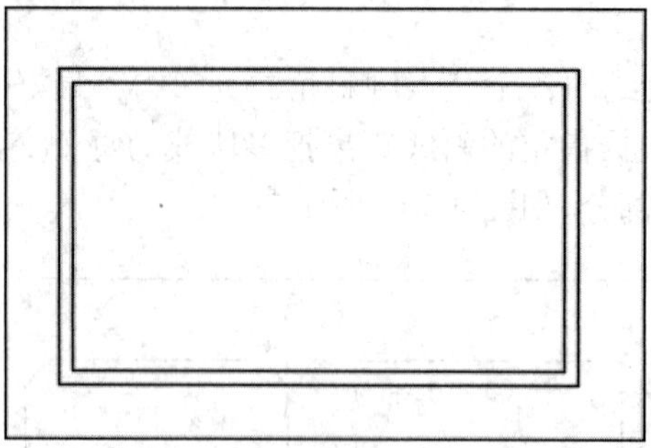

图 4-144　绘制矩形并偏移

②使用“直线”和“偏移”命令绘制出隔断，如图 4-145 所示。

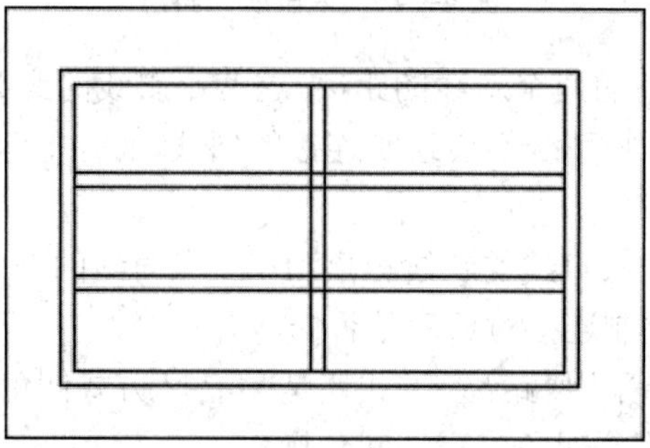

图 4-145　绘制隔断

③使用“修剪”命令修剪掉多余的部分，并使用“直线”命令绘制出上部的背板，如图 4-146 所示。

图 4-146　绘制隔断

④使用“矩形”命令绘制镜子的背板，再以矩形的结合中心为圆心，绘制椭圆镜面，如图 4-147 所示。

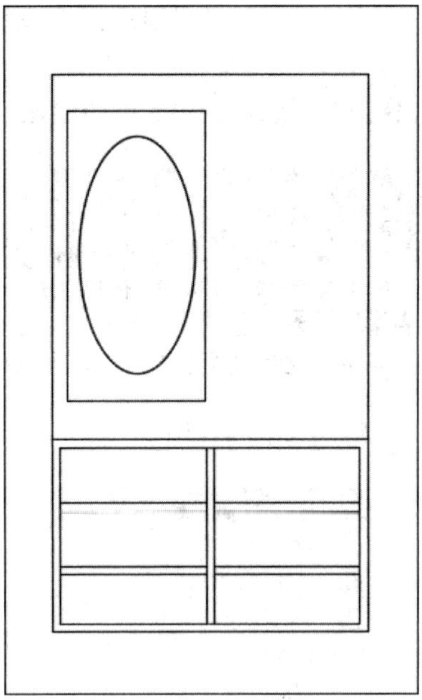

图 4-147　绘制镜子

⑤使用“倒角”命令设定同等距离，依次将矩形的四个角进行倒角，如图 4-148 所示。最后再使用“矩形”和“圆”命令绘制挂衣钩，绘制结果如图 4-143 所示。

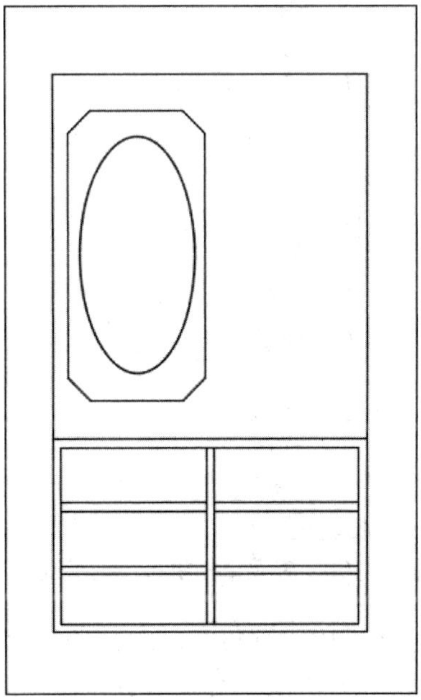

图 4-148　倒角

4.5.10 圆角命令

圆角命令是指用一条指定半径的圆弧平滑地连接两个对象。该命令可以平滑连接一对直线段、圆弧、圆、射线等，并且可以在任何时候平滑连接多段线的每个节点。

1. 执行方式

①命令行：在命令行输入 FILLET（快捷命令：F），如图 4-149 所示。

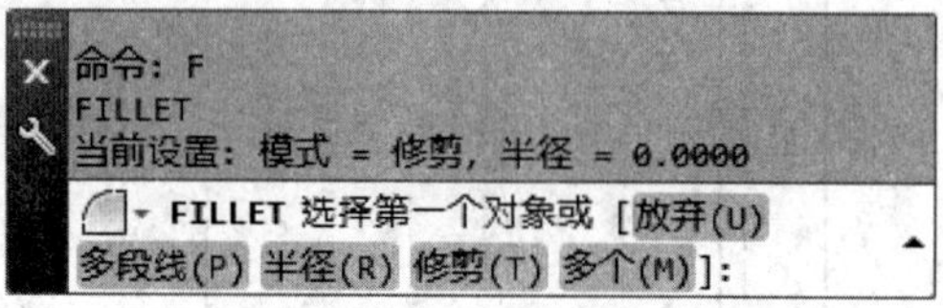

图 4-149　在命令行执行“圆角”命令

②菜单栏：选择“修改”→“圆角”，如图 4-150 所示。

图 4-150　在菜单栏执行“圆角”命令

③工具栏：单击“修改”工具栏中的“圆角”按钮，如图 4-151 所示。

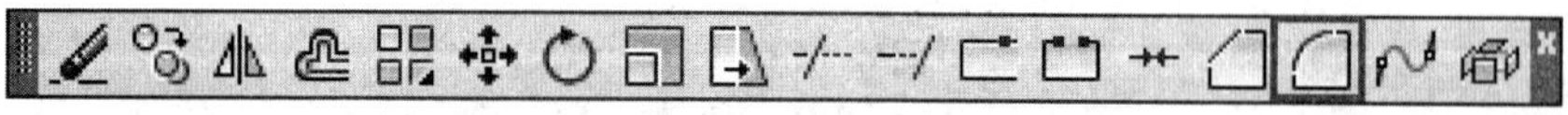

图 4-151　在工具栏执行“圆角”命令

④功能区：单击“默认”选项卡“修改”面板中的“圆角”按钮，如图 4-152 所示。

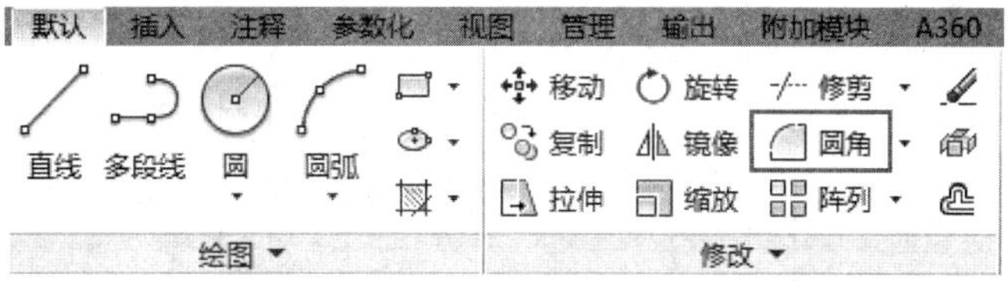
默认
插入
注释
参数化
视图
管理
输出
附加模块
A360
直线
多段线
圆
圆弧
移动
旋转
修剪
复制
镜像
圆角
拉伸
缩放
阵列
绘图
修改

图 4-152　在功能区执行“圆角”命令

2. 操作步骤

圆角命令的命令行提示步骤如图 4-153 所示。

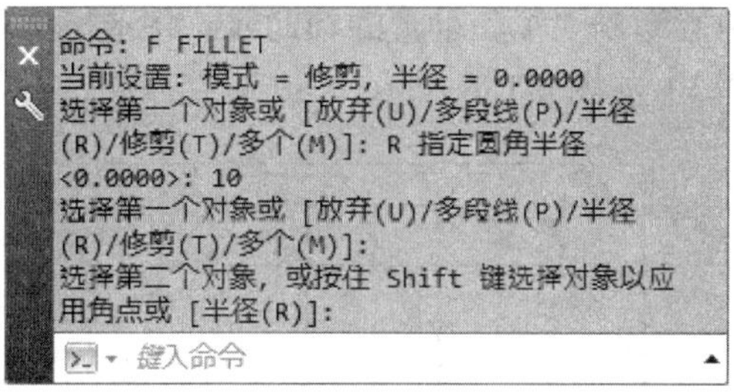
命令: F FILLET
当前设置: 模式 = 修剪, 半径 = 0.0000
选择第一个对象或 [放弃(U)/多段线(P)/半径(R)/修剪(T)/多个(M)]: R 指定圆角半径 <0.0000>: 10
选择第一个对象或 [放弃(U)/多段线(P)/半径(R)/修剪(T)/多个(M)]:
选择第二个对象, 或按住 Shift 键选择对象以应用角点或 [半径(R)]:
键入命令

图 4-153　命令行提示步骤(圆角)

3. 操作说明

①多段线（P）：在二维多段线中两条直线段相交的每个顶点处插入圆角，圆角成为多段线的新线段。

②修剪（T）：控制是否修剪选定对象而使之与圆角端点相接。

③多个（M）：允许为多组对象创建圆角，而不必重新输入命令。

④按住 <Shift> 键并选择两条直线，可以快速创建零距离倒角或零半径圆角。

4. 知识巩固

下面我们以图 4-154 所示的钢件为例，介绍一下圆角命令的使用方法。

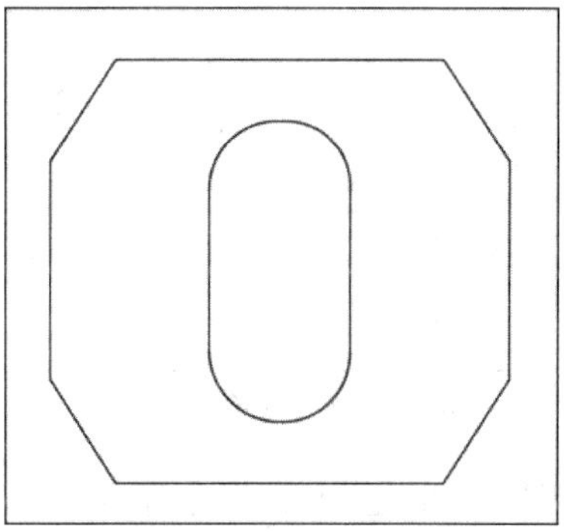

图 4-154　钢件

①使用“矩形”命令绘制一个长为 69、宽为 62 的矩形，使用“倒角”命令将四个角倒角，指定第一个倒角距离为 10，第二个倒角距离为 15，如图 4-155 所示。

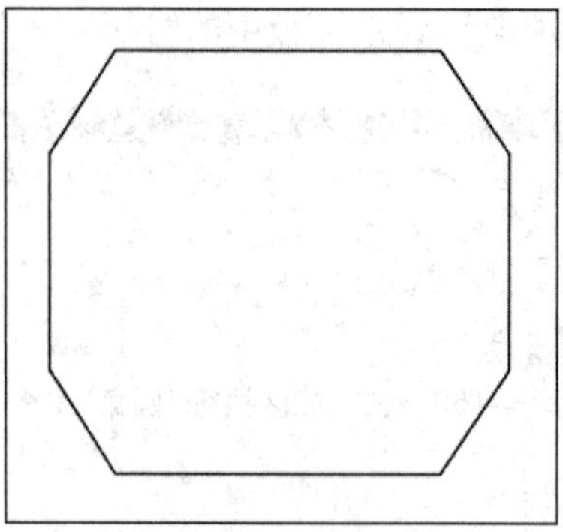

图 4-155 倒角矩形

②通过图形的几何中心绘制水平和垂直的辅助线。将水平的辅助线上下各偏移 22，将垂直的辅助线左右各偏移 10，如图 4-156 所示。

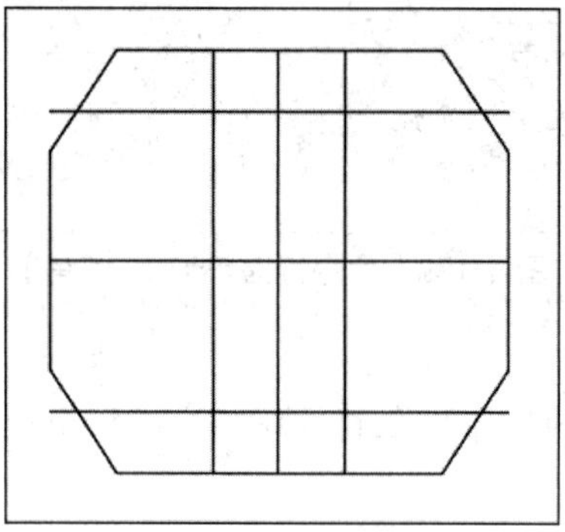

图 4-156 绘制辅助线

③使用“修剪”命令将辅助线修剪，并删除多余的线段，如图 4-157 所示。

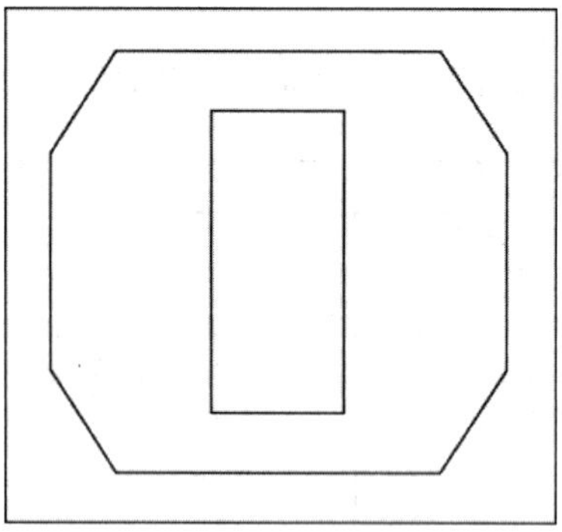

图 4-157 修剪辅助线

④使用“圆角”命令，设置圆角半径为 8，将小矩形的四个角倒圆角，绘制结果如图 4-154 所示。

4.6 综合演练

本节通过使用基本绘图命令和基本二维编辑命令绘制室内设计的平面图，如图 4-158

所示。

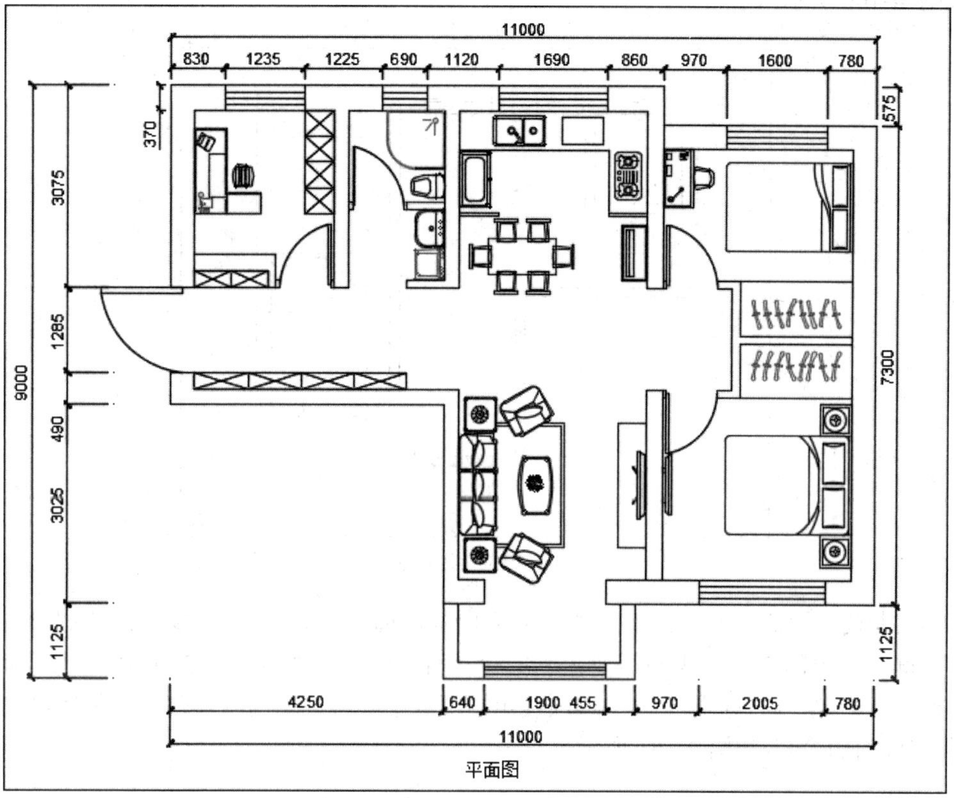

图 4-158　室内设计平面图

①绘制墙体。绘图时使用“直线”命令画出墙体外部轮廓，再使用“偏移”命令偏移出墙体的宽度，最后使用“修剪”命令修剪掉多余的部分，绘制结果如图 4-159 所示。通常情况下，绘制直线段时应打开“正交限制光标”，指定线段角度并动态输入长度数值。

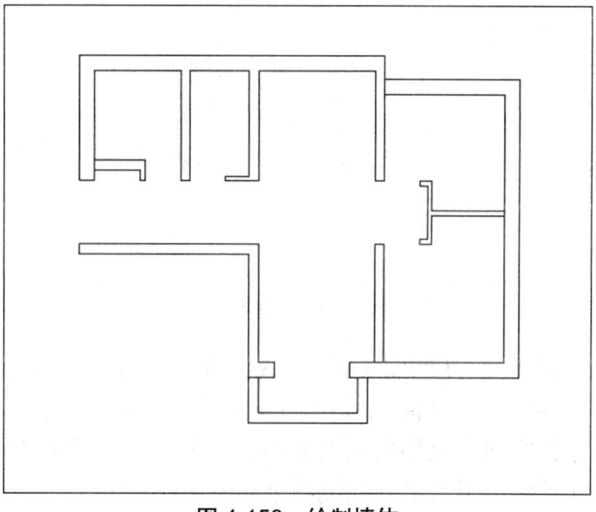

图 4-159　绘制墙体

②绘制窗口。根据标注尺寸确定窗口的位置，使用“直线”和“偏移”命令绘制窗口的造型，如图 4-160 所示。

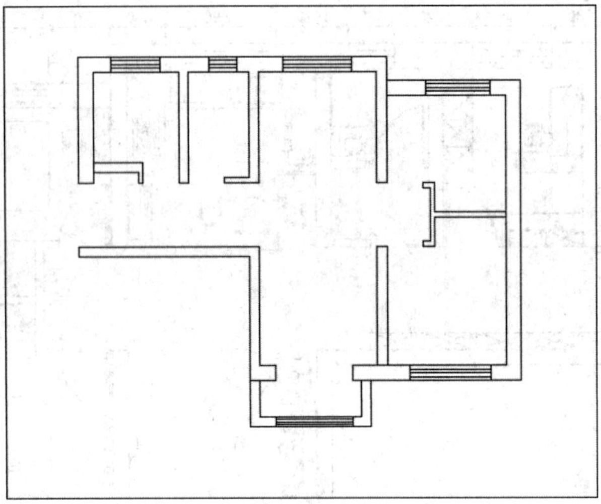

图 4-160 绘制窗口

③绘制门。绘制门时要注意门的开启方向是向墙的方向开启，并要在门的洞口位置绘制出门框与门扇的造型。我们需要用到的命令有“矩形”和“圆弧”，首先用“矩形”命令绘制门框和门扇，绘制时选择“尺寸”选项确定矩形大小。再根据门扇与门框的位置绘制一个圆弧，完成门的绘制，如图 4-161 所示。

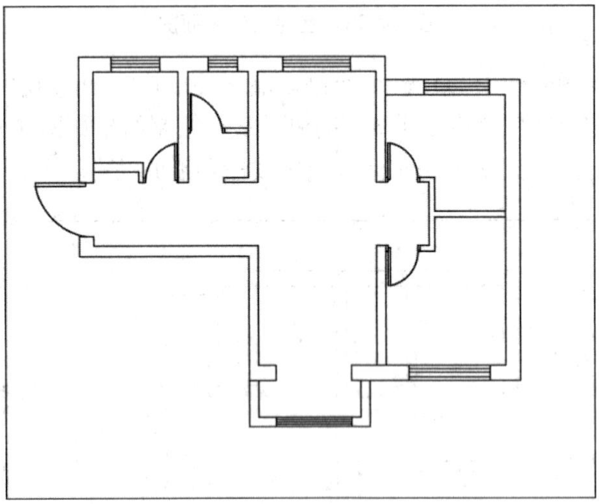

图 4-161 绘制门

④根据户型的特点进行各功能区的布置。我们首先对入户过道进行平面布置。在使用功能上，门口处一般会摆放一个鞋柜，本图中过道的宽度较大，我们可以根据房屋尺寸定制一套柜子，既解决了储物空间不足的问题又兼顾了美观。在图纸中使用矩形和直线绘制出鞋柜和储物柜的造型（具体步骤省略），绘制结果如图 4-162 所示。

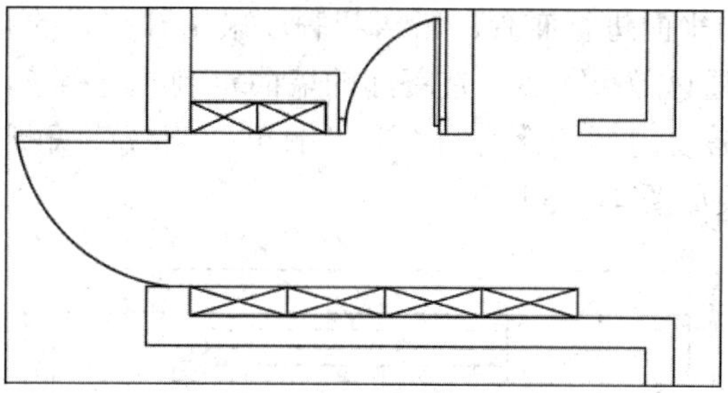

图 4-162　过道的平面布置

⑤对书房平面进行设计。为了营造好的审美效果和安静的环境，书桌的位置放在离门口较远且开放的位置，书桌对面放置一套书柜，即实用又美观。书房的平面设计中需要用到的命令有“圆弧”“圆”“倒角”“直线”“矩形”等（具体步骤省略），绘制结果如图 4-163 所示。

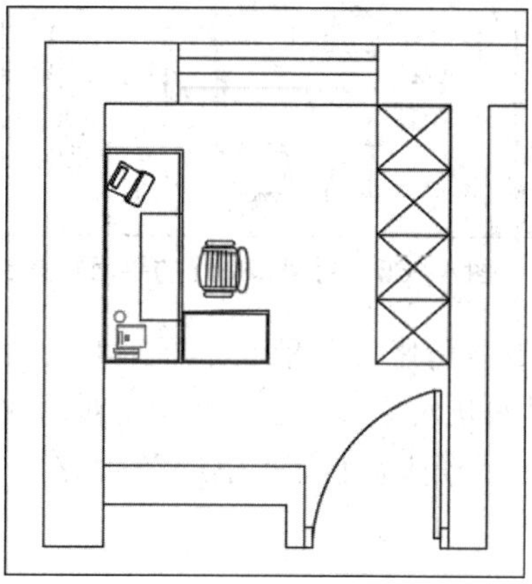

图 4-163　书房的平面布置

⑥绘制卫生间的平面图。我们采用“干湿分离”的原则进行设计，在使用功能上既给业主更好的体验，同时也可达到易打理、隐私效果良好的目的。隐藏式洗衣机的安装在审美效果上更好，立面分隔墙设计延展性好，同时有更多储物空间可利用。卫生间的平面设计中需要用到的命令有“圆弧”“圆”“倒角”“直线”“矩形”等（具体步骤省略），绘制结果如图 4-164 所示。

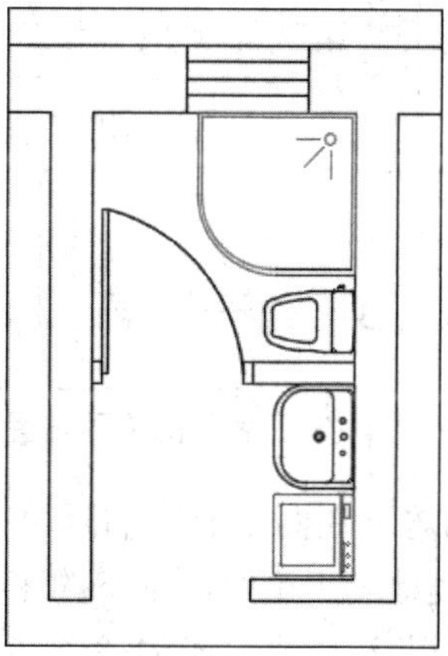

图 4-164　卫生间的平面布置

⑦对厨房和餐厅的平面进行布置。厨房和餐厅采用开放式的设计风格，这样的设计方式空间视觉效果好，且通风效果优良。在餐厅的墙面定制一组柜子，美观又实用。进行厨房和餐厅的平面设计时需要用到的命令有“圆”“倒角”“直线”“矩形”“偏移”“镜像”等（具体步骤省略），绘制结果如图 4-165 所示。

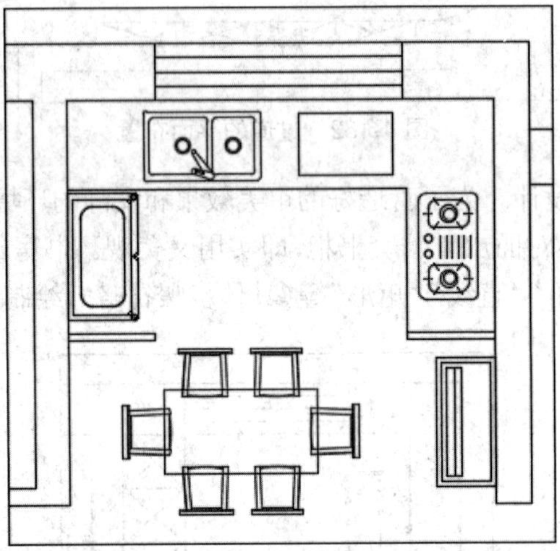

图 4-165 厨房和餐厅的平面布置

⑧对客厅的平面进行布置。将影视背景墙布置在主入口的对面，因为影视墙的设计效果一般更具美感，可以第一时间映入眼帘。在影视墙的对面放置沙发、茶几等客厅的平面设计中需要用到的命令有“圆”“倒角”“直线”“矩形”“偏移”“复制”等（具体步骤省略），绘制结果如图 4-166 所示。

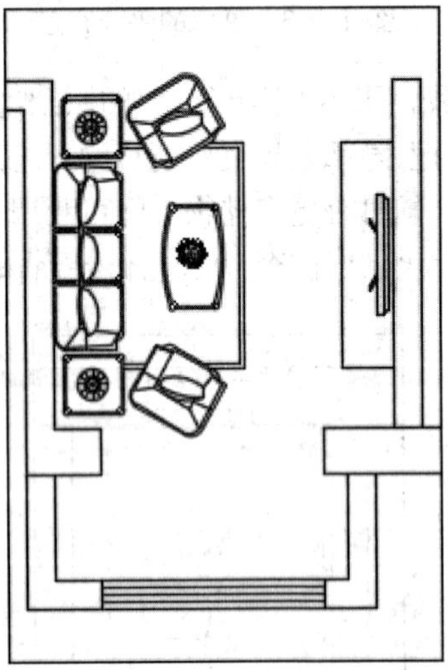

图 4-166 客厅的平面布置

⑨对卧室的平面布局进行布置。在两个卧室的隔墙处各有一部分凹进去的空间，我们利用它定做组合衣柜，以最大限度地利用空间。卧室的床全部布置在门口的另一侧，保证室内的通过性。主卧室安装壁挂电视；次卧室基本为孩子准备，在床对面摆放写字台。卧室的

平面设计中要用到的命令有“圆”“倒角”“直线”“矩形”“偏移”“旋转”“镜像”等(具体步骤省略)，绘制结果如图 4-167 所示。把所有功能分区绘制完成后的结果如图 4-158 所示。

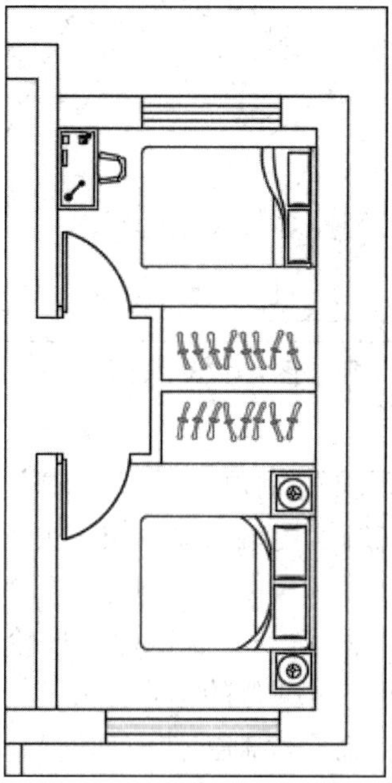

图 4-167　卧室平面布置

4.7　上机实战

【实战一】绘制图 4-177 所示的钢件

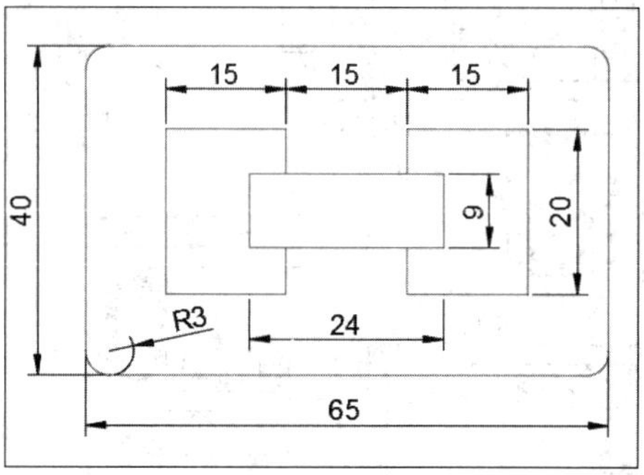

图 4-177　钢件

目的要求：

图形中主要用到的命令有“矩形”“倒角”“镜像”“偏移”“直线”。通过实战，要求大家熟练掌握绘图的基本技巧，熟练运用编辑命令快速、灵活地完成绘图。

操作提示：

①利用“矩形”和“倒角”命令绘制图形的外轮廓；

②通过矩形的几何中心绘制水平和垂直的辅助线，使用“偏移”和“倒角”(或“剪切”)命令完成图形。

【实战二】绘制图 4-178 所示的钢件

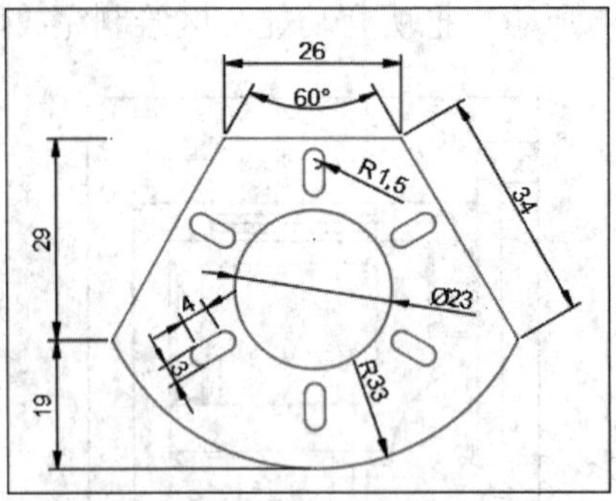

图 4-178　钢件

目的要求：

图形中主要用到的命令有“直线”“倒角”“旋转”“圆”“阵列”“圆弧”。通过实战，要求大家熟练掌握绘图的基本技巧，熟练运用编辑命令快速灵活地完成绘图。

操作提示：

①使用“直线”“旋转”和“圆弧”命令绘制钢件的外轮廓。绘制圆弧时，可先绘制一条垂直的对称轴线作为辅助线，以便确定圆弧的顶点；

②使用“圆”“倒角”和“阵列”命令绘制钢件内部细节。

【实战三】绘制图 4-179 所示的室内平面图

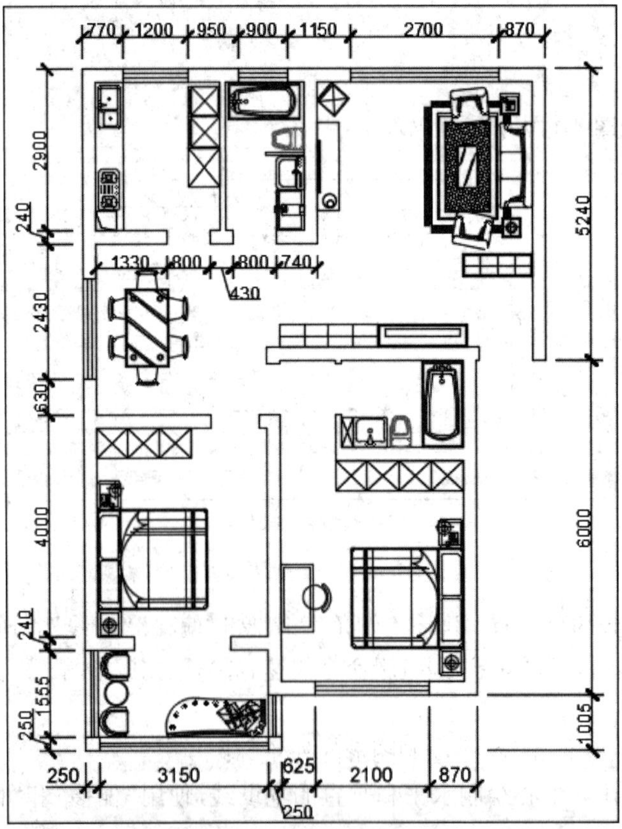

图 4-179　室内设计平面图

目的要求：

图中基本包含了二维绘制命令和编辑命令的全部内容，要求大家熟练灵活地使用学过的绘图和编辑命令。

操作提示：

①首先使用“直线”“偏移”和“修剪”命令绘制墙体（尺寸标注不画）；

②绘制平面图中的家具摆放，绘制时注意按 1∶1 的比例绘制。

第 5 章　图层与对象约束

章节概括

图层可以用于在图形中按功能或用途组织对象。通过隐藏图层，可以隐藏此刻不需要看到的信息，可以降低图形的视觉复杂程度，并提高显示性能。

开始绘制之前，创建一组图层有助于工作。例如在绘制房屋平面图时，可以创建墙体、家具、铺装、轴线、标注等图层。

学习重点

◆ 设置图层。
◆ 设置颜色。
◆ 图层线型。
◆ 精确定位工具。
◆ 对象捕捉。
◆ 对象追踪
◆ 对象约束。

职业素养

培养学生“精于工、匠于心、品于行”的“工匠精神”，将这种精神润透到制造业生产链的各个环节，让学生形成钻研技术、追求精益求精的价值观，让严谨的制造力与澎湃的创造力凝聚成强大合力。

5.1　设置图层

AutoCAD 2016 提供了“图形特性管理器”对话框，通过此对话框用户可以进行创建新图层、设置图层颜色及线型等的相关操作。

1. 执行方式

①命令行：在命令行输入 LAYER。

②菜单栏：选择“格式”→“图层”，如图 5-1 所示。

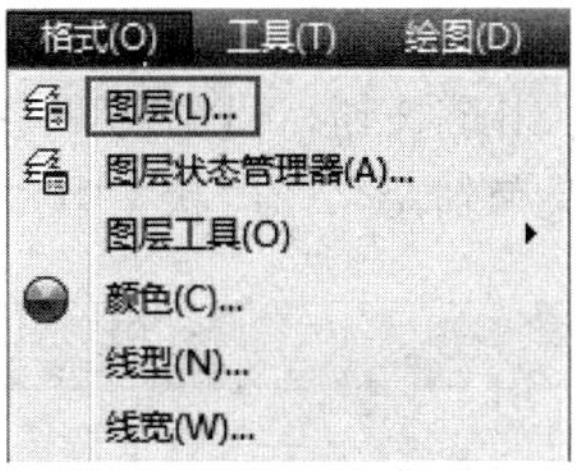

图 5-1　在菜单栏执行“图层”命令

③工具栏：单击“图层”工具栏中的“图形特性管理器”按钮，如图 5-2 所示。

图 5-2　在工具栏执行“图层”命令

④功能区：单击“默认”选项卡“图层”面板中的“图层特性”按钮；或单击“视图”选项卡“选项板”面板中的“图层特性”按钮，如图 5-3 和图 5-4 所示。

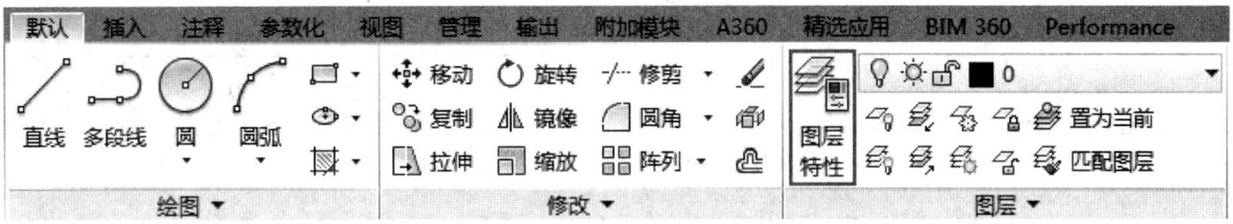

图 5-3　通过选择“默认”→“图层”执行“图层”命令

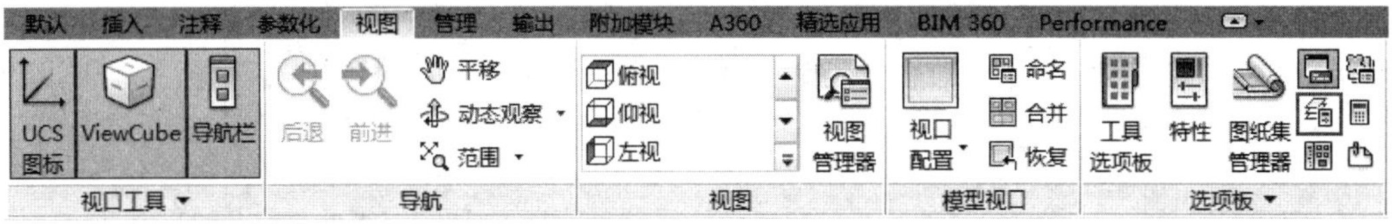

图 5-4　通过选择“视图”→“选项板”执行“图层”命令

执行上述操作后，系统打开如图 5-5 所示的“图层特性管理器”对话框。

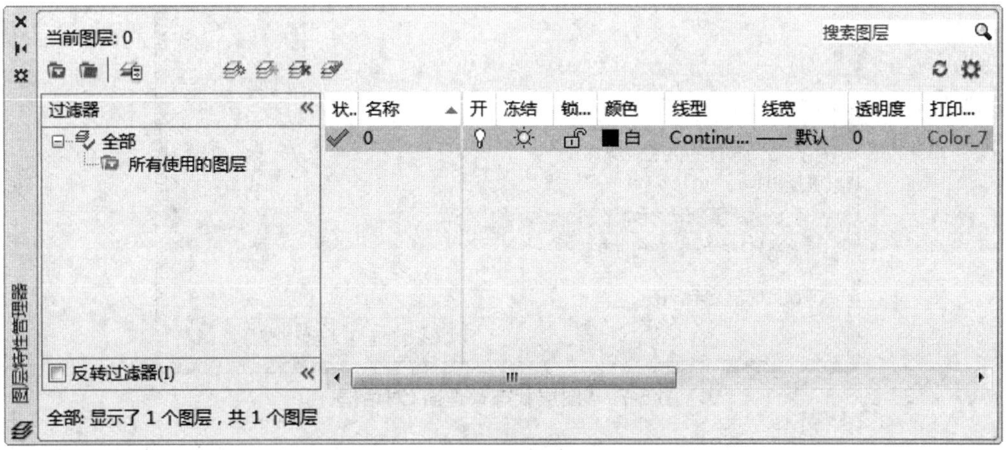

图 5-5　“图层特性管理器”对话框

2. 操作说明

①“新建特性过滤器”按钮：单击该按钮，可以打开“图层过滤器特性”对话框，如图 5-6 所示。它可以基于一个或多个图层特性创建图层过滤器。

②“新建组过滤器”按钮：单击该按钮可以创建一个图层过滤器。

③“图层状态管理器”按钮：单击该按钮，可以打开“图层状态管理器”对话框，如图 5-7 所示。它可以将图层的当前特性保存到命名图层状态中。

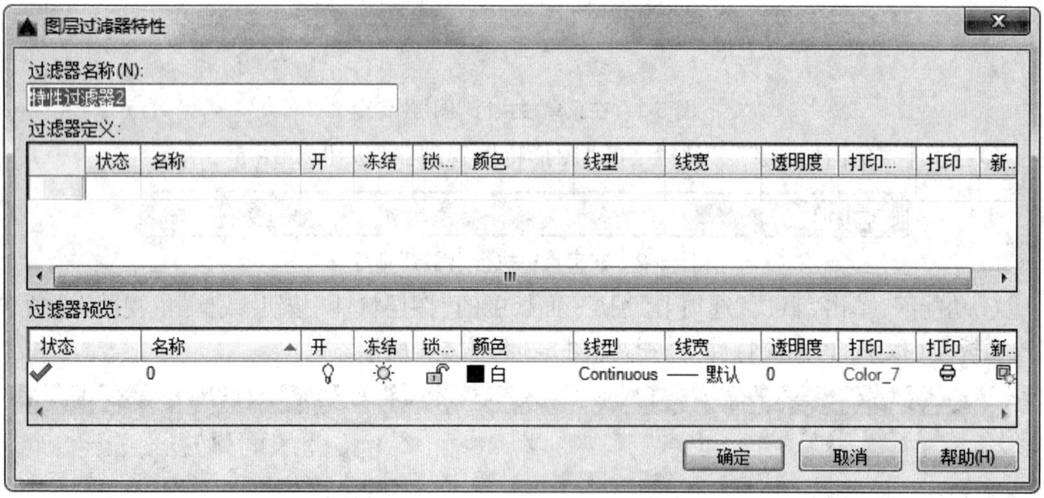

图 5-6 “图层过滤器特性”对话框

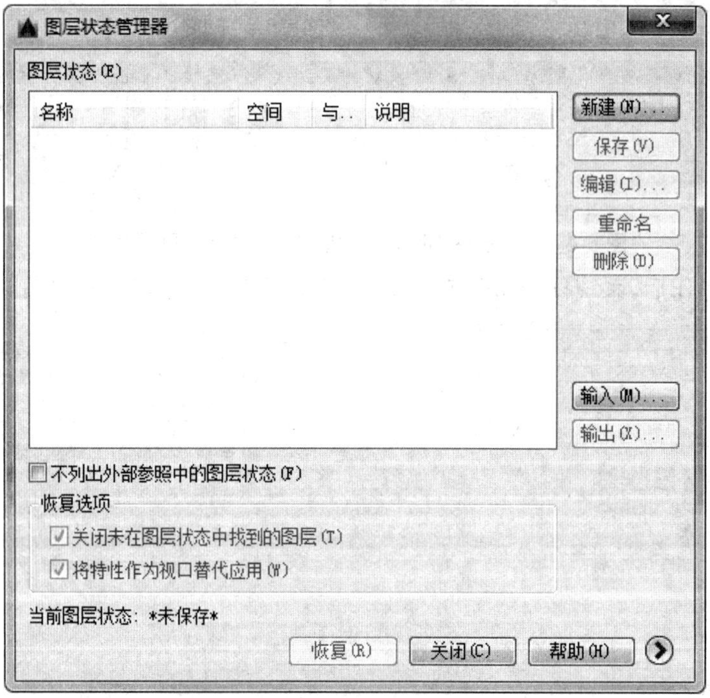

图 5-7 “图层状态管理器”对话框

④“新建图层”按钮：单击该按钮，图层列表中会出现一个新的图层名称“图层 1”，用户可对其进行重命名。

⑤“在所有视口中都被冻结的新图层视口”按钮：单击该按钮，系统将创建新图层，然后在所有布局视口中将其冻结。

⑥“删除图层”按钮：在图层列表中删除被选中的图层。

⑦“设置当前”按钮：将选中的图层设置为当前图层。

⑧“搜索图层”文本框：按输入的字符过滤图层列表，查找需要的图层。

⑨“状态行”：显示当前过滤器的名称、列表视图中的图层数和图形中的图层数。

⑩“反向过滤器”复选框：显示所有不满足选定图层特性过滤器条件的图层。

⑪“图层列表区”：显示已有的图层及其特性。如果要修改图层的某个特性，单击对应的图标即可。

5.2　设置颜色

AutoCAD 2016 绘制的图形都具有一定的颜色，为了使绘制的图形表达更清晰明了，通常把同一类型的对象用相同的颜色表示，以示区分。AutoCAD 2016 中用户可以设置图层颜色，不仅可以为新建的图层设置当前颜色，同时也可以改变已有图形的颜色。

1. 执行方式

①命令行：在命令行输入 COLOR（快捷命令：COL）。

②菜单栏：选择“格式”→“颜色”，如图 5-8 所示。

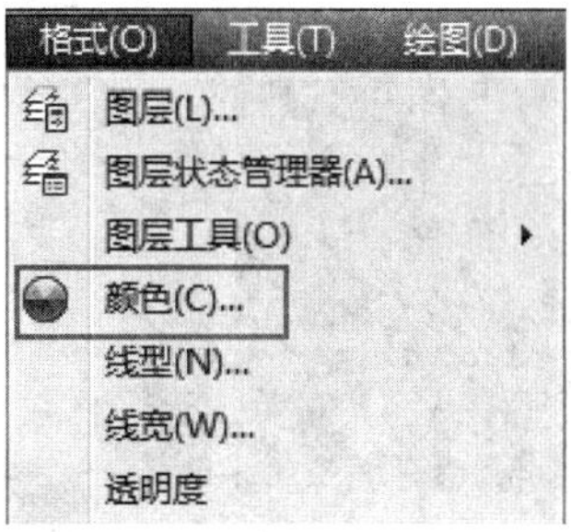

图 5-8　在菜单栏执行“颜色”命令

执行上述操作后，系统打开如图 5-9 所示的“选择颜色”对话框。

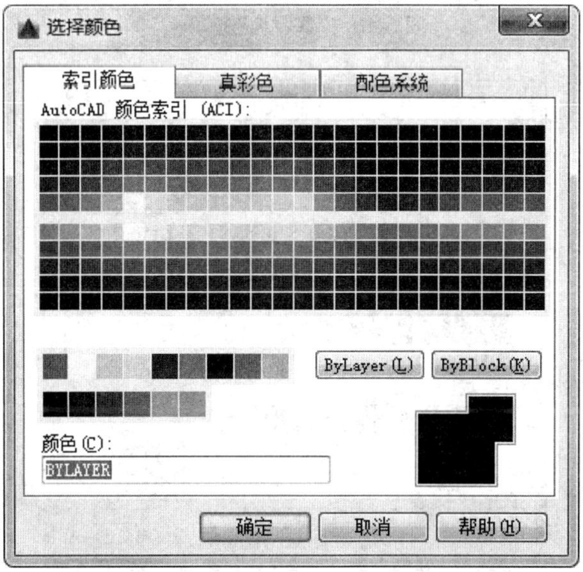

图 5-9　“选择颜色”对话框

2. 操作说明

1）“索引颜色”选项卡

①“颜色索引”列表框：共列出了 255 种索引色，用户可以在此列表中选择需要的颜色。

②“颜色”文本框：所选择的颜色代码显示在“颜色”文本框中，用户也可以在文本框中输入代码选择相应的颜色。

③“ByLayer”和“ByBlock”按钮：单击这两个按钮，颜色分别按图层和图块设置。这两个选项只有在设置了图层颜色和图块颜色时才可以使用。

2）“真彩色”选项卡

单击此选项卡，可选择需要的任意颜色，如图 5-10 所示。用户可以通过拖动调色板中的光标和亮度滑块选择需要的颜色，也可以通过“色调”“饱和度”和“亮度”的调节按钮选择需要的颜色。此选项卡还有一个“颜色模式”下拉列表框，默认的颜色模式为“HSL”（图 5-10）也可以选择“RGB”模式，如图 5-11 所示。

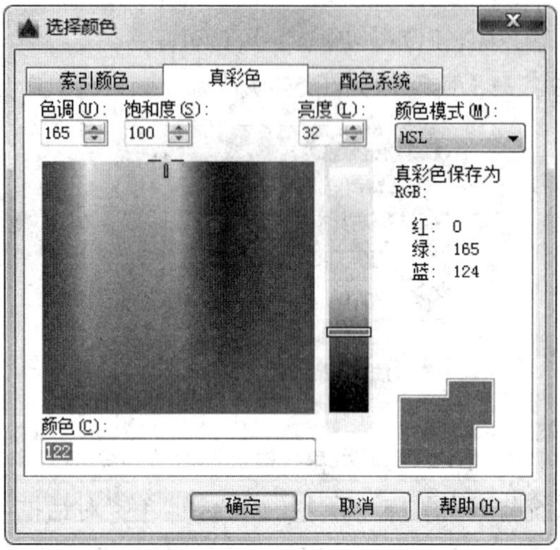

图 5-10　“真彩色”选项卡

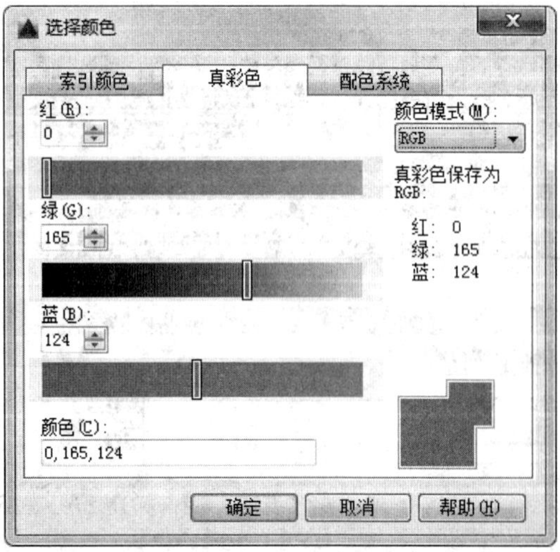

图 5-11　RGB 模式

3)“配色系统”选项卡

单击此选项卡,可以从标准配色系统中选择预定义的颜色,如图 5-12 所示。用户在“配色系统”下拉列表框中选择需要的系统,再拖动右侧的滑块选择具体颜色。

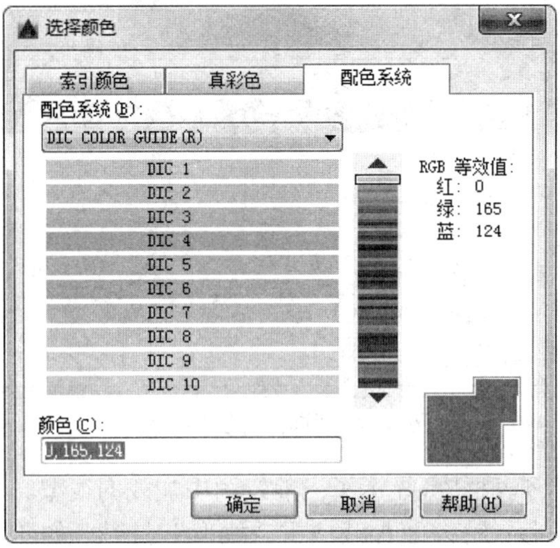

图 5-12　“配色系统”选项卡

5.3　图层的线型

AutoCAD 2016 为用户提供了多种可用于绘图的线型,主要包括粗实线、细实线、虚线、细点划线、波浪线、双折线等。

1. 执行方式

①命令行:在命令行输入 LINETYPE,系统打开“线型管理器”对话框,如图 5-13 所示。

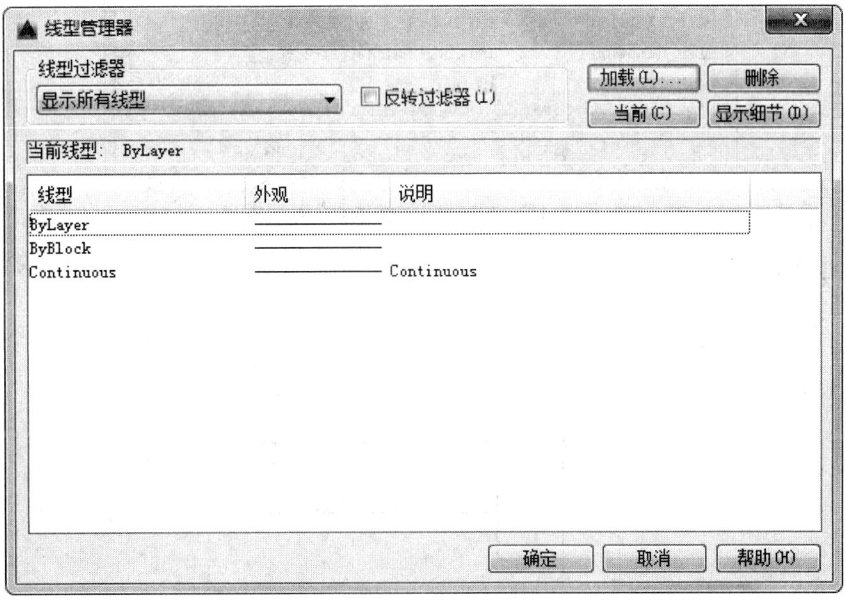

图 5-13　“线型管理器”对话框

②图形特性管理器：单击"图层特性管理器"对话框中的线型名称，系统打开"选择线型"对话框，如图 5-14 所示。

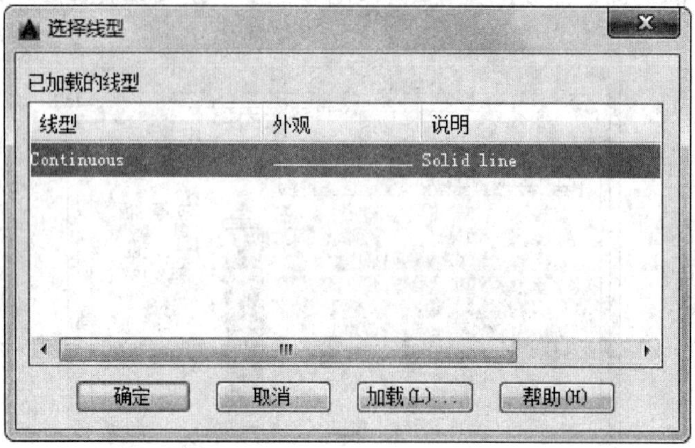

图 5-14 "选择线型"对话框

在"已加载的线型"列表框中，显示了当前绘图中加载的线型。

点击"加载"按钮，则系统打开"加载或重载线型"对话框，如图 5-15 所示。用户可把需要的线型添加到线型列表中。

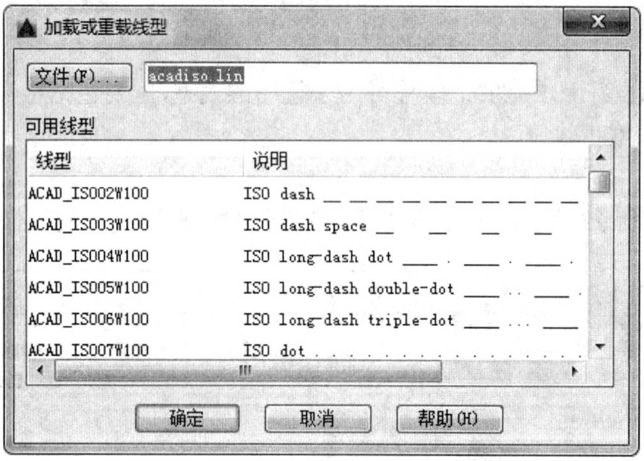

图 5-15 "加载或重载线型"对话框

2. 知识巩固

下面我们以图 5-16 所示的螺栓为例，介绍一下线型命令的使用方法。

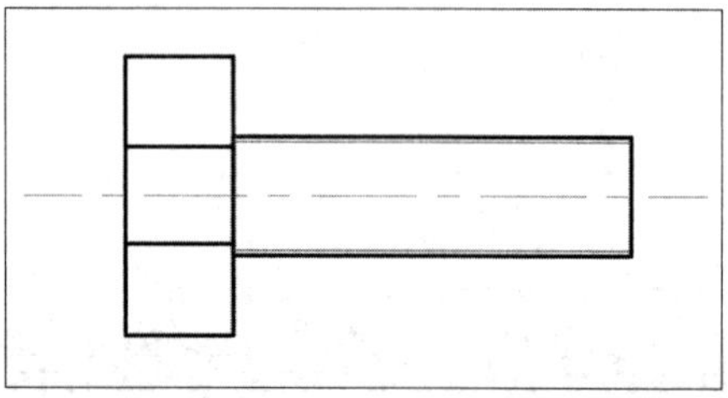

图 5-16 螺栓

①单击“默认”选项卡“图层”面板中的“图层特性”按钮，打开“图层特性管理器”对话框。

②单击“新建图层”按钮创建一个新图层并将其重命名为“中心线”。

③单击“中心线”层的“颜色”选项为红色并点击“确定”按钮。

④在“选择线型”对话框中单击“加载”按钮，打开“加载或重载线型”对话框，选择 CENTER 线型为该图层线型并单击“确定”按钮。

⑤单击“中心线”层的“线宽”选项，选择 0.09 mm 线宽并单击“确定”按钮。

⑥用相同的方法再新建两个新图层，分别重命名为“轮廓线”和“细实线”。“轮廓线”层的颜色设置为黑色，线型为 CONTINUOUS，线宽为 0.30 mm；“细实线”层的颜色设置为蓝色，线型为 CONTINUOUS，线宽为 0.09 mm，如图 5-17 所示。

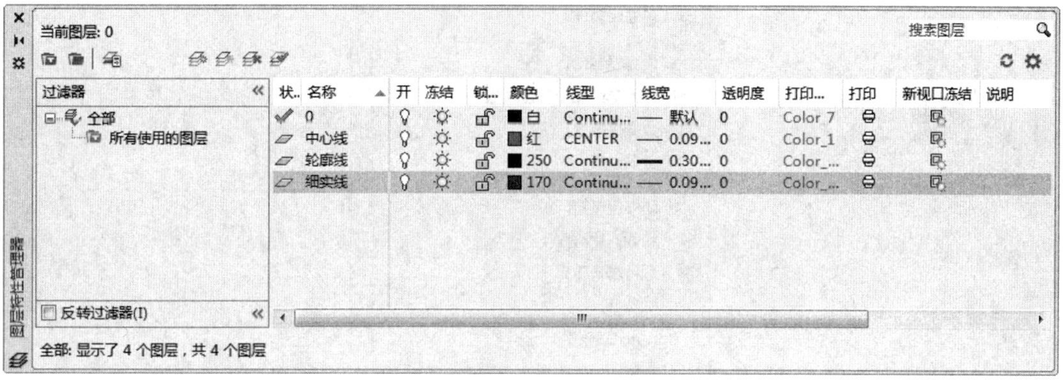

图 5-17　图层设置

⑦将“中心线”层设置为当前图层，单击“确定”按钮。在“中心线”层绘制一条水平的中心线。

⑧单击“默认”选项卡“图层”面板中的图层下拉按钮，将“轮廓线”设置为当前图层，绘制出螺栓的外轮廓。

⑨将“细实线”层设置为当前图层，绘制出螺栓的螺纹线，绘制结果如图 5-16 所示。

5.4　精确绘图

用户在绘图的过程中，有时需要捕捉一些特殊的点，例如圆心、中点、端点等；有时还需要定位一些特殊的位置，如水平和垂直的位置。这时我们就要用到一些精确定位的工具，比如格栅、捕捉、极轴捕捉、对象捕捉和极轴等命令，这些命令主要集中在状态栏中。

5.4.1　栅格

用户所看到的栅格是由有规律的点组成的矩阵。用户在使用栅格绘图时可以直观地显示对象之间的距离。用户可以按键盘上的 <F7> 键打开或关闭栅格。启用栅格并设置栅格在 *X* 轴方向和 *Y* 轴方向上的间距的方法如下。

1. 执行方式

①命令行：在命令行输入 DSETTINGS 或 DDRMODES。

②菜单栏：选择“工具”→“绘图设置”，如图 5-18 所示。

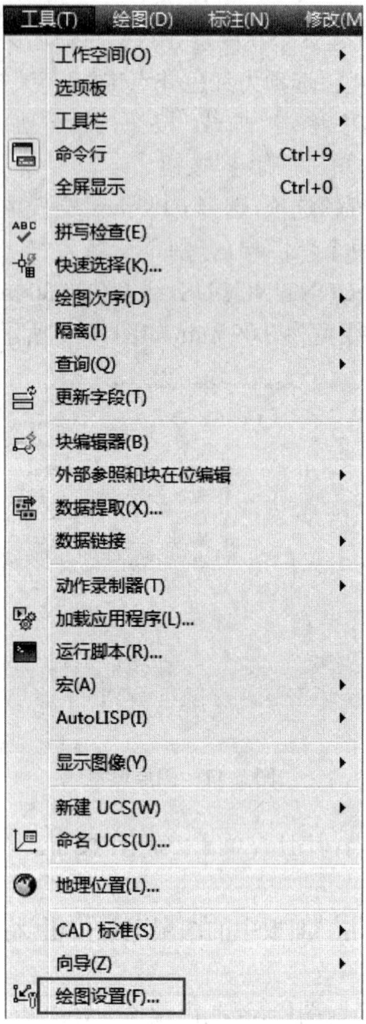

图 5-18 菜单栏启用并设置栅格

③快捷菜单：在“栅格”按钮处右键单击“网格设置”，如图 5-19 所示。

图 5-19 快捷菜单启用并设置栅格

执行上述命令，系统弹出“草图设置”对话框，如图 5-20 所示。

如果需要启动栅格，可以勾选“启动栅格”复选框。同时可以设置栅格的水平和垂直间距，单位为毫米，并可以设置每条主线之间的栅格数。

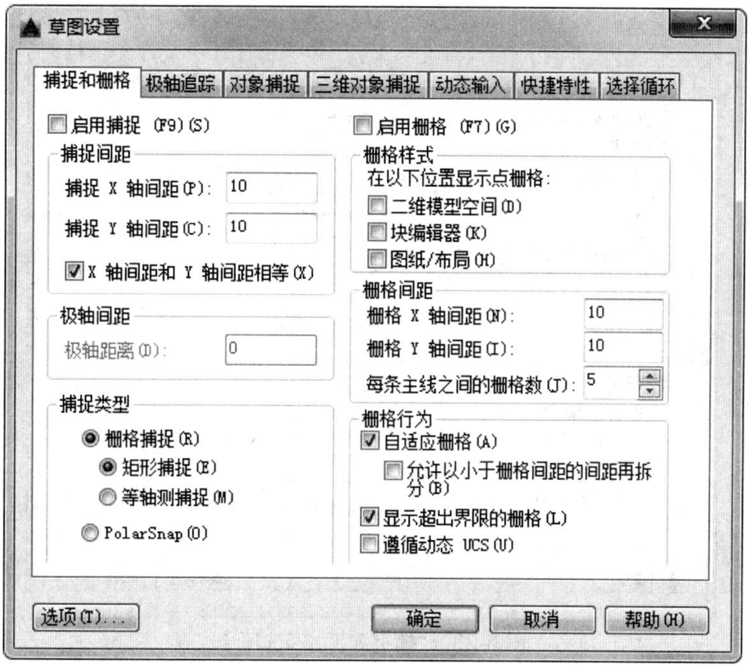

图 5-20　“草图设置”对话框

5.4.2　捕捉

捕捉是指生成一个隐含分布于屏幕上的栅格。这种栅格能够捕捉光标，使得光标只能落到其中一个栅格点上。捕捉分为“矩形捕捉”和“等轴测捕捉”两种类型。系统默认的捕捉模式为“矩形捕捉”，捕捉点的分布类似于栅格，如图 5-21 所示。在“等轴测捕捉”模式下，栅格和光标呈十字线绘制等轴侧图时的特定角度，如图 5-22 所示。捕捉类型可以在“草图设置”对话框“捕捉和栅格”选项卡“捕捉类型”选项区切换。

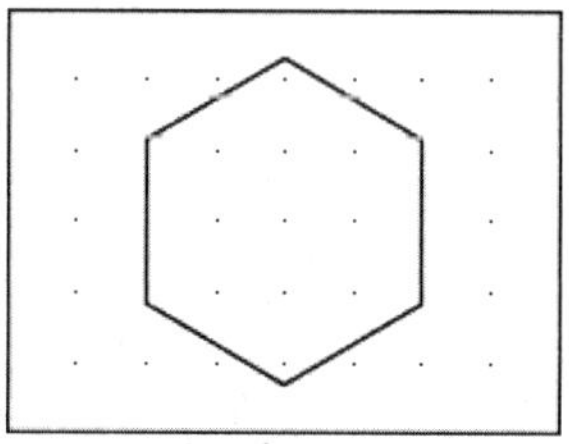

图 5-21　“矩形捕捉”图例

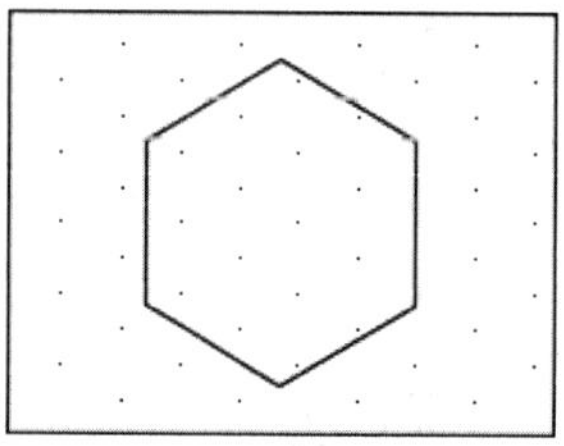

图 5-22　“等轴测捕捉”图例

5.4.3　极轴捕捉

极轴捕捉是在创建和修改对象时，按事先给定的角度增量和距离增量来追踪特征点，即捕捉那些相对于初始点而言，满足指定极轴距离和极轴角的目标点。

极轴捕捉主要是设置追踪的距离增量和角度增量，和与极轴追踪相关的捕捉模式。这些设置可以通过“草图设置”对话框的“捕捉和栅格”选项卡（图 5-23）与“极轴追踪”选项卡（图 5-24）来实现。

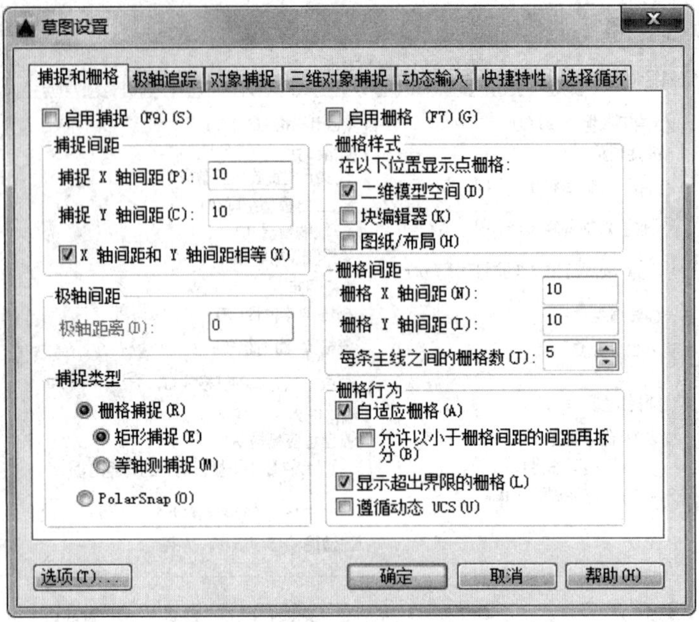

图 5-23 “捕捉和栅格”选项卡

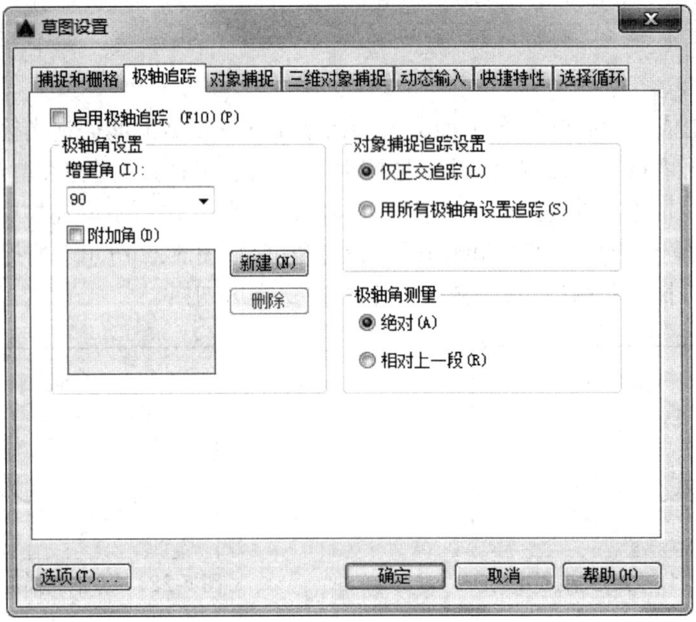

图 5-24 “极轴追踪”选项卡

①设置极轴距离：如图 5-23 所示，在“捕捉和栅格”选项卡中，可以设置极轴距离，单位为毫米。绘图时，光标将按指定的极轴距离增量进行移动。

②设置极轴角度：如图 5-24 所示，在“极轴追踪”选项卡中，可以设置极轴角增量。设置时，可以选择下拉选择框中给定的角度，也可以直接输入任意角度。

“附加角”：用于设置极轴追踪时是否采用附加角度追踪。勾选“附加角”复选框，通过“新建”按钮或者“删除”按钮来增加、删除附加角度值。

③对象捕捉追踪设置：用于设置对象捕捉追踪的模式。如果选择“仅正交追踪”选项，使用追踪功能时，则仅在垂直和水平方向上显示追踪数据；如果选择“用所有极轴角设置追踪”选项，则不仅在垂直和水平方向上显示追踪数据，还可以在设置的极轴追踪角度与附加角度所确定的一系列方向上显示追踪数据。

④极轴角测量：用于设置极轴角的角度测量采用的参考基准，“绝对”是指相对水平方向逆时针测量：“相对上一段”是指以上一段对象为基准进行测量。

5.4.4　对象捕捉

AutoCAD 2016 给所有的图形都定义了特征点。使用对象捕捉时可以在绘图时通过捕捉这些特征点，快速、准确地将新的图形对象定义在现有对象的确切位置上。用户可以通过“草图设置”对话框“对象捕捉”选项卡中的“启用对象捕捉”开启对象捕捉功能。

对象捕捉功能的调用可以通过以下三种方式完成：“对象捕捉”工具栏、对象捕捉快捷菜单和命令行。

通过“对象捕捉”工具栏调用：如图 5-25 所示，在绘图时，需要指定点位置时，单击“对象捕捉”工具栏中相应的特征点附近位置，系统就会自动捕捉相应的特征点。

图 5-25　“对象捕捉”工具栏

通过对象捕捉快捷菜单调用：按住 <Ctrl> 键或 <Shift> 键，单击鼠标右键，弹出对象捕捉快捷菜单，如图 5-26 所示。在快捷菜单中选择需要的特征点进行对象捕捉。

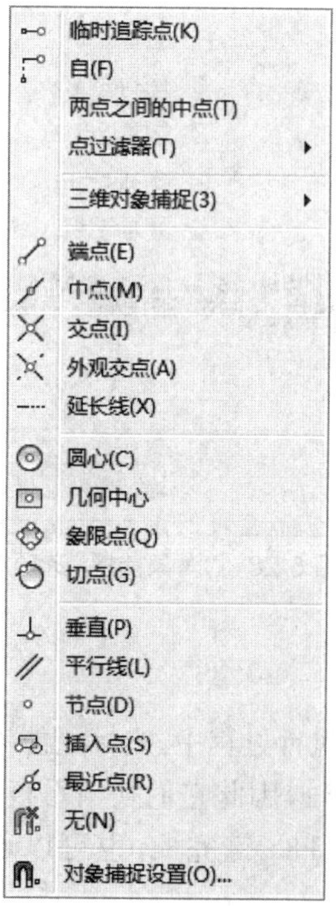

图 5-26　“对象捕捉”快捷菜单

通过命令行调用：在命令行输入特征点的关键词。对象捕捉特征点关键字如图 5-27 所示。

对象捕捉模式及其关键字					
模式	关键字	模式	关键字	模式	关键字
临时追踪点	TT	捕捉自	FROM	端点	END
中点	MID	交点	INT	外观交点	APP
延长线	EXT	圆心	CEN	象限点	QUA
切点	TAN	垂足	PER	平行线	PAR
节点	NOD	最近点	NEA	无捕捉	NON

图 5-27 对象捕捉模式及其关键字

5.4.5 自动对象捕捉

启用自动对象捕捉功能时，当光标距离指定的捕捉点较近时，系统会自动精确地捕捉这些特征点，并显示出相应的标记以及捕捉提示。打开“草图设置”对话框中的“对象捕捉”选项卡（图 5-28），勾选“启用对象捕捉追踪”复选框，可以调用自动捕捉功能。

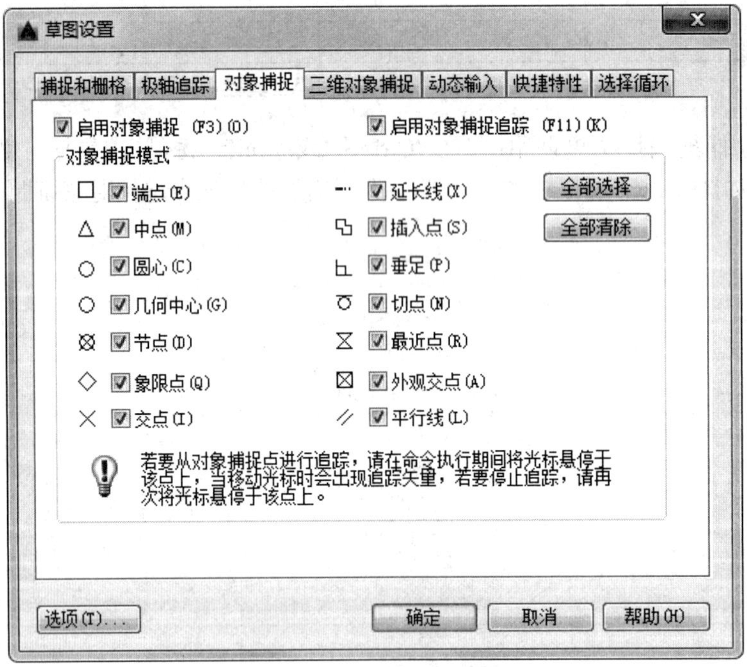

图 5-28 “对象捕捉”选项卡

5.4.6 正交绘图

正交绘图模式是指在命令的执行过程中，光标只能沿 X 轴或 Y 轴移动。所有绘制的线段和构造线都将平行于 X 轴和 Y 轴，因此它们互相垂直，即正交。开启或关闭“正交”可以通过点击状态栏中的按钮或按 <F8> 键完成，也可以通过在命令行输入“ORTHO”命令完成。

5.5　对象约束

对象约束能够精准地控制草图中的对象，可以分为几何约束和尺寸约束。

几何约束建立草图对象的几何特征，或是两个或多个草图对象的关系类型。用户可以使用“参数化”选项卡中的“全部显示”“全部隐藏”或“显示”来控制相关信息，并显示这些约束的标记图标，如图 5-29 所示。

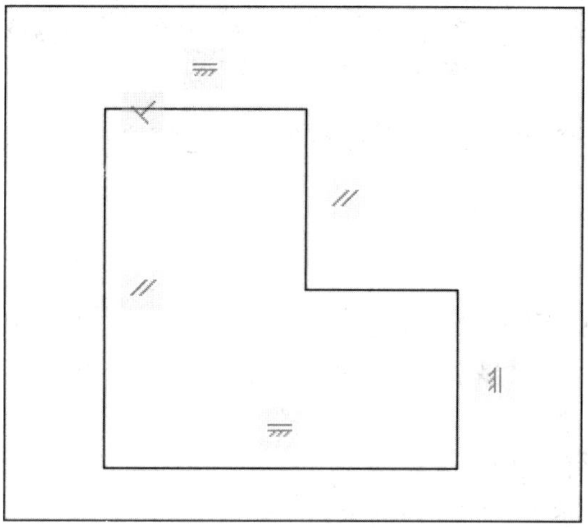

图 5-29　“几何约束”示意图

尺寸约束建立草图的大小（如线段的长度、半径、直径、角度等），或者两个对象之间的关系，如图 5-30 所示。

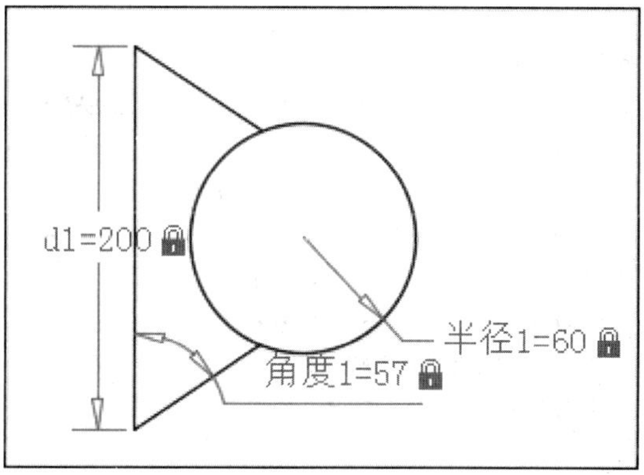

图 5-30　“尺寸约束”示意图

5.5.1　建立几何约束

利用几何约束工具，可以指定草图对象必须遵守的条件，或是草图对象之间必须维持的关系。“几何约束”面板（图 5-31）在“参数化”选项卡“几何”面板中；“尺寸约束”工具栏如图 5-32 所示。

图 5-31 “几何约束”面板

图 5-32 “尺寸约束”工具栏

用户在绘图过程中可指定二维对象或对象上点之间的几何约束，在编辑受约束的几何图形时将保留约束。

5.5.2 设置几何约束

在用 AutoCAD 2016 绘图时，可以控制约束栏的显示，利用“约束设置”对话框，如图 5-33 所示，可以控制约束栏上显示或隐藏的几何约束类型。单独或全局显示或隐藏几何约束和约束栏，可执行以下操作。

①显示（或隐藏）所有几何约束。

②显示（或隐藏）指定类型的几何约束。

③显示（或隐藏）所有与选定对象相关的几何约束。

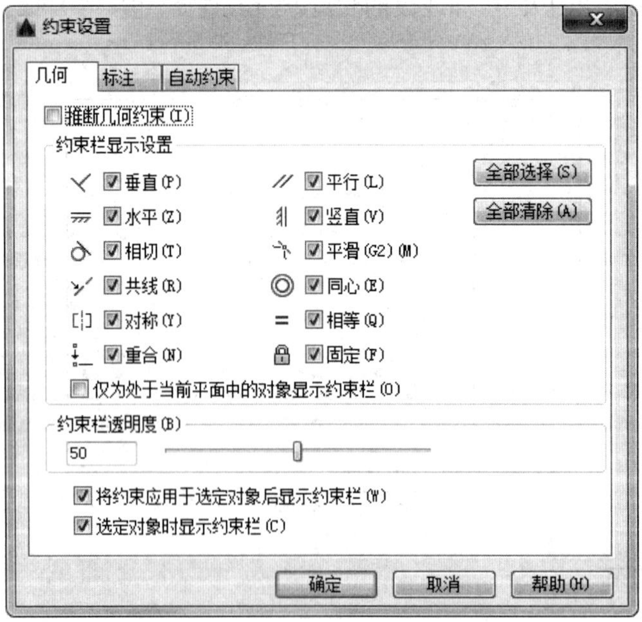

图 5-33 “约束设置”对话框

1. 执行方式

①命令行：在命令行输入 DSETTINGS 或 DS，DDRMODES 或 SE。

②菜单栏：选择“参数”→“约束设置”，如图 5-34 所示。

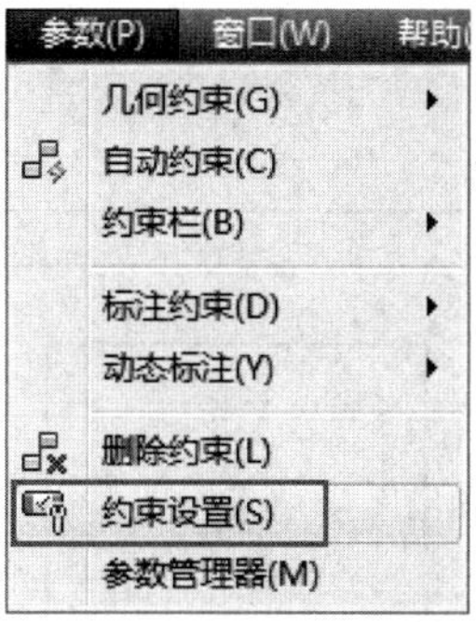

图 5-34　在菜单栏执行“约束设置”命令

③功能区：单击“参数化”选项卡中的“约束设置”对话框中的“几何”选项卡，如图 5-33 所示。

④工具栏：单击“参数化”工具栏中的“约束设置”按钮，如图 5-35 所示。

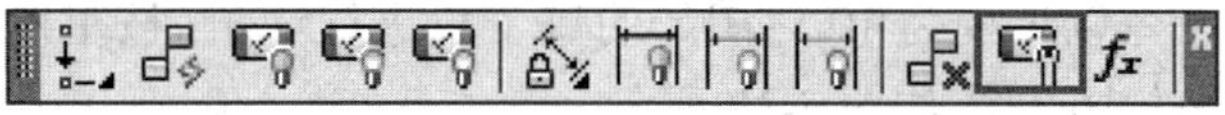

图 5-35　在工具栏执行“约束设置”命令

执行上述操作后，系统打开“约束设置”对话框，单击“几何”选项卡，如图 5-33 所示。利用此对话框可以控制约束栏上约束类型的显示。

2. 操作说明

①“约束栏显示设置”选项组：此选项组控制图形编辑器中是否为对象显示约束栏或约束点标记。例如，可以为水平或垂直约束隐藏约束栏的显示。

②“全部选择”按钮：选择全部几何约束类型。

③“全部清除”按钮：清除所有选定的几何约束类型。

④“约束栏透明度”选项组：设置约束栏在图形中的透明度。

⑤“仅为处于当前平面中的对象显示约束栏”复选框：仅为当前平面上受几何约束的对象显示约束栏。

⑥“将约束应用于选定对象后显示约束栏”复选框：手动应用约束时，显示相关约束栏。

3. 知识巩固

下面我们以图 5-36 所示的吸顶灯为例，介绍一下几何约束命令的使用方法。

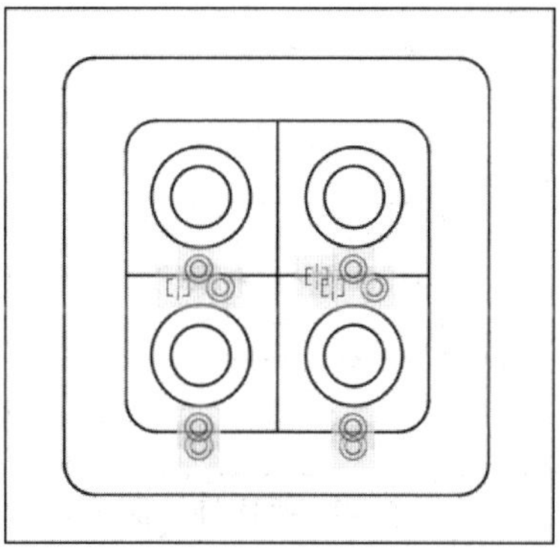

图 5-36　吸顶灯

①使用“矩形”命令绘制出吸顶灯的外框（图 5-37），长、宽尺寸均设置为 100，并向外偏移 20。

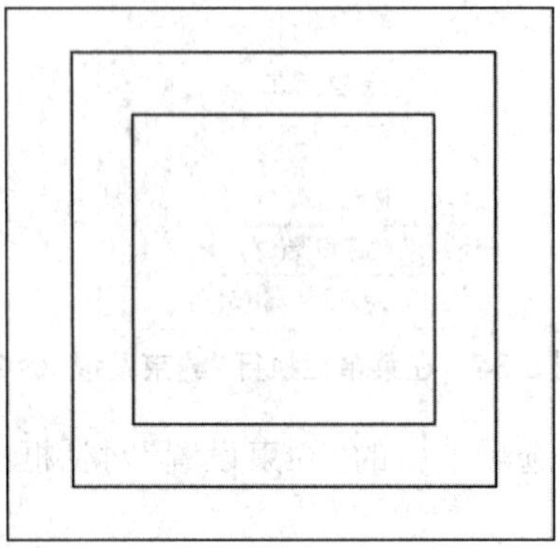

图 5-37　吸顶灯外框

②使用“圆角”命令以半径为 10 对图形的每个角进行倒角（按空格键重复命令即可），并绘制出垂直和水平的中心线，如图 5-38 所示。

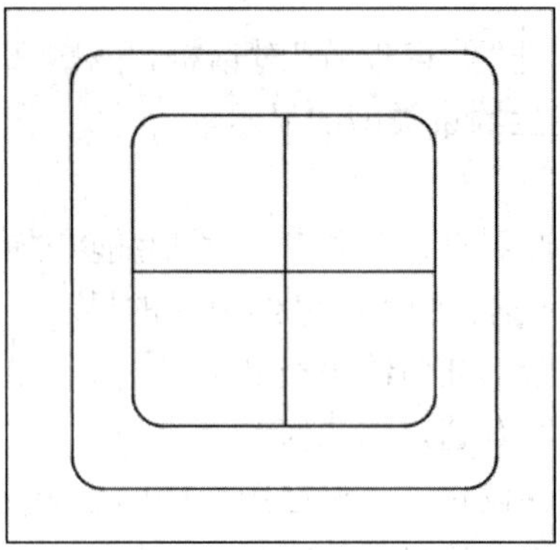

图 5-38　吸顶灯外框倒角

③使用“圆”命令绘制半径为 16 和半径为 10 的圆各两个，并调整其中一个大圆到方格的中心位置，如图 5-39 所示。

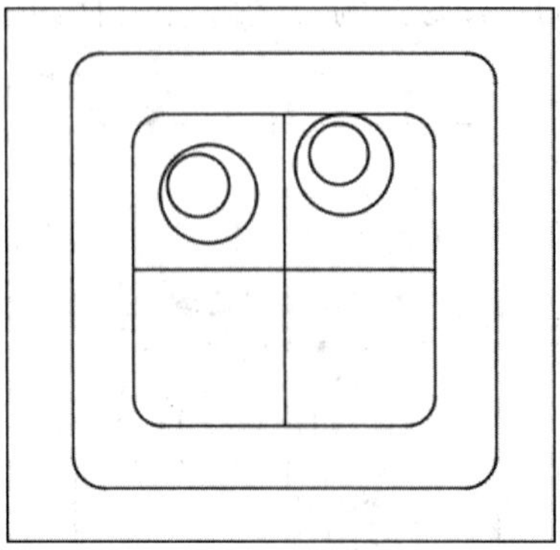

图 5-39　吸顶灯灯罩

④使用“同心”约束命令使左侧大圆与小圆处于同心状态，在使用“对称”约束命令使两个大圆对称，再使用“同心”约束将右侧的两个圆同心，如图 5-40 所示。

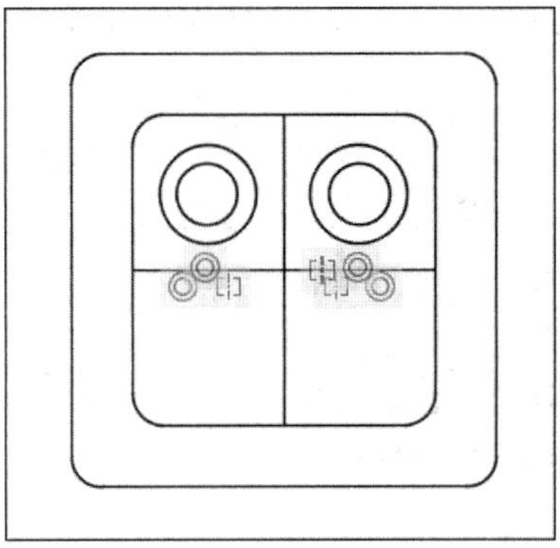

图 5-40　吸顶灯灯罩

⑤使用“镜像”命令将上半部分的两组同心圆镜像到下半部分，同时保留源对象，如图 5-36 所示。

5.5.3　建立尺寸约束

与在草图上标注尺寸相似，建立尺寸约束能够限制图形对象的大小。相同的是两者在设置尺寸标注线时都会建立相应的表达式；不同的是，尺寸约束可以在后续的编辑中实现尺寸的参数化驱动。“标注约束”面板及工具栏如图 5-41 所示。

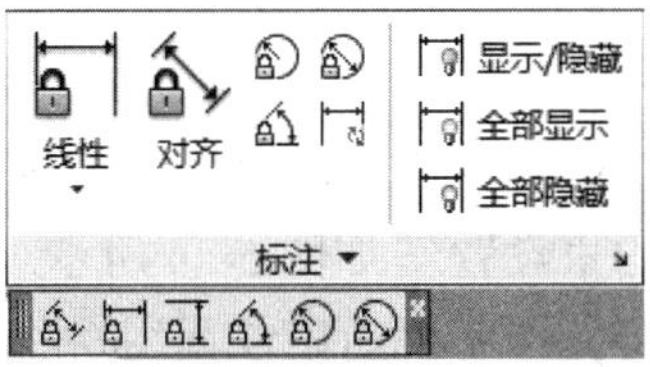

图 5-41　“标注约束”面板及工具栏

在生成尺寸约束时，用户可以通过选择草图曲线、边、基准平面或基准轴上的点，生成水平、垂直、平行和角度尺寸。

生成尺寸约束时，系统会生成一个表达式，其名称和值显示在一个文本框中，如图 5-42 所示。

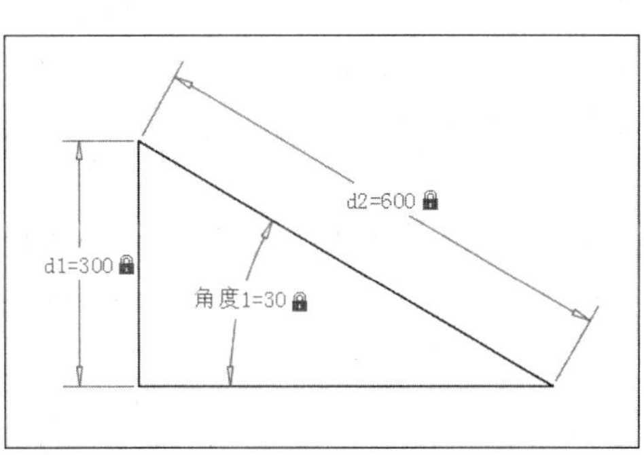

图 5-42　编辑尺寸约束示意图

5.5.4 设置尺寸约束

如图 5-43 所示，在用 AutoCAD 2016 绘图时，使用“约束设置”对话框中的“标注”选项卡可以控制显示标注约束时的系统配置，标注约束控制设计的大小和比例。

图 5-43 “标注”选项卡

1. 执行方式

①命令行：在命令行输入 CONSTRAINTSETTINGS（或 CSETTINGS）。

②菜单栏：选择“参数”→“约束设置”，如图 5-34 所示。

③工具栏：单击“参数化”工具栏中的“约束设置”按钮，如图 5-35 所示。

④功能区：单击“参数化”选项卡中的“约束设置”对话框中的“标注”选项卡，如图 5-43 所示。

2. 操作说明

①“显示所有动态约束”复选框：默认情况下显示所有动态标注约束。

②“标注约束格式”选项组：设置标注名称格式和锁定图标的显示。

③“标注名称格式”下拉列表：为应用标注约束时显示的文字指定格式。

④“为注释性约束显示锁定图标”复选框：对已应用注释性约束的对象显示锁定图标。

⑤“为选定对象显示隐藏的动态约束”复选框：显示选定时已设置为隐藏的动态约束。

3. 知识巩固

下面我们以图 5-44 所示的石膏装饰线为例，介绍一下尺寸约束命令的使用方法。

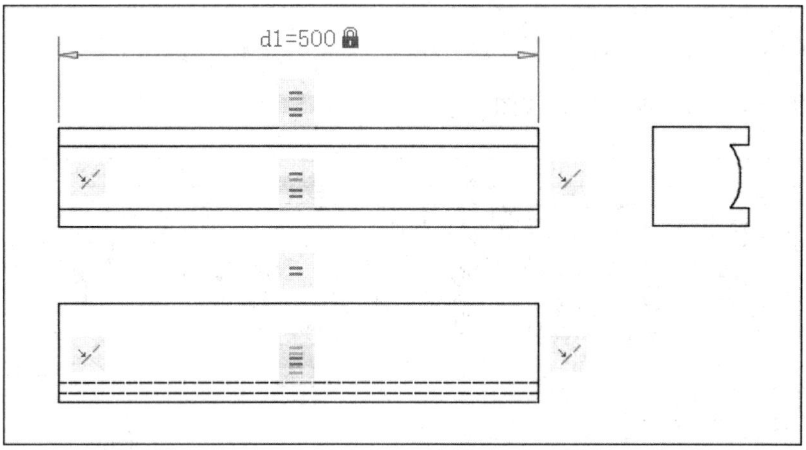
d1=500

图 5-44　石膏装饰线

①首先绘制石膏装饰线的轮廓，如图 5-45 所示。

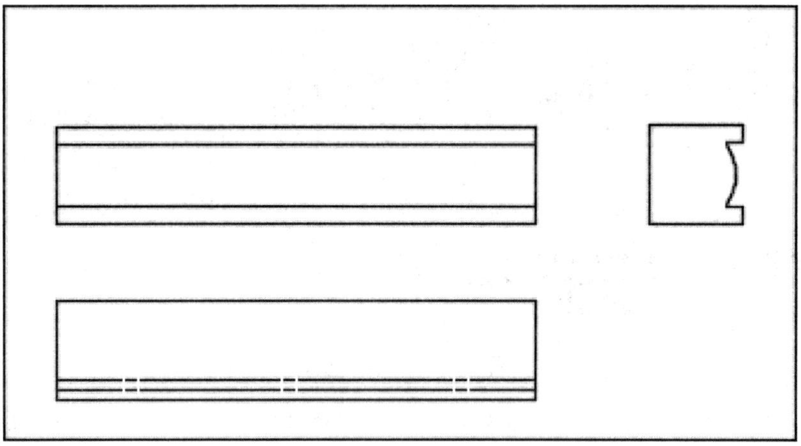

图 5-45　石膏装饰线轮廓

②使用“共线”约束命令，使左端各垂直直线建立共线的几何约束。采用同样的方法使右端各垂直直线建立共线的几何约束。

③使用“相等”约束命令，使最上端水平线与下面各条水平线建立相等的几何约束。

④使用“水平”约束标注命令，更改水平尺寸，命令行提示如图 5-46 所示。

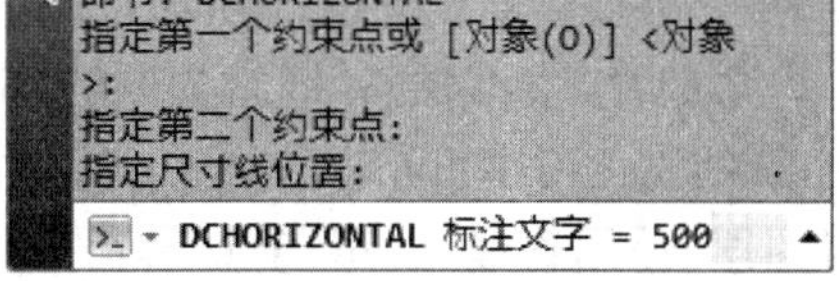
命令: DCHORIZONTAL
指定第一个约束点或 [对象(O)] <对象
>:
指定第二个约束点:
指定尺寸线位置:
DCHORIZONTAL 标注文字 = 500

图 5-46　修改水平尺寸(尺寸约束)

⑤系统自动将长度调整为 500，最终结果如图 5-44 所示。

5.6 综合演练

绘制如图 5-47 所示的强电布置图。

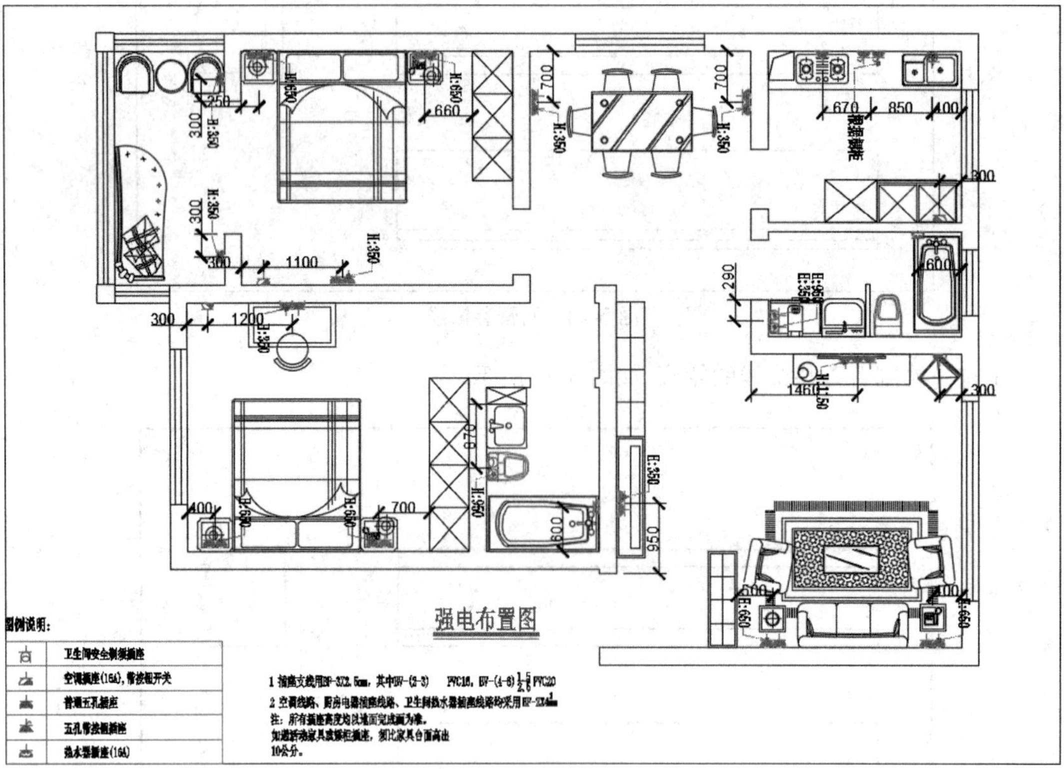

图 5-47　强电布置图

①单击“默认”选项卡“图层”面板中的“图层特性”按钮，打开“图层特性管理器”对话框。

②单击“新建图层”按钮创建一个新图层并重命名为“墙体”；

③单击“墙体”层的“颜色”选项为黑色并点击“确定”按钮；

④在“选择线型”对话框中单击“加载”按钮，打开“加载或重载线型”对话框，选择 CONTINUOUS 线型为该图层线型，并单击“确定”按钮；

⑤单击“墙体”层的“线宽”选项，选择 0.09 mm 线宽，并单击“确定”按钮；

⑥用相同的方法再新建两个新图层（图 5-48），分别重命名为“家具”和“电路”。“家具”层的颜色设置为黑色，线型为 CONTINUOUS，线宽为 0.09 mm；“电路”层的颜色设置为洋红色，线型为 CONTINUOUS，线宽为 0.09 mm。

⑦将墙体层“置为当前”图层，使用直线、偏移、剪切等命令绘制出墙体的平面图。依次再将家具层和电路层“设置当前”，使用绘图命令和编辑命令绘制出相关图形。

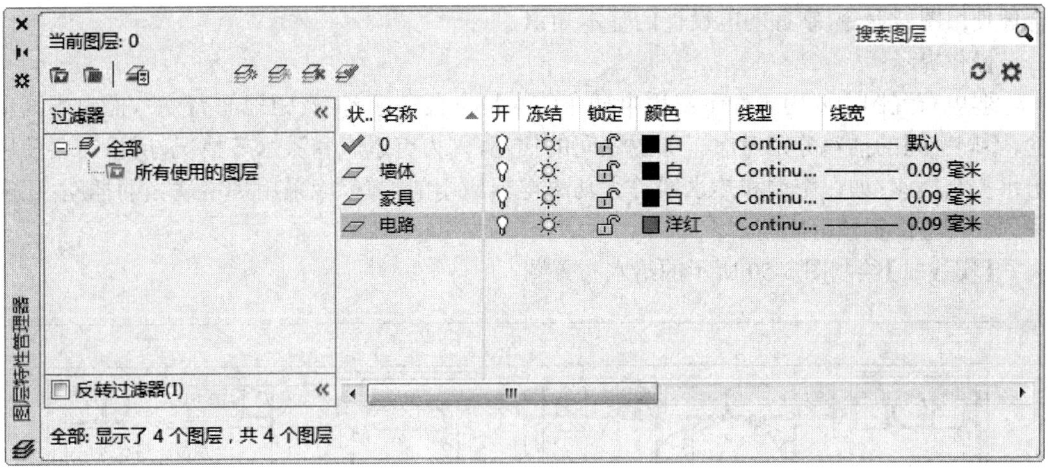

图 5-48　新建图层

5.7　上机实战

【实战一】绘制图 5-49 所示的弱电布置图

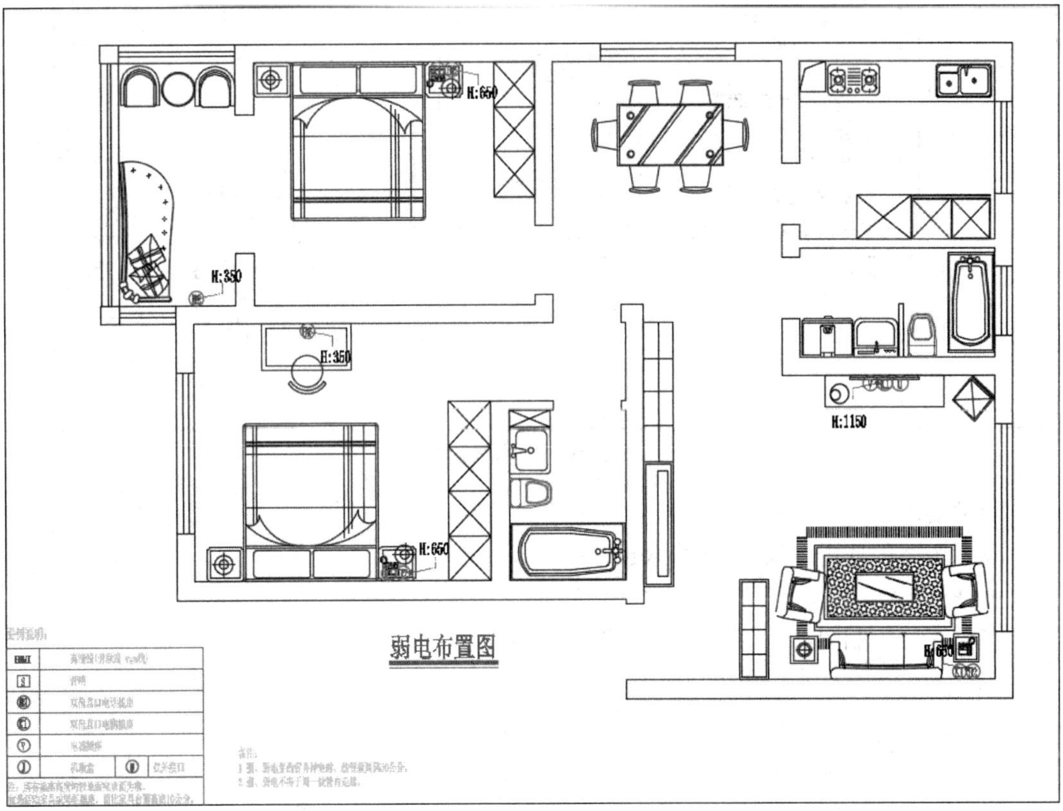

图 5-49　弱电布置图

目的要求：

进一步练习二维编辑命令的使用，加快绘图速度。本例图绘制时要求对精准绘图，并能合理使用图层命令，掌握弱电设计的基本知识。

操作提示：

弱电布置图主要用于标示出用电插座的水平位置和标高（及距地面高度），需对不同用途、不同空间的插座分别考虑。如卫生间的插座，因为有水汽和溅水等情况，所以需要使用防水安全插座；如在空调和热水器等大功率电器应用的位置，应采用规格适当的插座；还应考虑在一些位置预留插座。

【实战二】绘制图 5-50 所示的给水布置图

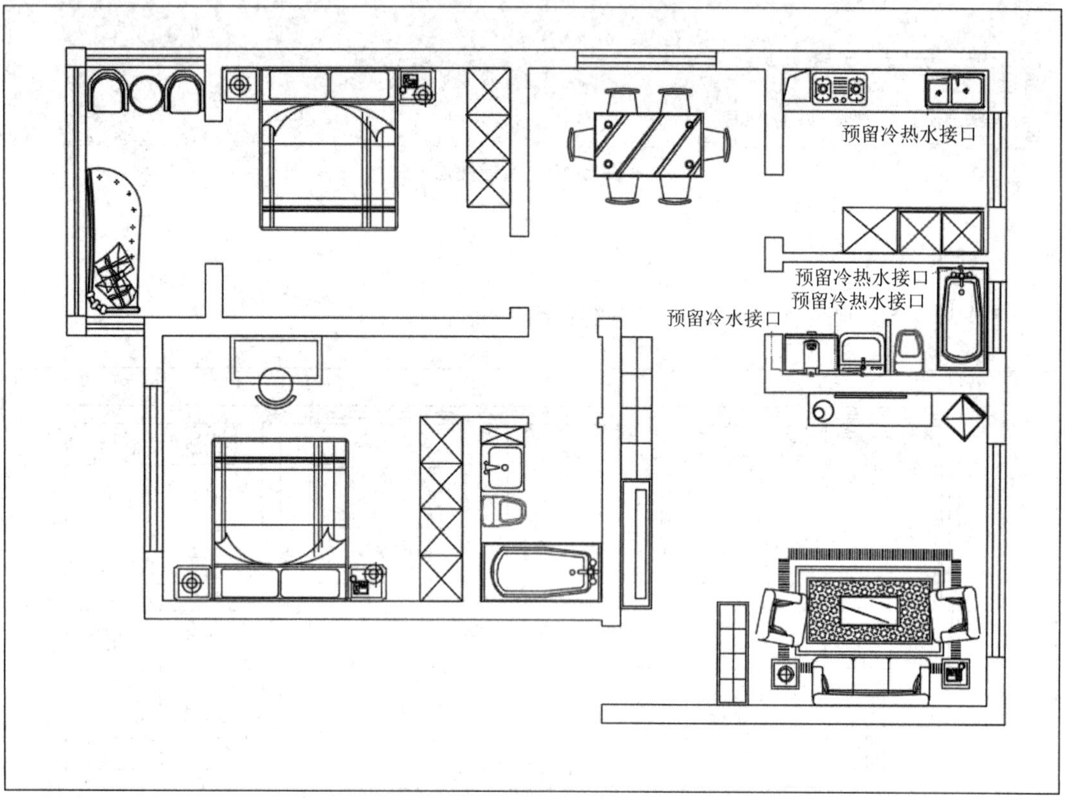

图 5-50　给水布置图

目的要求：

熟悉图层的使用方法，掌握给水设计的基本知识。

操作提示：

使用图层绘制图纸，综合练习各绘图命令，提高绘图速度。

第 6 章 复杂二维绘图与编辑

章节概括

在本章中，我们开始更深度地学习常用的绘图命令和编辑命令。熟练绘制更多的几何元素，包括多段线、样条曲线及多线等；同时学习使用编辑命令修正图形，包括图案填充、面域等。

学习重点

- ◆ 多段线。
- ◆ 样条曲线。
- ◆ 多线。
- ◆ 图案填充。
- ◆ 对象编辑。

职业素养

增强学生的创新意识和团队合作意识，通过项目实践提高学生的动手能力和社会责任感。

6.1 多段线

多段线是由直线段和圆弧段组成的单个对象。多段线可以有不同的线宽，组合形式多样，适合绘制各种复杂图形的轮廓线。

1. 执行方式

①命令行：在命令行输入 PLINE（快捷命令：PL）。

②菜单栏：选择“绘图”→“多段线”，如图 6-1 所示。

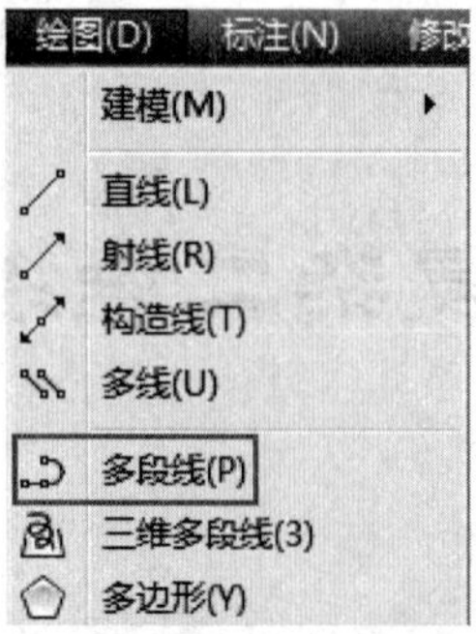
绘图(D)
标注(N)
建模(M)
直线(L)
射线(R)
构造线(T)
多线(U)
多段线(P)
三维多段线(3)
多边形(Y)

图 6-1　在菜单栏执行“多段线”命令

③工具栏：单击“绘图”工具栏中的“多段线”按钮，如图 6-2 所示。

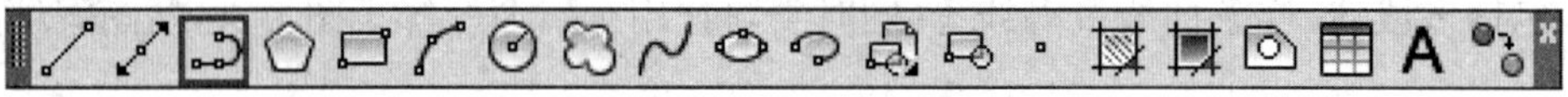

图 6-2　在工具栏执行“多段线”命令

④功能区：单击“默认”选项卡“绘图”面板中的“多段线”按钮，如图 6-3 所示。

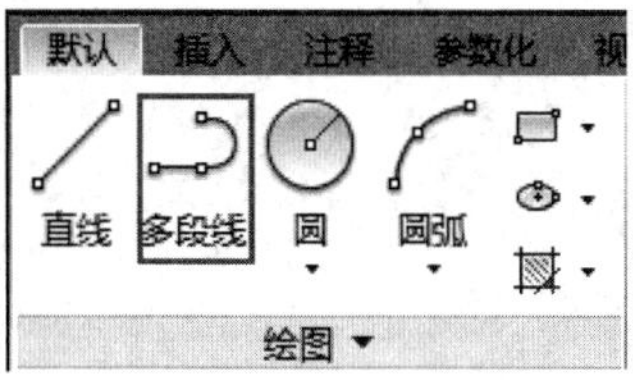
默认
插入
注释
参数化
直线
多段线
圆
圆弧
绘图

图 6-3　在功能区执行“多段线”命令

2. 操作步骤

多段线命令的命令行提示步骤如图 6-4 所示。

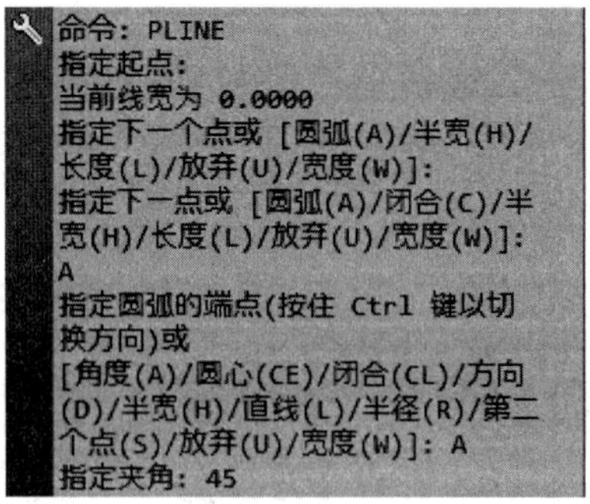
命令: PLINE
指定起点:
当前线宽为 0.0000
指定下一个点或 [圆弧(A)/半宽(H)/长度(L)/放弃(U)/宽度(W)]:
指定下一点或 [圆弧(A)/闭合(C)/半宽(H)/长度(L)/放弃(U)/宽度(W)]:
A
指定圆弧的端点(按住 Ctrl 键以切换方向)或
[角度(A)/圆心(CE)/闭合(CL)/方向(D)/半宽(H)/直线(L)/半径(R)/第二个点(S)/放弃(U)/宽度(W)]: A
指定夹角: 45

图 6-4　命令行提示步骤(多段线)

3. 知识巩固

下面我们以图 6-5 所示的地毯为例，介绍一下多线段命令的使用方法。

图 6-5　地毯

①如图 6-6 所示，使用“多段线”命令绘制图案的一部分。首先绘制长度为 20 的水平线段作为第一段，然后输入弧度 10 绘制出第二段圆弧部分，最后直接拾取多段线的起点为端点，完成多段线绘制。在多段线内部绘制半径为 2 的圆。

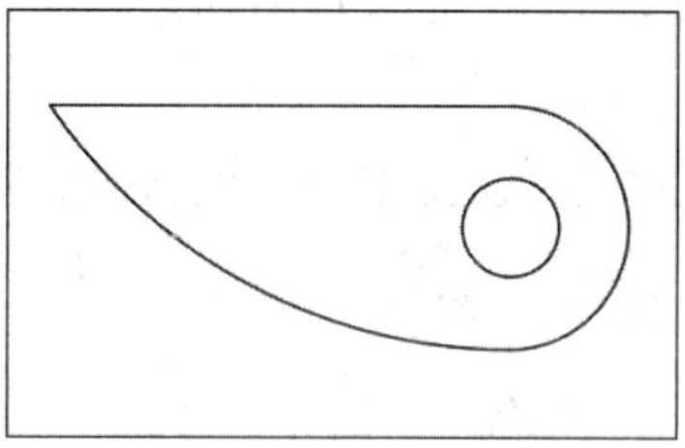

图 6-6　地毯花纹局部

②将花纹的局部全部选中，使用“环形阵列”命令，以局部花纹的起点为基点、项目数为 6 将其阵列，如图 6-7 所示。

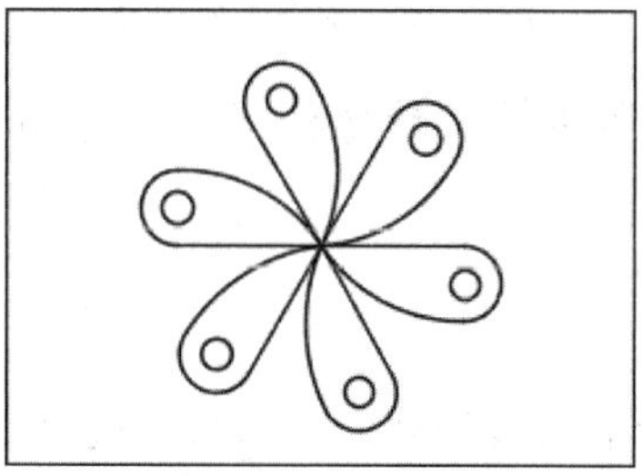

图 6-7　地毯花纹

③使用“复制”命令水平复制图案。以图 6-7 中花纹的几何中心点为基点，向水平方向分别以 90、180、270 为间距拾取下一点，如图 6-8 所示。

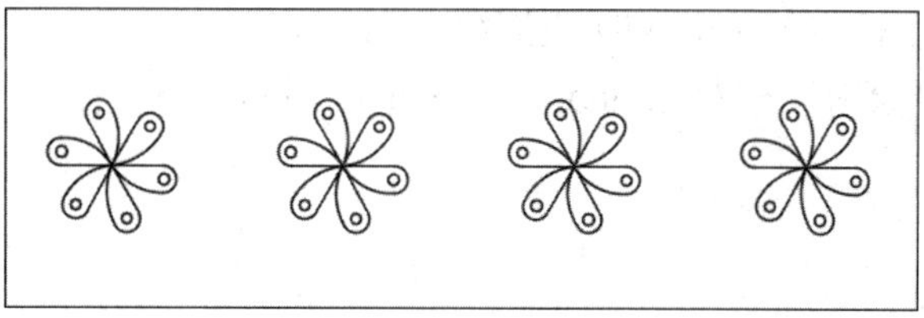

图 6-8　地毯花纹

④使用“复制”命令复制出第二行和第三行的花纹。将第二行花纹适当调整，并使用“矩形”命令绘制出地毯外轮廓线，如图 6-9 所示。

图 6-9 地毯花纹与轮廓

⑤在图 6-9 绘制的地毯轮廓线上绘制几条线段，然后将这些线段全选，使用“矩形阵列”命令将其均匀地排列在轮廓线外侧，如图 6-10 所示。

图 6-10 地毯轮廓毛条

⑥使用“镜像”命令，将上部的毛条镜像到下部，并保留源对象，最终的绘制结果如图 6-5 所示。

6.2 样条曲线

样条曲线是经过或接近影响曲线形状的一系列点的平滑曲线。默认情况下，样条曲线是一系列三阶多项式的过渡曲线段。这些曲线在技术上称为非均匀有理 B 样条，但为简便起见称为样条曲线。三阶样条曲线是最常用的、并模拟使用柔性条带手动创建的样条曲线，这些条带的形状由数据点出的权值塑造。

1. 执行方式

①命令行：在命令行输入 SPLINE（快捷命令：SPL）。

②菜单栏：选择“绘图”→“样条曲线”，如图 6-11 所示。

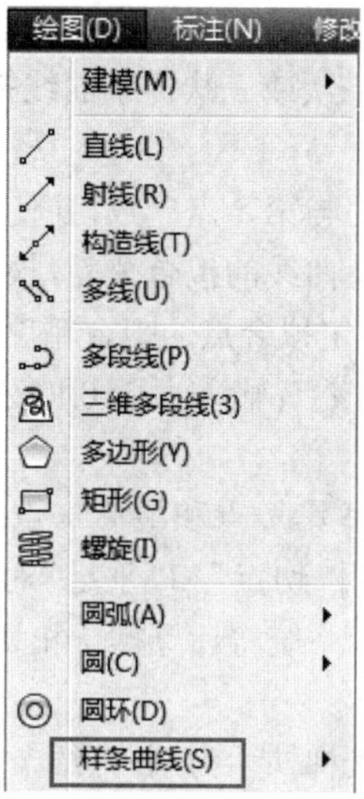

图 6-11　在菜单栏执行“样条曲线”命令

③工具栏：单击“绘图”工具栏中的“样条曲线”按钮，如图 6-12 所示。

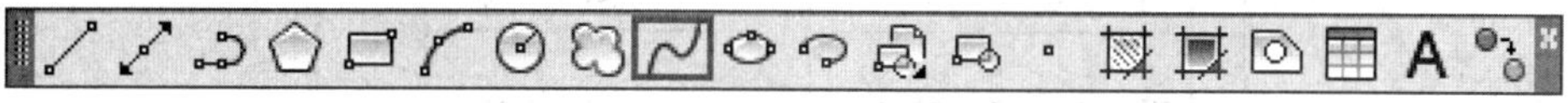

图 6-12　在工具栏执行“样条曲线”命令

④功能区：单击“默认”选项卡“绘图”面板中的“样条曲线拟合”按钮，如图 6-13 所示。

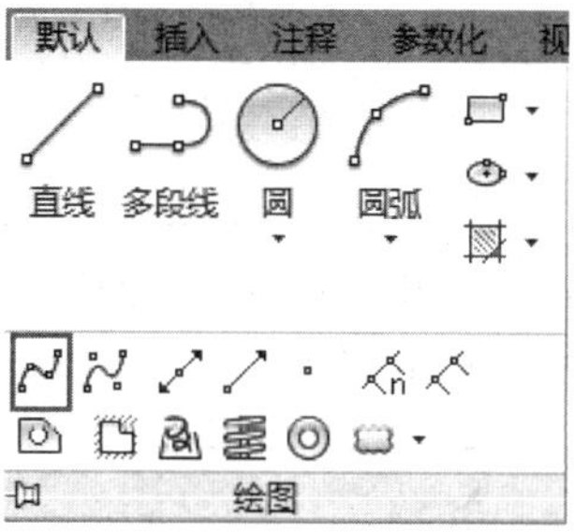

图 6-13　在功能区执行“样条曲线”命令

2. 操作步骤

样条曲线命令的命令行提示步骤如图 6-14 所示。

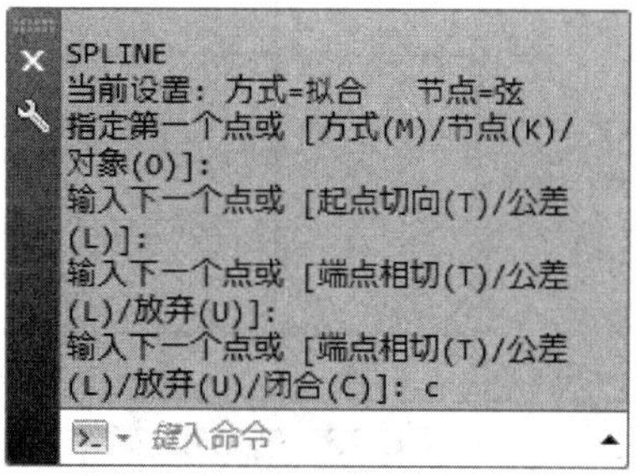

图 6-14　命令行提示步骤（样条曲线）

3. 操作说明

①对象（O）：将二维或三维的二次或三次样条曲线拟合多段线转换为等阶的样条曲线，然后删除该多段线。

②闭合（C）：将最后一点定义为与第一点一致，并使其在连接处相切，以闭合样条曲线。

③拟合公差（F）：修改当前样条曲线的拟合公差，根据新公差以现有点重新定义样条曲线。拟合公差表示样条曲线拟合指定拟合点的拟合精度，公差越小，样条曲线与拟合点越接近。公差为 0 时，样条曲线将通过该点；输入大于 0 的公差时，将使样条曲线在指定的公差范围内通过拟合点。

④起点切向（T）：定义样条曲线第一点和最后一点的切向。如果要在样条曲线的两端都定义切向，可以输入一个点或使用“切点”和“垂足”对象捕捉模式使样条曲线与已有的对象相切或垂直。如果按 <Enter> 键，系统将计算默认相切。

4. 知识巩固

下面我们以图 6-15 所示的木楼梯扶手为例，介绍一下样条曲线命令的使用方法。

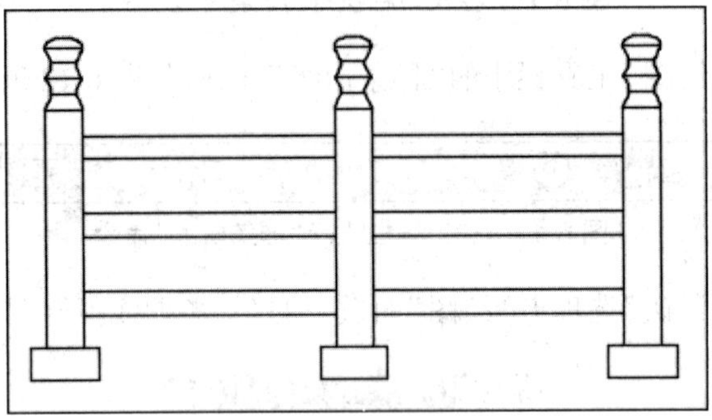

图 6-15 楼梯扶手

①如图 6-16 所示，首先绘制一条垂直的辅助线，然后绘制五条水平线段。水平线段从上到下的长度分别为 150、100、150、100、150，相邻两条水平线段的垂直间距均为 62。将每条水平直线的中点移动到辅助线上，辅助线顶端距第一条水平线中点的距离为 38。

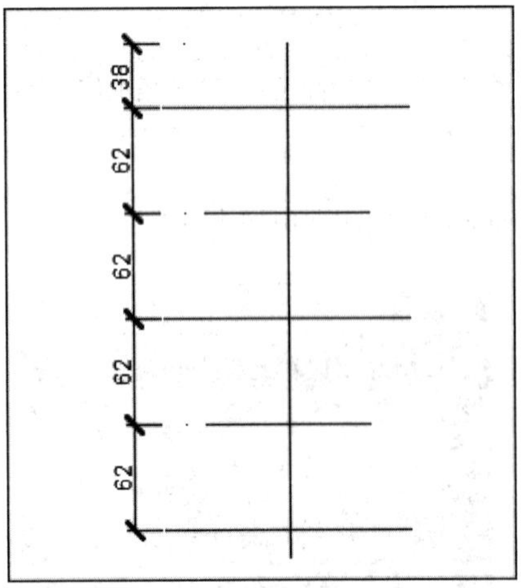

图 6-16 辅助线

②使用“样条曲线”命令从点 1 开始，顺时针依次捕捉水平线段与辅助线段的端点，直到点 2 处，如图 6-17 所示。

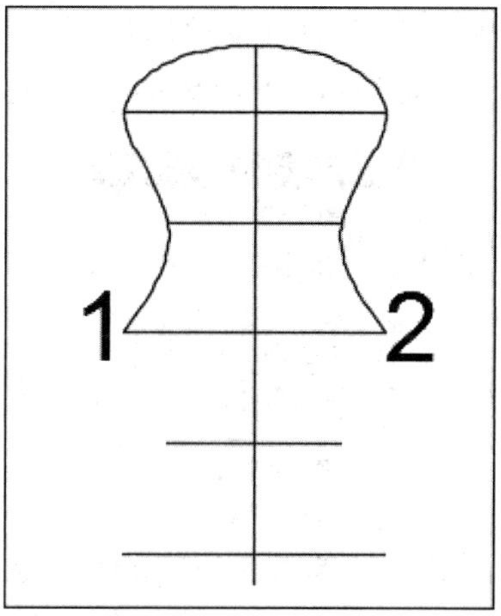

图 6-17　扶手装饰

③继续使用“样条曲线”命令，将其他部分两侧的三点分别连接，连接结束如图 6-18 所示。

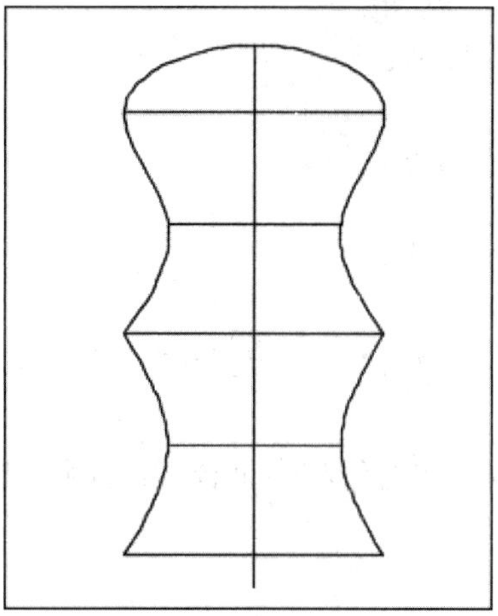

图 6-18　扶手装饰

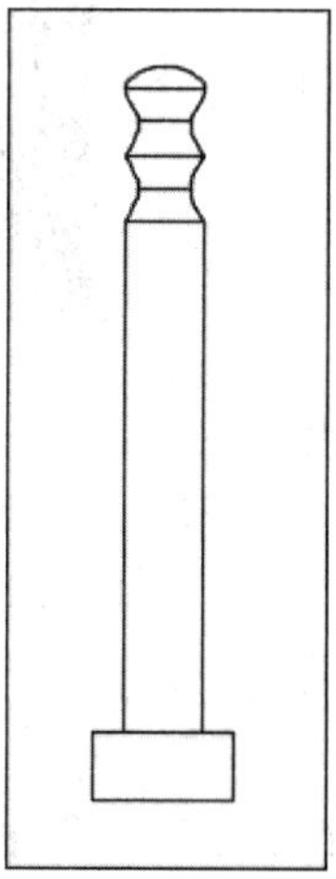

图 6-19　扶手装饰

④使用“直线”命令绘制出立柱的轮廓线，直线的长度为 940。使用“矩形”命令在柱子的底部绘制矩形底座，设置矩形的长为 275，宽为 125，绘制结果如图 6-19 所示。

⑤将绘制好的扶手柱子水平复制并保留源对象，输入距离数值为 1175，数量为 2。最后使用“直线”和“偏移”命令绘制横向栏杆，栏杆间距 215，宽度 100，如图 6-15 所示。

6.3　多线

多线由多条平行线组成，这些平行线称为元素。绘制多线时，既可以使用包含两个元素的 STANDARD 样式，也可以指定一个以前创建的样式。

6.3.1 绘制多线

1. 执行方式

①命令行：在命令行输入 MLINE（快捷命令：ML）。

②菜单栏：选择“绘图”→“多线”，如图 6-20 所示。

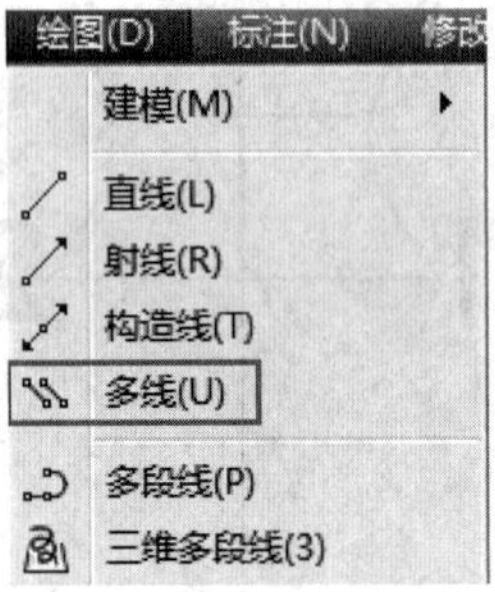
绘图(D)
标注(N)
修改
建模(M)
直线(L)
射线(R)
构造线(T)
多线(U)
多段线(P)
三维多段线(3)

图 6-20 在菜单栏执行“多线”命令

2. 操作步骤

多线命令的命令行提示与操作步骤如图 6-21 所示。

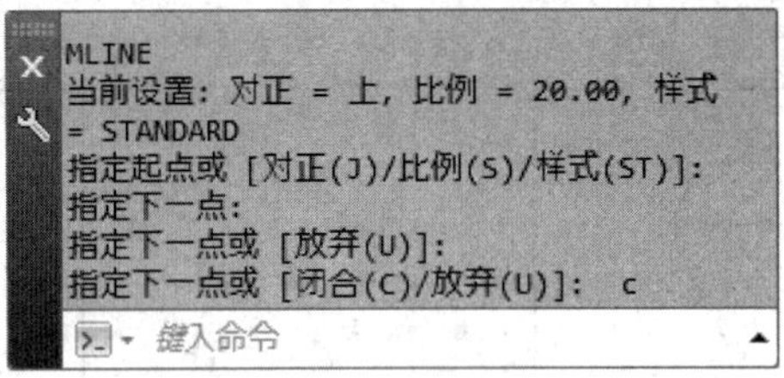
MLINE
当前设置：对正 = 上，比例 = 20.00，样式
= STANDARD
指定起点或 [对正(J)/比例(S)/样式(ST)]:
指定下一点：
指定下一点或 [放弃(U)]:
指定下一点或 [闭合(C)/放弃(U)]: c
键入命令

图 6-21 命令行提示步骤（多线）

3. 操作说明

①对正（J）：指定绘制多线的基准。共有 3 种对正类型：“上”“无”和“下”。其中“上”表示以多线上侧的线为基准，其他两项以此类推。

②比例（S）：用于设置平行线的间距。间距为 0 时，平行线将会重合；若间距小于 0 时，多线的排列将倒置。

③样式（ST）：用于设置当前使用的多线样式。

6.3.2 定义多线样式

1. 执行方式

用户可通过命令行定义多线样式，即在命令行输入 MLSTYLE。

执行上述命令后，系统打开图 6-22 所示的“多线样式”对话框。在该对话框中，用户可以对多线样式进行定义、保存和加载等操作。

2. 操作步骤

下面我们通过定义一个新的多线样式来介绍该对话框的使用方法。

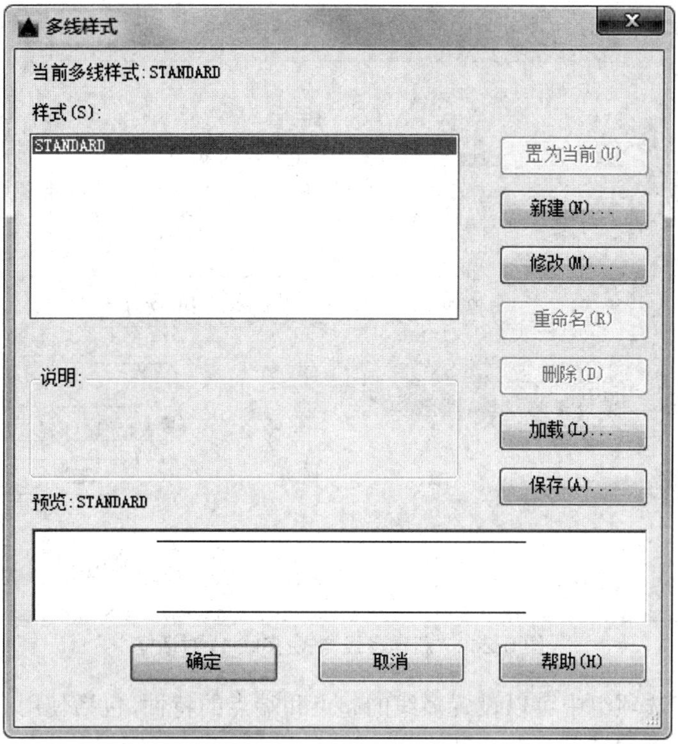

图 6-22　“多线样式”对话框

新的多线样式由三条平行线组成,中心轴线和两条平行的实线。相对于中心轴线另外两条平行实线上、下各偏移 1,操作步骤如下。

①在“多线样式”对话框中单击“新建”按钮,打开“创建新的多线样式”对话框,如图 6-23 所示。

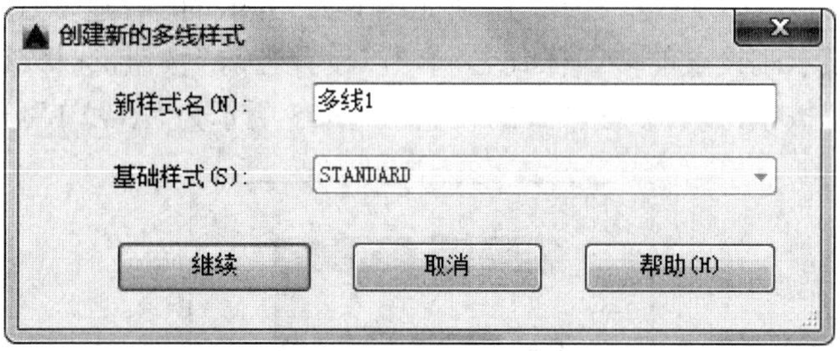

图 6-23　“创建新的多线样式”对话框

②在“创建新的多线样式”对话框的“新样式名”文本框中输入“多线 1”,单击“继续”按钮。

③系统打开“新建多线样式:多线 1”对话框,如图 6-24 所示。

图 6-24 “新建多线样式:多线 1”对话框

④在“封口”选项组中可以设置多线的起点和端点的特性,包括使用直线、外弧还是内弧封口,以及封口线段或圆弧的角度。

⑤在“填充”下拉列表框中可以选择多线的填充颜色。

⑥在“图元”选项组中可以设置组成多线元素的特性。单击“添加”按钮,可以为多线添加元素;单击“删除”按钮,可以为多线删除元素。在“偏移”文本框中可以设置选中元素的位置偏移值;在“颜色”下拉列表框中可以设置元素的颜色。单击“线型”按钮,系统打开“选择线型”对话框,可以为选中的元素设置线型。

⑦设置完毕后,单击“确定”按钮,返回如图 6-22 所示的“新建多线样式”对话框。在“样式”列表中会显示刚设置的多线样式名,单击“设置当前”按钮,选择该样式。

⑧单击“确定”按钮,完成多线样式的设置,图 6-25 所示为“多线 1”绘制的多线。

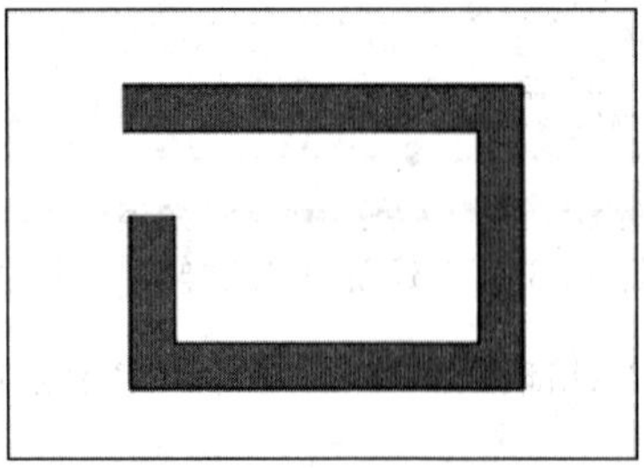

图 6-25 绘制的多线

6.3.3 编辑多线

1. 执行方式

①命令行在命令行输入 MLEDIT。

②菜单栏:选择“修改”→“对象”→“多线”,如图 6-26 所示。

图 6-26　在菜单栏执行“多线”命令

执行上述操作后，系统打开“多线编辑工具”对话框，如图 6-27 所示。

图 6-27　“多线编辑工具”对话框

利用该对话框，可以创建或修改多线的模式。对话框中分四列显示示例图形，其中第一列管理十字交叉形多线，第二列管理 T 形多线，第三列管理拐角结合点和节点，第四列管理多线被剪切或连接的形式。单击选择某个示例图形，就可以调用该选项的编辑功能。

2. 操作步骤

下面我们以“十字打开”为例，介绍多线编辑的方法。对选择的两条多线进行打开交叉，命令行提示与操作如图 6-28 所示。

图 6-28 命令行提示步骤(多线编辑)

执行结果如图 6-29 所示。

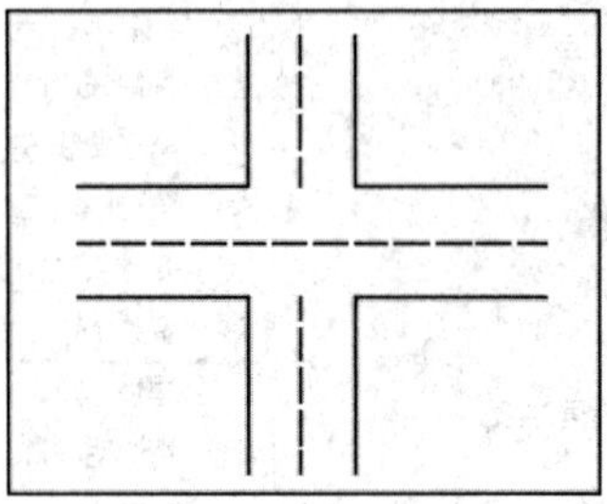

图 6-29 十字打开

6.4 图案填充

6.4.1 图案填充的操作

1. 执行方式

①命令行:在命令行输入 BHATCH(快捷命令:H)。

②菜单栏:选择“绘图”→“图案填充”,如图 6-30 所示。

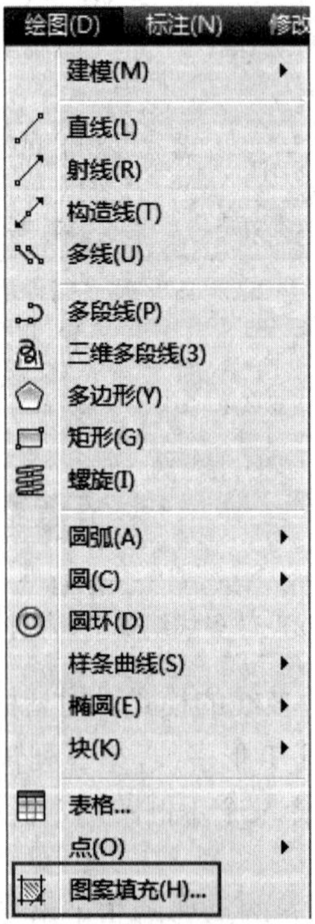

图 6-30 在菜单栏执行“图案填充”命令

③工具栏：单击“绘图”工具栏中的“图案填充”按钮，如图 6-31 所示。

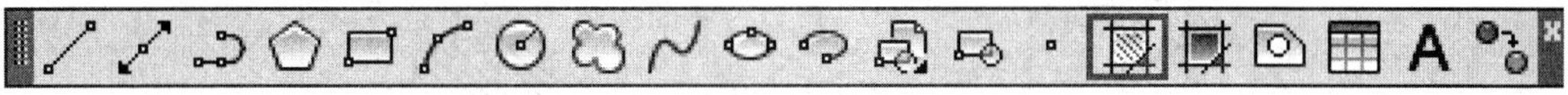

图 6-31　在工具栏执行“图案填充”命令

④功能区：单击“默认”选项卡“绘图”面板中的“图案填充”按钮，如图 6-32 所示。

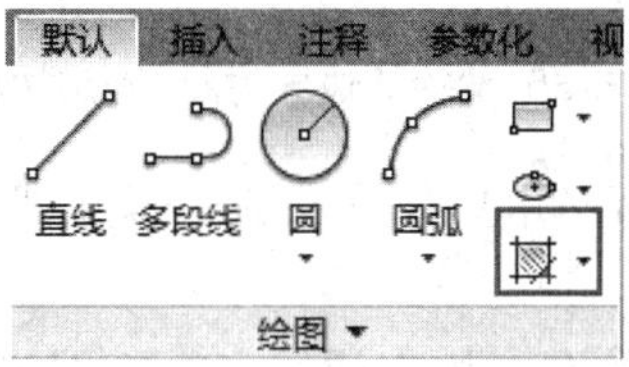

图 6-32　在功能区执行“图案填充”命令

执行上述命令后，系统打开如图 6-33 所示的“图案填充创建”选项卡。

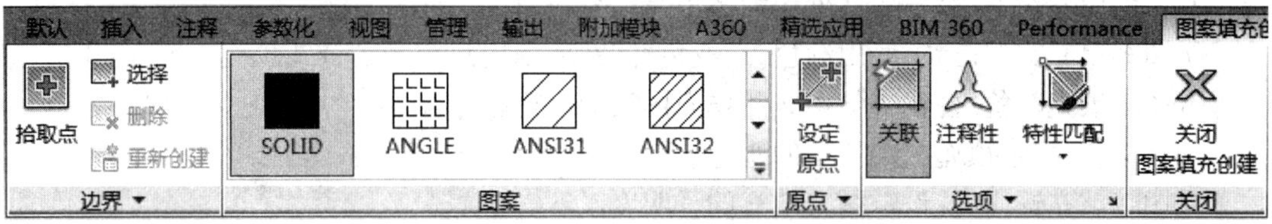

图 6-33　“图案填充创建”选项卡

2. 操作说明

各选项和按钮含义介绍如下。

①拾取点：根据围绕指定点构成封闭区域的现有对象来确定边界（图 6-34）。

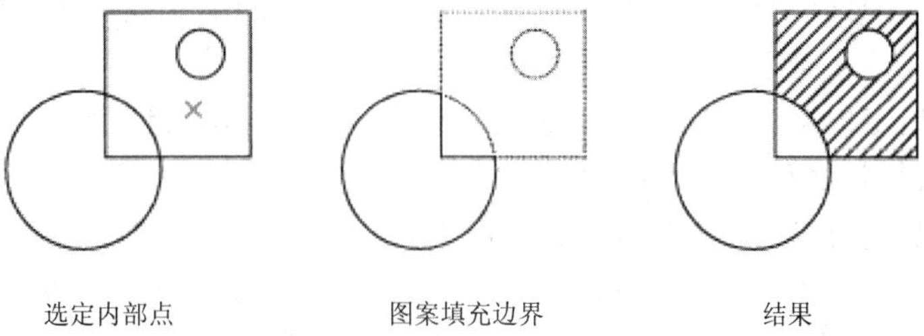

图 6-34　“拾取点”确定边界

②选取边界对象：根据构成封闭区域的选定对象确定边界（图 6-35）。

图 6-35 “拾取边界对象”确定边界

③删除边界对象：删除当前活动的 HATCH 命令执行期间添加的图案填充，单击删除的图案。

④重新创建边界：围绕选定的图案填充或填充对象创建多段线或面域。

⑤显示边界对象：亮显定义关联图案填充、实体填充或渐变填充的边界对象。使用显示的夹点可以修改图案填充边界。

⑥保留边界对象：指定如何处理图案填充边界对象。

⑦图案填充类型：指定使用纯色、渐变色、图案或是用户定义的样式填充。

⑧图案填充颜色：替代实体填充和填充图案的当前颜色。

⑨背景色：指定填充图案背景的颜色。

⑩图案填充透明度：设定图案填充的透明度。

⑪ 图案填充角度：指定图案填充的角度。

⑫ 图案填充比例：放大或缩小填充的图案。

⑬ 相对图纸空间：相对于图纸空间单位缩放填充图案。使用此选项，可以快速地以适用于布局的比例显示填充图案。

⑭ 设定原点：直接指定新的图案填充原点。

⑮ 关联：指定图案填充或填充为关联图案填充。关联的填充或填充在用户修改其边界对象时将会更新。

⑯ 注释性：指定根据视口比例自动调整填充图案比例。此特性会自动完成缩放注释过程，从而使注释能够以正确的大小显示在图纸上。

⑰ 特性匹配：使用选定图案填充对象的特性设置图案填充特性，图案填充原点除外。

6.4.2 边界的操作

1. 执行方式

①命令行：在命令行输入 BOUUNDARY。

②功能区：单击“默认”选项卡“绘图”面板中的“边界”按钮，如图 6-36 所示。

执行上述操作后，系统打开如图 6-37 所示的“边界创建”对话框。

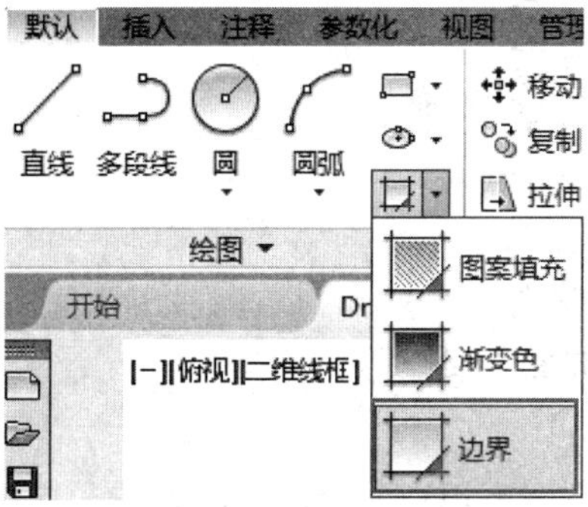

图 6-36　在功能区执行“边界”命令

图 6-37　“创建边界”对话框

2. 操作说明

①拾取点：根据围绕指定点构成封闭区域的现有对象来确定边界。

②孤岛检测：控制是否检测内部闭合边界。

③对象类型：控制新边界对象的类型。结果边界对象可以是多段线或面域对象。

④边界集：定义当从指定点定义边界时要分析的对象集。

6.4.3　编辑填充图案

1. 执行方式

①命令行：在命令行输入 HATCHEDIT。

②菜单栏：选择“修改”→“对象”→“图案填充”，如图 6-38 所示。

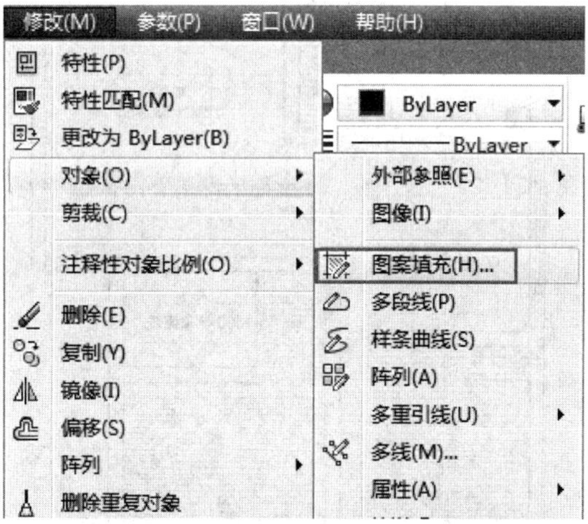

图 6-38　在菜单栏执行“图案填充”命令

③工具栏：单击“修改”工具栏中的“编辑图案填充”按钮，如图 6-39 所示。

图 6-39　在工具栏执行“图案填充”命令

④功能区：单击“默认”选项卡“修改”面板中的“编辑图案填充”按钮，如图 6-40 所示。

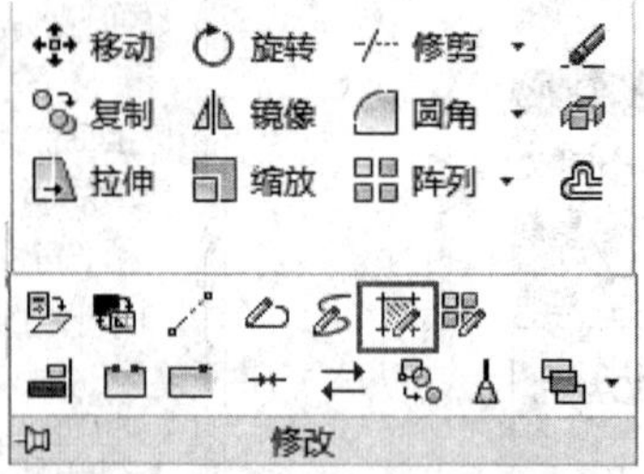

图 6-40　在功能区执行“图案填充”命令

2. 知识巩固

下面我们以图 6-41 所示平面铺装图为例，介绍一下图案填充命令的使用方法。

①首先绘制出平面户型图（4.7 中上机实战 3 平面布置图），需要使用的命令有直线、偏移、剪切等，绘制结果如图 6-42 所示。

②使用“图案填充”命令将平面图中的不同区域进行填充，由于填充图案时需要封闭的图形内完成，所以我们需要先使用“多段线”命令创建封闭图形，如图 6-43 所示。

③使用“选择边界对象”的方式对主卧进行填充，选择主卧的红色边界线，图案选择 DOLMIT，调整填充图案比例为 25，完成填充，如图 6-44 所示。

④使用相同的方法对平面图的其他部分进行填充（大理石的填充部分使用“拾取点”的方式完成），需要注意的是要调整好填充图案比例，填充完成后在各区域标注文字说明，删除辅助的红色边界线，最终填充结果如图 6-41 所示。

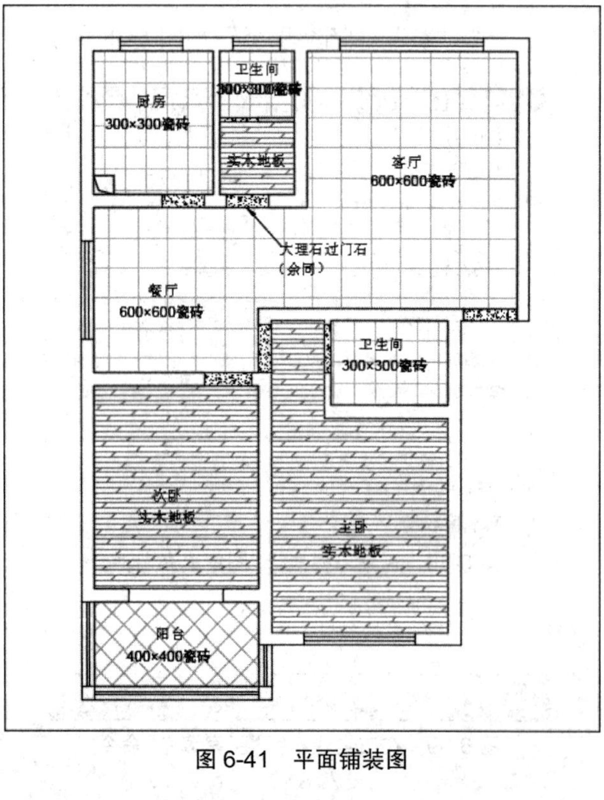

图 6-41　平面铺装图

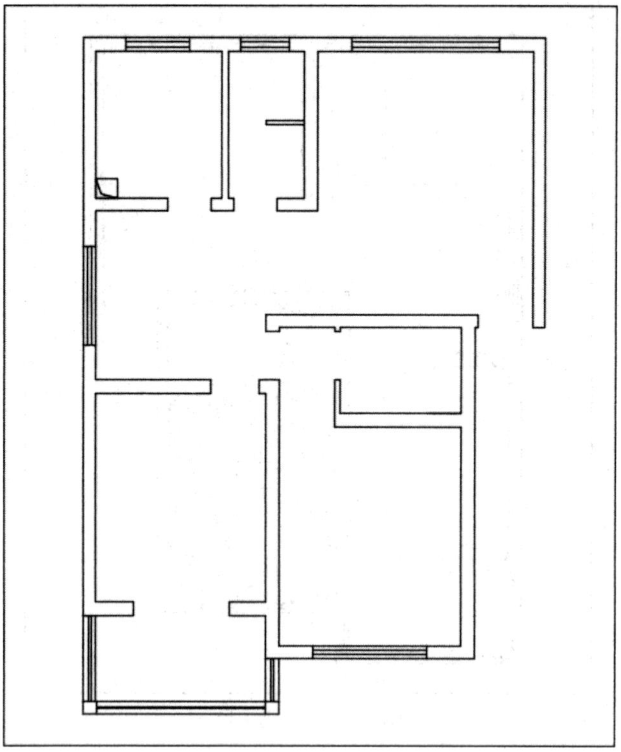

图 6-42　绘制户型图

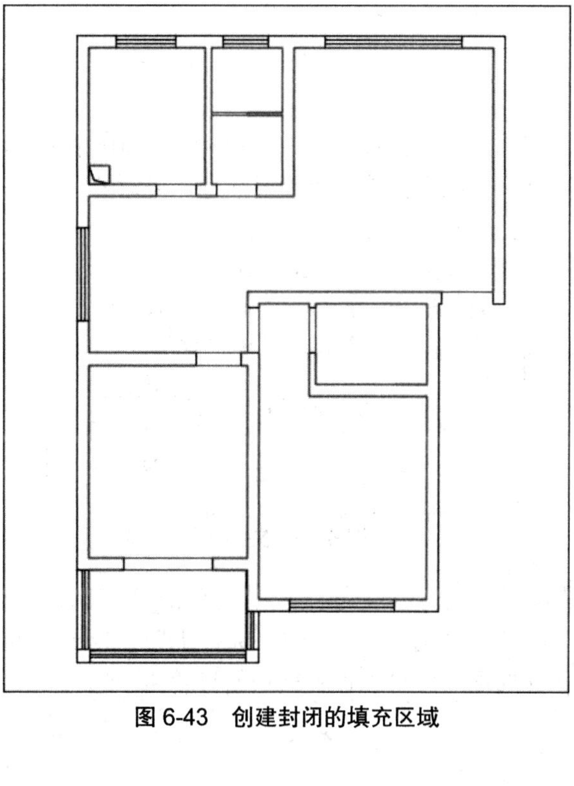

图 6-43　创建封闭的填充区域

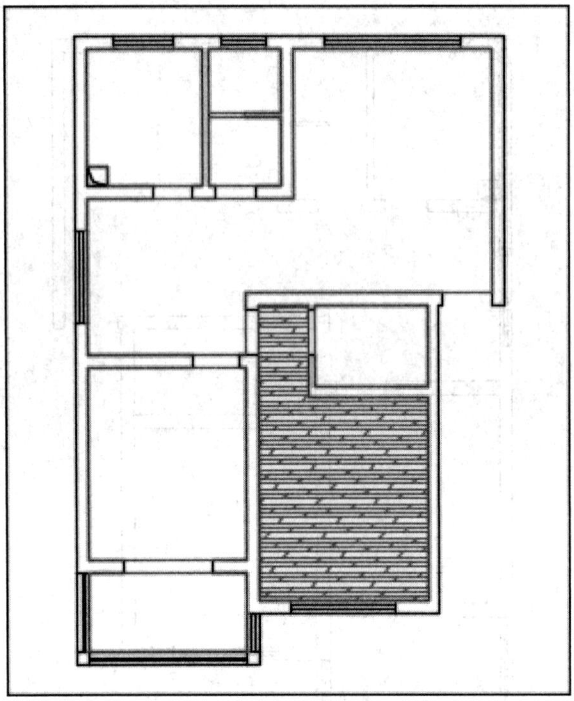

图 6-44 填充主卧

6.5 对象编辑

6.5.1 钳夹功能

利用钳夹功能可以快速方便地编辑对象。AutoCAD 2016 在图形对象上定义了一些特殊点，称为夹持点（图 6-45）。利用夹持点可以灵活地控制对象。

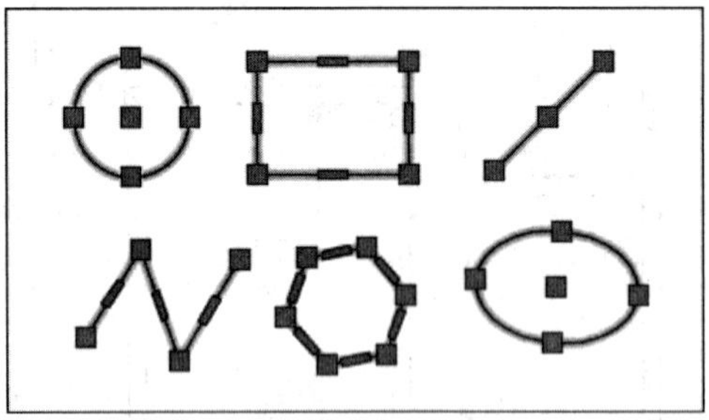

图 6-45 夹持点

要使用钳夹功能编辑对象，必须先打开钳夹功能，打开方式为：选取菜单命令“工具”→“选项”，系统打开“选项”对话框。单击“选择集”选项卡，勾选“显示夹点”复选框，如图 6-46 所示，同时在此选项卡中可以设置夹点的尺寸和颜色。

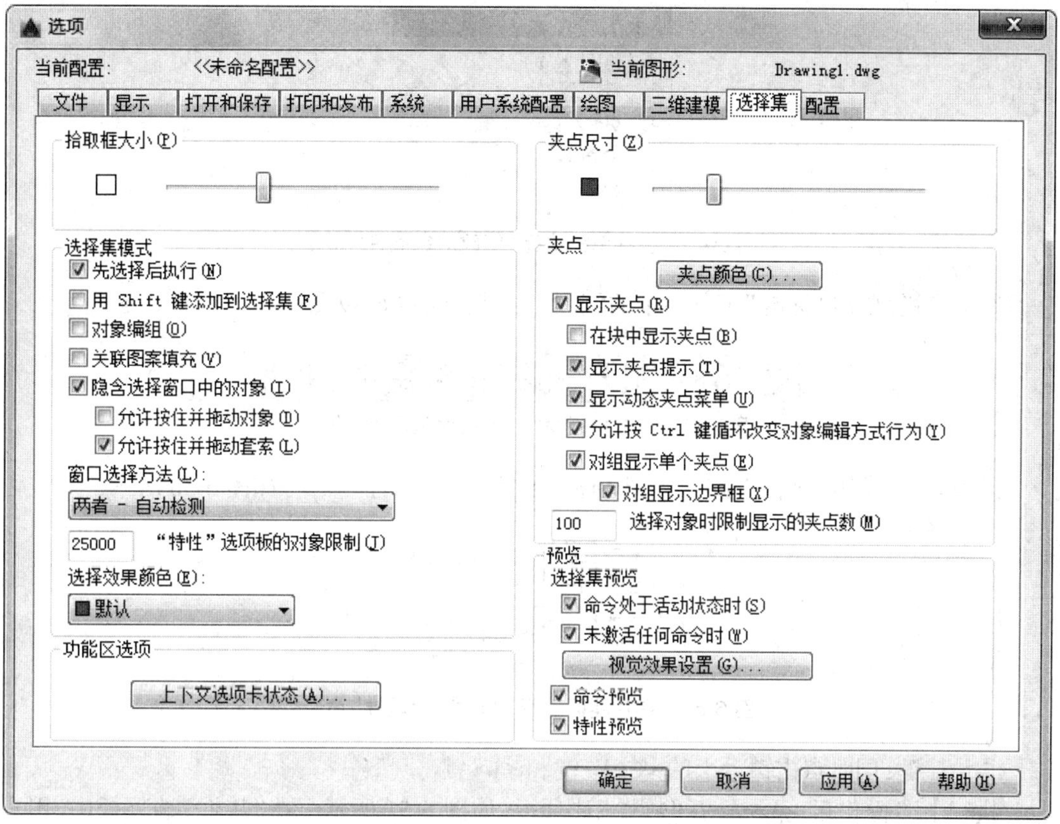

图 6-46　"选择集"选项卡

打开钳夹功能后，应该在编辑对象之前先选择对象，夹点表示对象的控制位置。使用夹点编辑对象，首先要选择一个夹点作为基点，然后选择一种编辑操作，如镜像、移动、旋转、拉伸和缩放。下面我们以其中的镜像对象操作为例进行讲解，如图 6-47 所示。

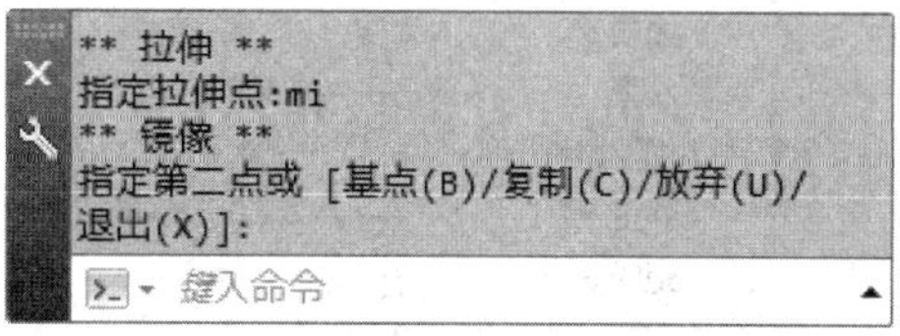

图 6-47　命令行提示步骤(镜像)

选中编辑的对象后，再确定基点，系统会默认为"拉伸"操作，这时我们只需在命令行输入"镜像(MI)"命令即可切换操作命令，其他编辑操作类似。

6.5.2　修改对象属性

1. 执行方式

①命令行：在命令行输入 DDMODIFY 或 PROPERTIES。

②菜单栏：选择"修改"→"特性"，如图 6-48 所示。

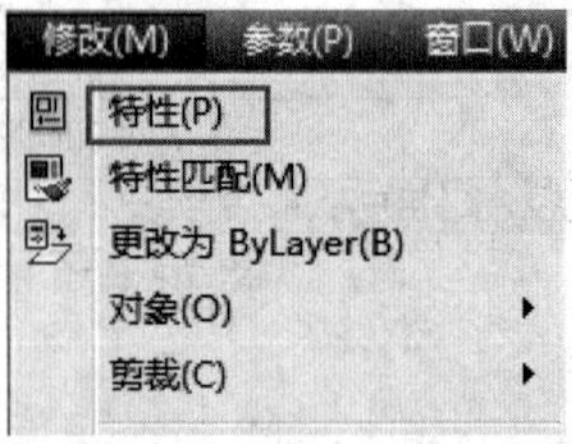

图 6-48　在菜单栏执行“修改对象属性”命令

③工具栏：单击“标准”工具栏中的“特性”按钮，如图 6-49 所示。

图 6-49　在工具栏执行“修改对象属性”命令

④功能区：单击“视图”选项卡“选项板”面板中的“特性”按钮，如图 6-50 所示。

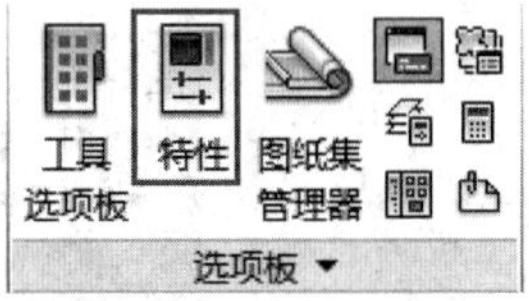

图 6-50　在功能区执行“修改对象属性”命令

⑤快捷键：同时点击键盘上的 <Ctrl> 键和 <1> 键。

执行上述操作后，系统打开“特性”选项板，如图 6-51 所示。在“特性”选项板中，用户可以方便地设置或修改对象的各种属性。

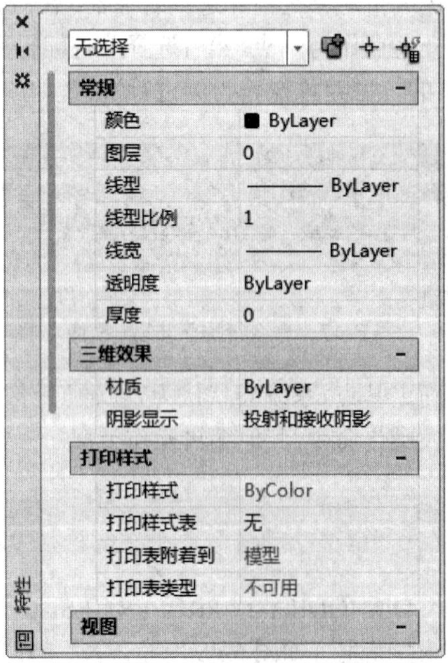

图 6-51　“特性”选项板

6.6　综合演练

绘制图 6-52 所示的窗大样图。

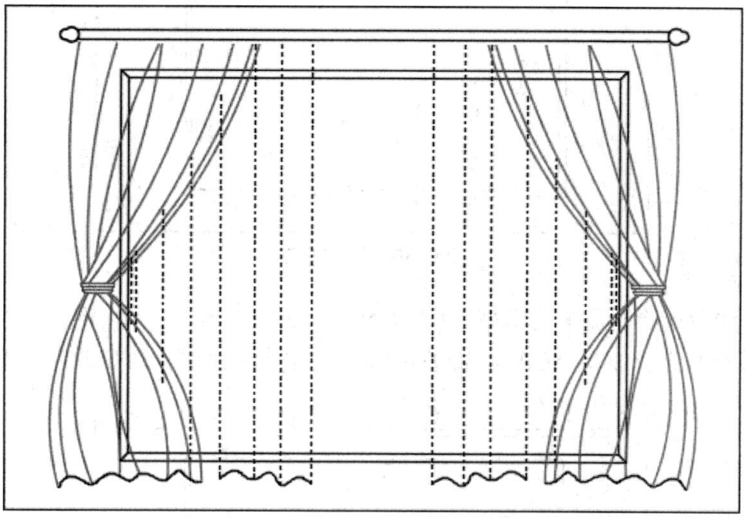

图 6-52　窗大样图

①首先绘制窗帘的吊杆。使用“圆”命令分别绘制半径为 30 和 20 的两个圆，其中小圆的圆心为大圆右侧的象限点，如图 6-53 所示。

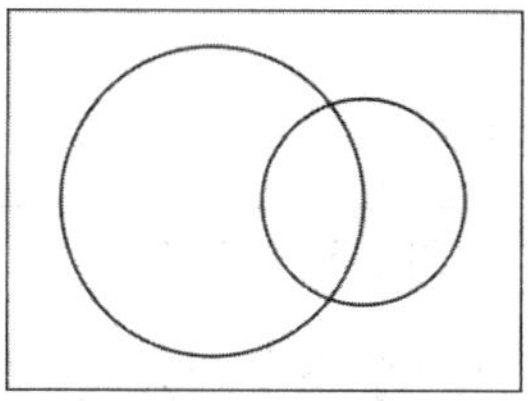

图 6-53　绘制圆

②使用“修剪”命令将圆的重合部分删掉，再用“直线”和“偏移”命令绘制长为 2 415 mm 的横杆。将修剪好的圆形盖帽连接在横杆两边，如图 6-54 所示。

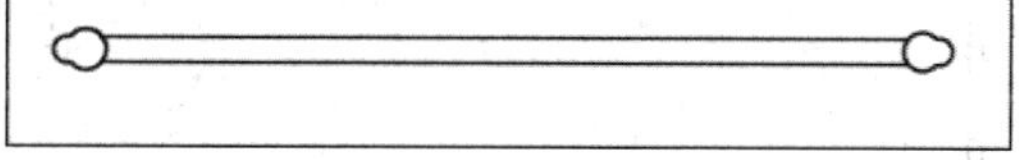

图 6-54　绘制横杆

③使用“矩形”命令绘制窗口。窗口距横杆的距离为 120，矩形的长为 2 060、宽为 1 560。使用偏移命令将矩形向内偏移 30，并用“直线”命令连接四角，绘制的窗口如图 6-55 所示。

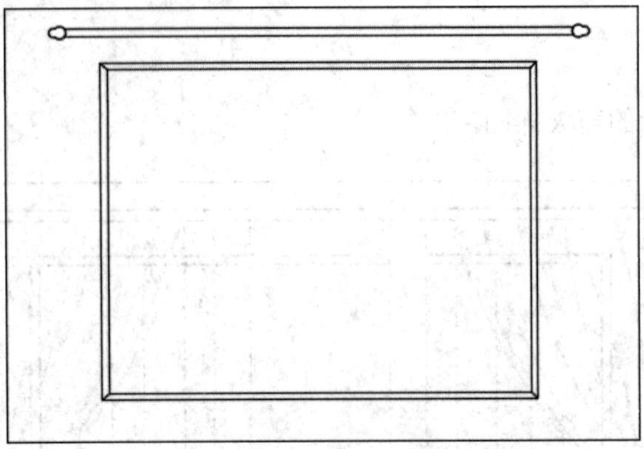

图 6-55　绘制窗口

④使用直线命令绘制窗帘的造型国(图 6-56)。使用 <Ctrl> 和 <1> 键打开“特性”选项板，修改线型比例为 1,选择线型 ACAD ISO03W100. 使用“样条曲线”命令绘制窗帘底部造型。

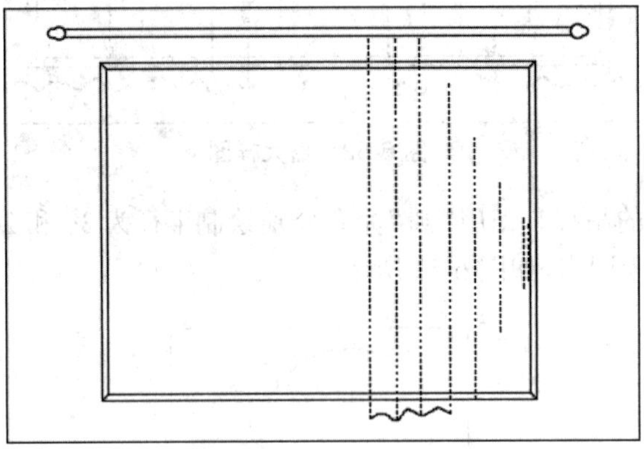

图 6-56　绘制窗帘

⑤继续使用“样条曲线”和“直线”命令绘制外侧窗帘(图 6-57),绘制时避免线条交叉混乱。

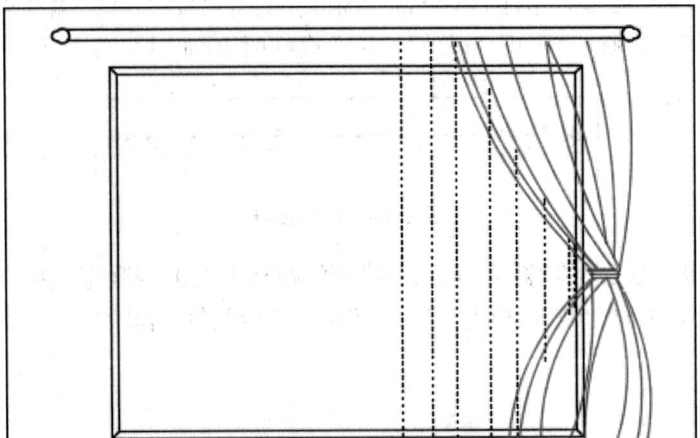

图 6-57　绘制窗帘

⑥将绘制好的窗帘全部选中，以窗框中点为基点，将绘制好的窗帘镜像到另一侧，最终结果如图6-52所示。

6.7　上机实战

【实战一】绘制图6-58所示的浴缸

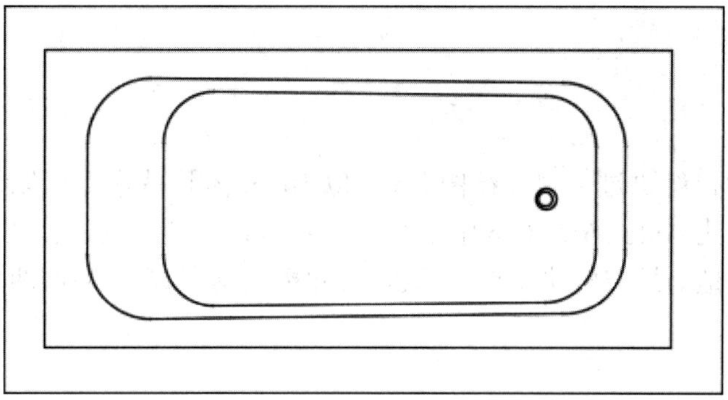

图6-58　浴缸

目的要求：

掌握多段线命令的使用方法，体会利用多段线绘制的优点。

操作提示：

使用的命令包括矩形、多段线、和圆。

【实战二】绘制图6-59所示的固定窗

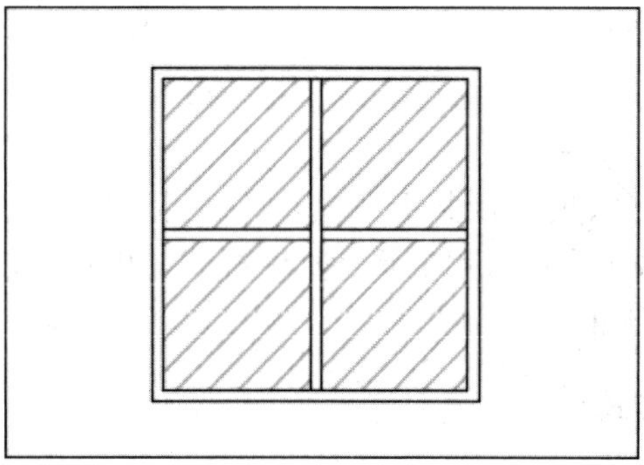

图6-59　固定窗

目的要求：

掌握“多线”和“填充”命令的使用。

操作提示：

先使用多线命令绘制出外轮廓和中梃部分，再使用填充命令进行填充，调整合适的填充比例。

第 7 章　尺寸标注

章节概括

之前的章节中已经讲过了很多绘图命令和编辑命令，这些命令可以很直观地表达物体的形状。但是在使用 AutoCAD 2016 中还有一项内容必不可少，那就是物体的大小尺寸，而尺寸标注命令完美地为用户解决了这一问题，尺寸标注具有方便、精准两大优点。

学习重点

- ◆ 尺寸样式。
- ◆ 标注样式。
- ◆ 引线标注。
- ◆ 编辑尺寸标注。

职业素养

培养学生树立遵守国家标准的意识，形成遵纪守法的习惯和法治思维。培养学生注重质量，树立正确的职业道德观。

7.1　尺寸样式

组成尺寸标注的尺寸线、尺寸界线、尺寸文本、圆心标记和尺寸箭头具有多种形式，尺寸标注以什么形态出现取决于当前采用的尺寸标注样式。用户可以打开“标注样式管理器”对话框设置自己需要的标注样式。

7.1.1　新建或修改标注样式

在进行尺寸标注前，首先要创建尺寸标注的样式。如果用户没有创建新的尺寸标注样式而直接进行标注，那么系统会使用名为 Standard 的默认样式进行标注。如果用户认为使用的尺寸标注样式不合适，可以对其进行修改。

1. 执行方式

①命令行：在命令行输入 DIMSTYLE（快捷命令：D）

②菜单栏：选择“格式”→“标注样式”（图 7-1）；或选择“标注”→“标注样式”（图 7-2）。

③工具栏：单击“标注”工具栏中的“标注样式”按钮，如图 7-3 所示。

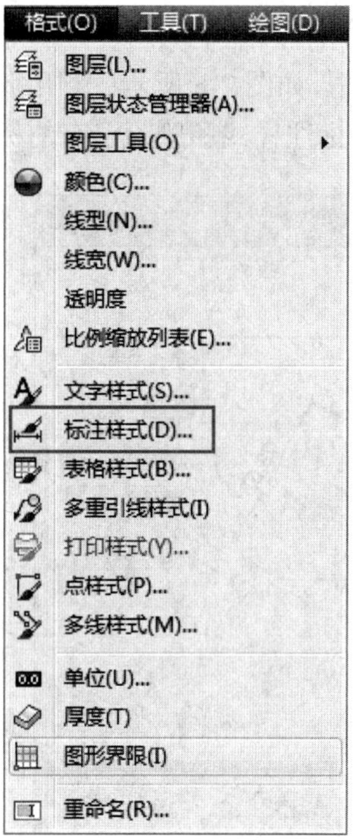

图 7-1　“格式”→“标注样式”

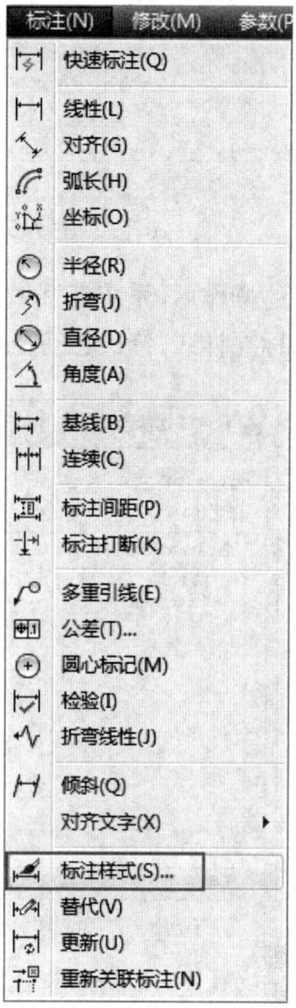

图 7-2　“标注”→“标注样式”

图 7-3　在工具栏执行“标注样式”命令

④功能区：单击“默认”选项卡“注释”面板中的“标注样式”按钮，如图 7-4 所示；或单击“注释”选项卡“标注”面板中的“标注样式”下拉菜单中的“管理标注样式”按钮，如图 7-5 所示。

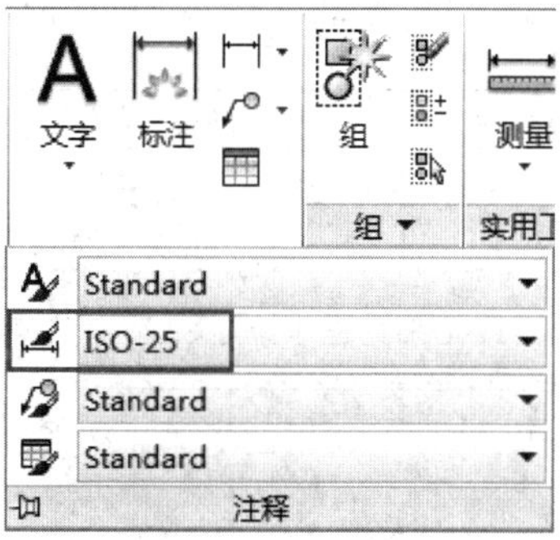

图 7-4　“默认”→“注释”→“标注样式”

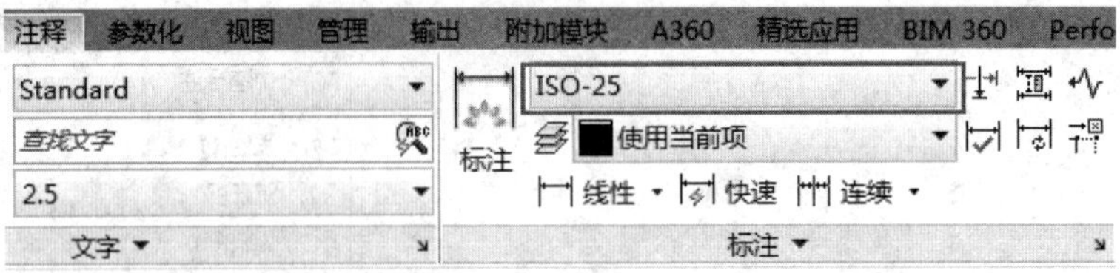

图 7-5 “注释”→“标注”→“标注样式”

执行上述操作后，系统打开“标注样式管理器”对话框，如图 7-6 所示。利用此对话框可以创建新的标注样式、修改已有的标注样式、设置当前的标注样式和删除已有的标注样式。

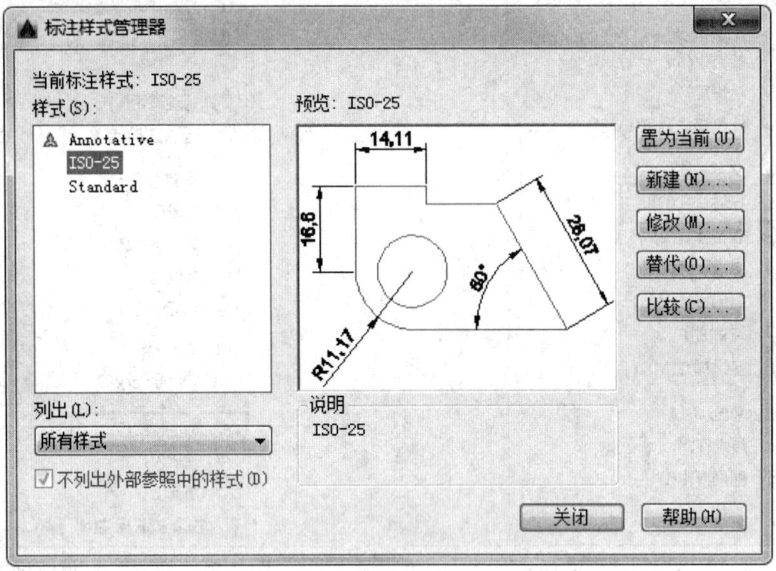

图 7-6 “标注样式管理器”对话框

2. 操作说明

①“置为当前”按钮：将“样式”列表框中选择的标注样式设置为当前标注样式。

②“新建”按钮：创建新的尺寸标注样式。单击此按钮，系统打开“创建新标注样式”对话框，如图 7-7 所示。在“新样式名”文本框中可以为新的标注样式命名。“基础样式”下拉列表可以选择创建新样式所基于的标注样式。“用于”下拉列表可以指定新样式应用的尺寸类型。单击“继续”按钮系统打开“新建标注样式”对话框，如图 7-8 所示。

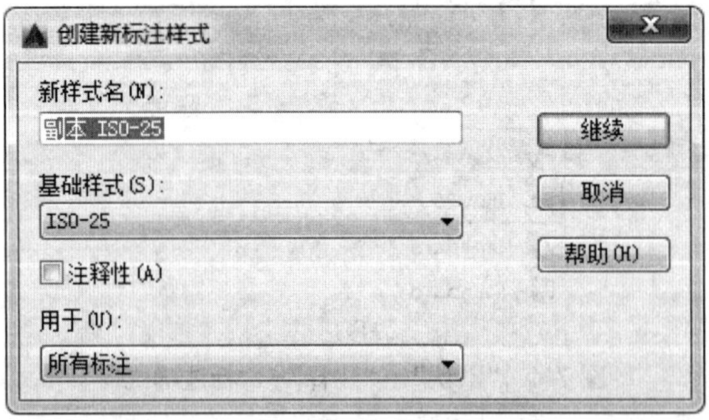

图 7-7 “创建新标注样式”对话框

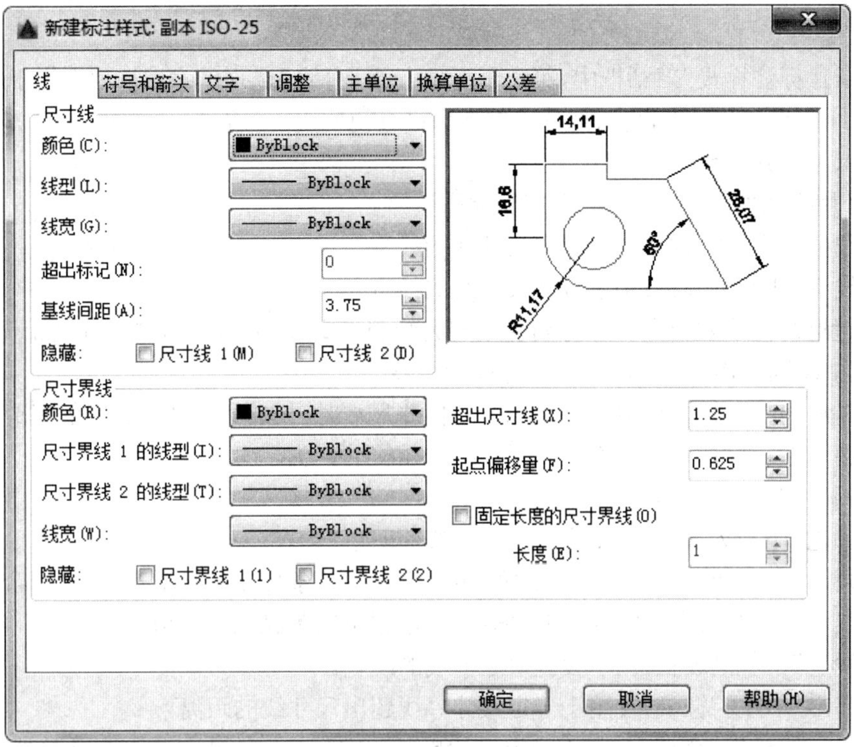

图 7-8　“新建标注样式”对话框

③“修改”按钮：对已存在的尺寸标注样式进行修改。单击此按钮，系统打开“修改标注样式”对话框，该对话框与“新建标注样式”中的选项完全相同。

④“替代”按钮：设置临时覆盖尺寸标注样式。单击此按钮，系统打开“替代当前样式”对话框，该对话框与“新建标注样式”中的选项完全相同。

⑤“比较”按钮：比较两个尺寸标注样式在参数上的区别，或浏览一个尺寸标注样式的参数设置。单击此按钮，系统打开“比较标注样式”对话框，如图 7-9 所示。

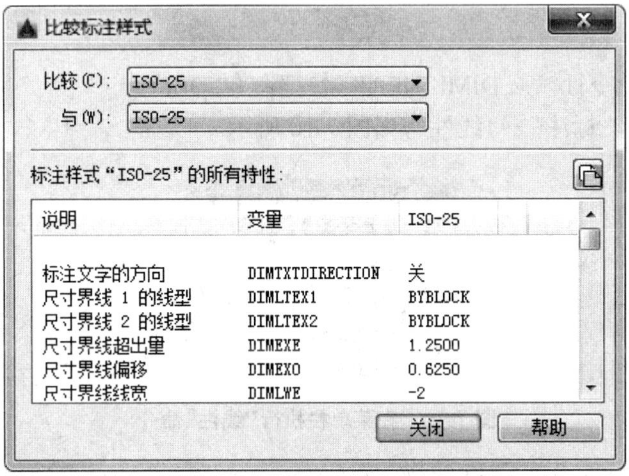

图 7-9　“比较标注样式”对话框

7.1.2 线

在“新建标注样式”对话框中，第一个选项卡就是“线”选项卡。该选项卡用于设置尺寸线和边界线的形式和特性，现对选项卡的选项进行说明。

（1）尺寸线选项组。

①“颜色”选项组：用于设置尺寸线的颜色。

②“线型”下拉列表框：用于设置尺寸线的线型。

③“线宽”下拉列表框：用于设置尺寸线的线宽。

④“超出标记”微调框：当尺寸箭头设置为短斜线或短波浪线时，或尺寸线上无箭头时，可利用此微调框设置尺寸线超出尺寸界线的距离。

⑤“基线间距”微调框：设置以基线方式标注尺寸时，相邻两尺寸线之间的间距。

⑥“隐藏”复选框：确定是否隐藏尺寸线及相应的箭头。

（2）尺寸界线选项组。

①“颜色”下拉列表框：用于设置尺寸界线的颜色。

②“尺寸界线 1 的线型”下拉列表框：用于设置第一条界线的线型。

③“尺寸界线 2 的线型”下拉列表框：用于设置第二条界线的线型。

④“线宽”下拉列表框：用于设置尺寸界线的线宽。

⑤“超出尺寸线”微调框：用于确定尺寸界线超出尺寸线的距离。

⑥“起点偏移量”微调框：用于确定尺寸界线的实际起始点相对指定尺寸界线起始点的偏移量。

⑦“隐藏”复选框组：确定是否隐藏尺寸界线。

⑧“固定长度的尺寸界线”复选框：勾选该复选框，系统以固定长度的尺寸界线标注尺寸，可在其下面的“长度”文本框中输入长度值。

7.2 标注尺寸

7.2.1 长度尺寸标注

1. 执行方式

①命令行：在命令行输入 DIMLINEAR（快捷命令：DLI）。

②菜单栏：选择“标注”→“线性”，如图 7-10 所示。

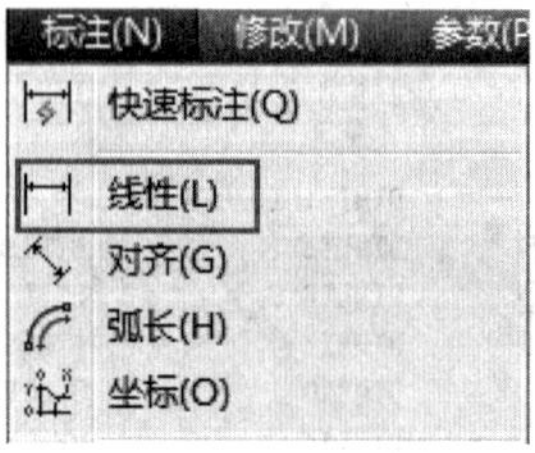

图 7-10 在菜单栏执行“线性”命令

③工具栏：单击“标注”工具栏中的“线性”按钮，如图 7-11 所示。

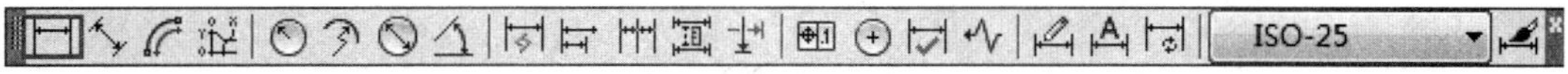

图 7-11　在工具栏执行“线性”命令

④功能区：单击“默认”选项卡“注释”面板中的“线性”按钮，如图 7-12 所示。或单击“注释”选项卡“标注”面板中的“线性”按钮，如图 7-13 所示。

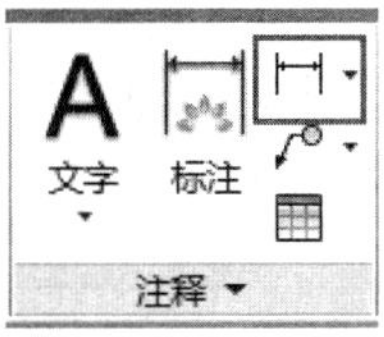

图 7-12　“注释”面板

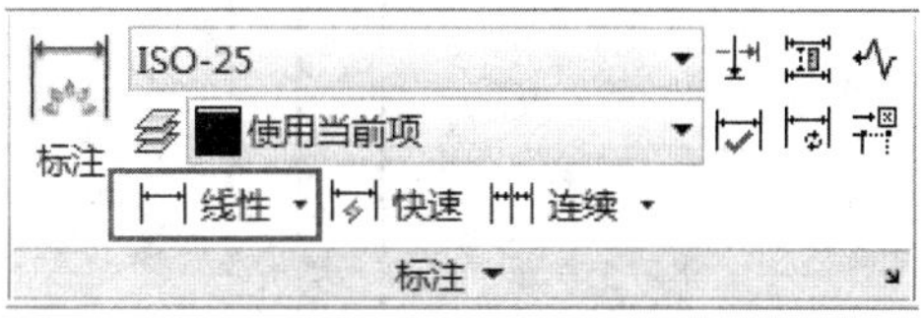

图 7-13　“标注”面板

2. 操作步骤

命令行提示步骤如图 7-14 所示。

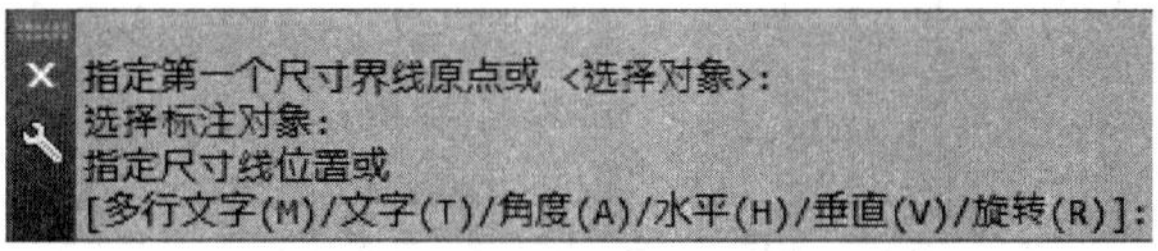

图 7-14　命令行提示(长度尺寸)

输入“线性”命令后，直接按 <Enter> 键，光标变为拾取框。

3. 操作说明

①指定尺寸线位置：用于确定尺寸线的位置。用户可以通过移动鼠标选择合适的尺寸线位置，然后按 <Enter> 键，系统自动测量标注长度并标注出相应的尺寸。

②多行文字（M）：用于多行文本编辑器确定尺寸文本。

③文字（T）：用于在命令行提示下输入或编辑尺寸文本。

④角度（A）：用于确定尺寸文本的倾斜角度。

⑤水平（H）：水平标注尺寸，不论标注什么角度的线段，尺寸线总保持水平放置。

⑥垂直（V）：垂直标注尺寸，不论标注什么角度的线段，尺寸线总保持垂直放置。

⑦旋转（R）：输入尺寸线旋转的角度值，旋转标注尺寸。

4. 知识巩固

下面我们以图 7-15 所示的门为例，介绍一下线性标注的使用方法。

①首先使用“直线”“偏移”和“图案填充”的命令绘制出门的样子。

②打开“标注样式管理器”对话框，点击“新建”按钮打开“创建新标注样式”管理器，在“用于”下拉列表选择“线性标注”，如图 7-16 所示。

③点击“继续”按钮打开“创建新标注样式”对话框，在“线”选项卡中将“超出尺寸线”和“起点偏移量”数值设为 40；在“符号和箭头”对话框设置箭头大小为 40；在“文字”对话框设置文字高度为 50。点击“确定”按钮关闭“标注样式管理器”。

④单击“对象捕捉”工具栏中的“捕捉到端点”按钮，再单击“标注”工具栏中的“线性”按钮，捕捉端点对图形进行尺寸标注，最终结果如图 7-15 所示。

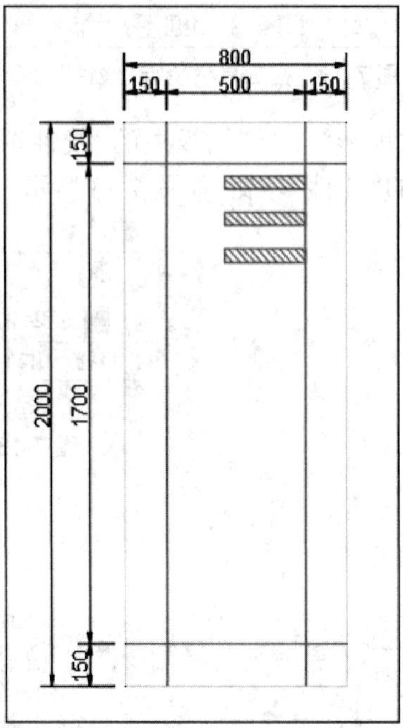

图 7-15 线性标注

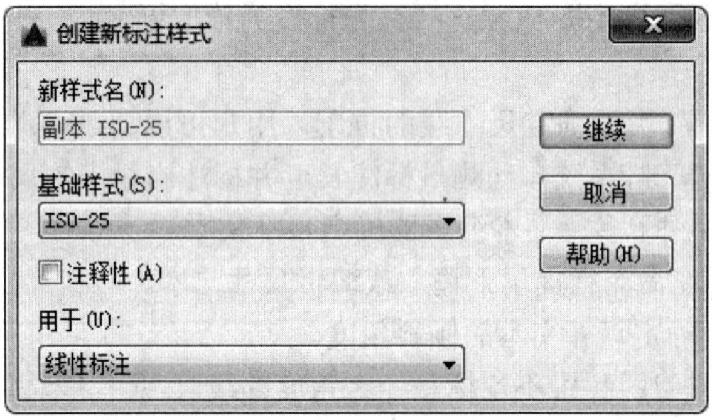

图 7-16 “创建新标注样式”对话框

7.2.2 对齐标注

1. 执行方式

①命令行：在命令行输入 DIMALIGNRD（快捷命令：DAL）。

②菜单栏：选择“标注”→“对齐”，如图 7-17 所示。

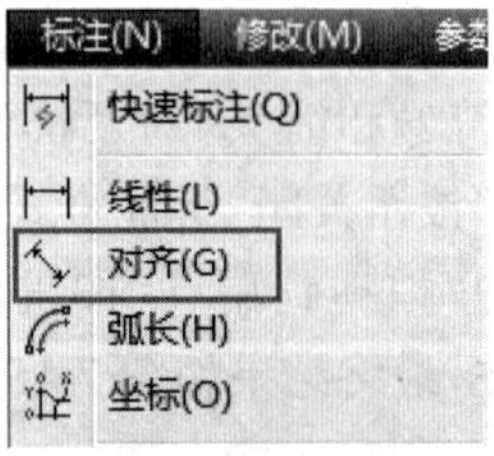

图 7-17 在菜单栏执行“对齐”命令

③工具栏：单击“标注”工具栏中的“对齐”按钮，如图 7-18 所示。

图 7-18　在工具栏执行“对齐”命令

④功能区：单击“默认”选项卡“注释”面板中的“对齐”按钮，如图 7-19 所示；或单击“注释”选项卡“标注”面板中的“已对齐”按钮，如图 7-20 所示。

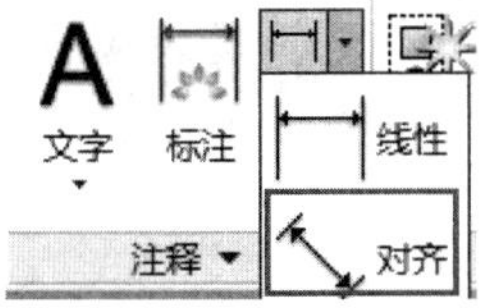

图 7-19　“注释”面板的“对齐”按钮

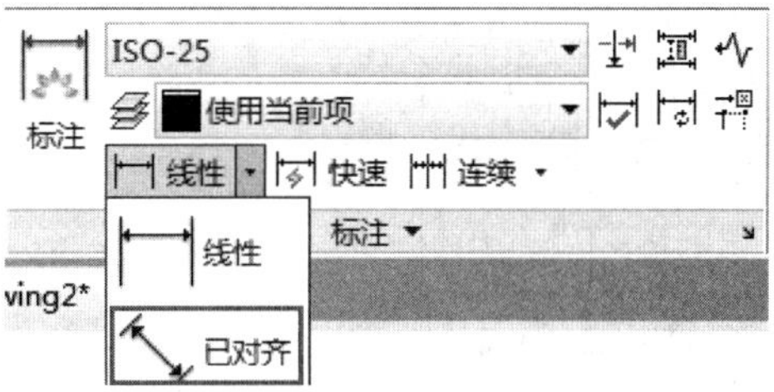

图 7-20　“标注”面板的“已对齐”按钮

2. 操作步骤

命令行提示步骤如图 7-21 所示。

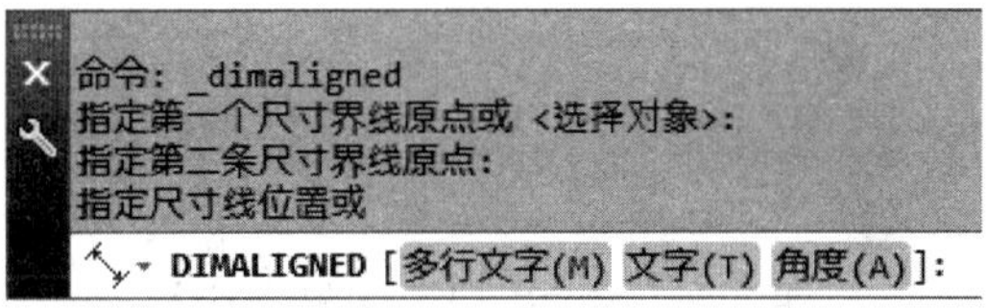

图 7-21　命令行提示步骤（对齐）

7.2.3　角度标注

1. 执行方式

①命令行：在命令行输入 DIMANGULAR（快捷命令：DAN）。

②菜单栏：选择“标注”→“角度”，如图 7-22 所示。

图 7-22　在菜单栏执行“角度”命令

③工具栏：单击“标注”工具栏中的“角度”按钮，如图 7-23 所示。

图 7-23　在工具栏执行“角度”命令

④功能区：单击“默认”选项卡“注释”面板中的“角度”按钮，如图 7-24 所示；或单击“注释”选项卡“标注”面板中的“角度”按钮，如图 7-25 所示。

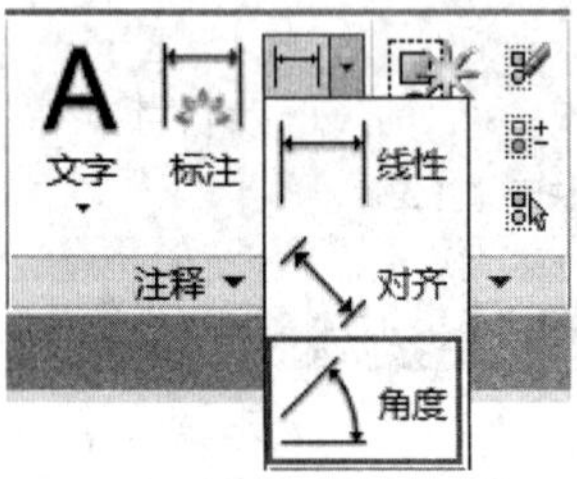

图 7-24　“注释”面板的“角度”按钮

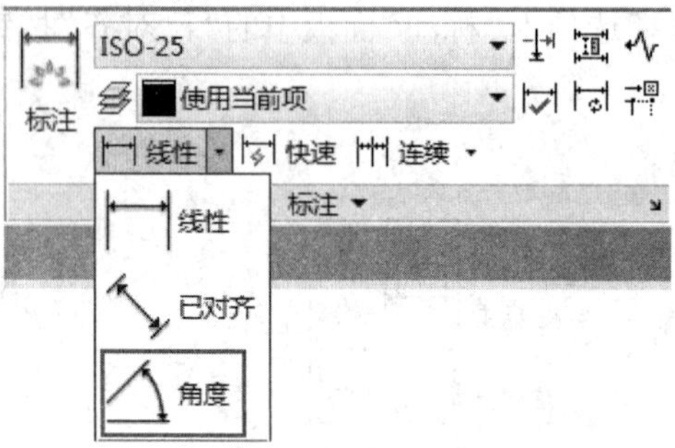

图 7-25　“标注”面板的“角度”按钮

2. 操作步骤

命令行提示步骤如图 7-26 所示。

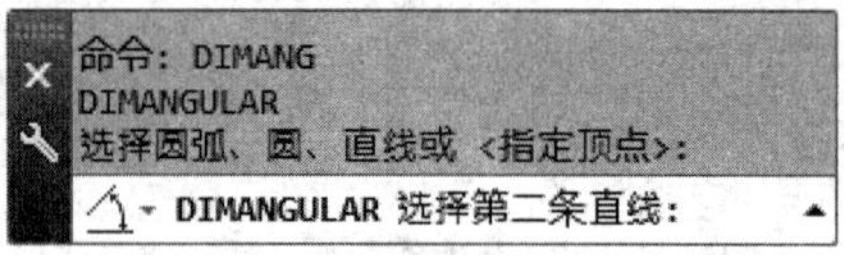

图 7-26　命令行提示步骤(角度)

3. 操作说明

①“选择圆弧”：标注圆弧的中心角，当用户选择一段圆弧后，命令行提示如图 7-27 所示。

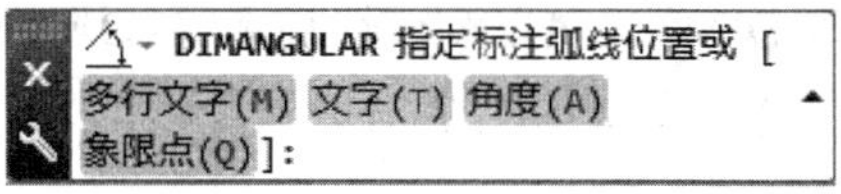

图 7-27　命令行提示步骤

在此提示下确定尺寸线的位置，AutoCAD 2016 系统按自动测量的值标注相应的角度。在此之前，可以选择。通过多行文本编辑器、命令行输入或定制尺寸文本，以及指定尺寸文本的倾斜角度。

②选择“圆”：标注圆上某段圆弧的中心角，命令行提示如图 7-28 所示。

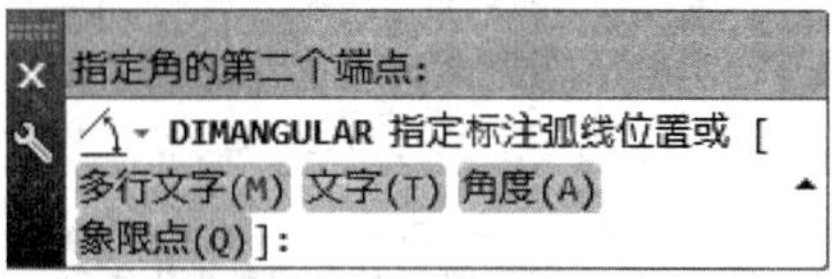

图 7-28　命令行提示步骤(圆弧中心角)

在此提示下确定尺寸线的位置，系统会标注出一个角度值。该角度以圆心为顶点，两条尺寸界线通过所选取的两点，第二点可以不在圆周上。

③选择第二条直线：标注两条直线间的夹角，命令行提示如图 7-29 所示。

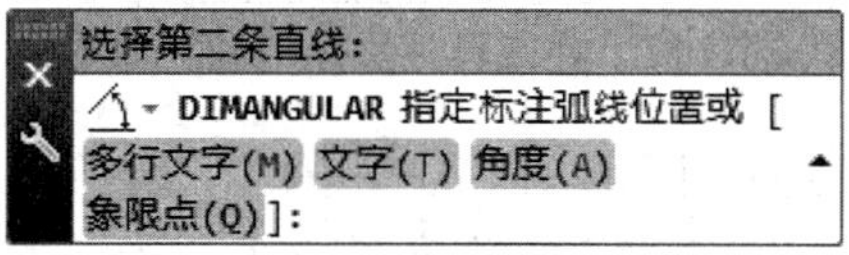

图 7-29　命令行提示步骤（两直线夹角）

在此提示下确定尺寸线的位置，系统自动标注出两条直线之间的夹角。该角以两条直线的交点为顶点，以两条直线为尺寸界线，所标注角度取决于尺寸线的位置。

④指定角的顶点：直接按 <Enter> 键，命令行提示如图 7-30 所示。

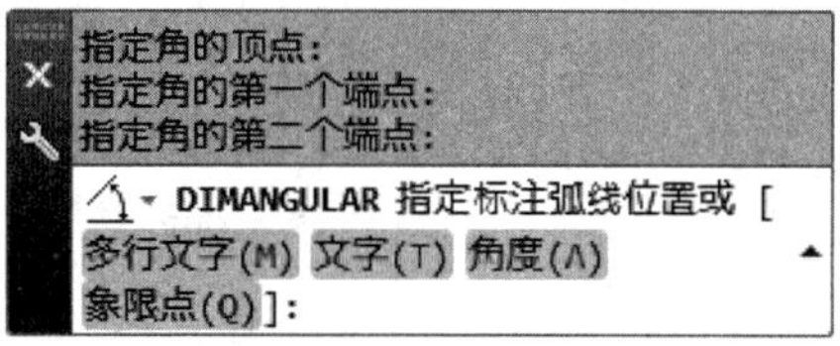

图 7-30　命令行提示步骤（指定顶点）

在此提示下确定尺寸线的位置，系统根据三点标注出角度。

⑤指定标注弧线位置：指定尺寸线的位置并确定绘制延伸线的方向。指定位置之后，命令结束。

⑥多行文字：显示在位文字编辑器，用它可以编辑标注文字。

⑦文字：自定义标注文字，生成的标注测量值显示在“<>”中。

⑧角度：修改标注文字的角度。

⑨象限点：指定标注应锁定到的象限。打开象限后，将标注文字放置在角度标注外时，尺寸线会延伸超过延伸线。

7.2.4　直径标注

1. 执行方式

①命令行：在命令行输入 DIMDIAMETER（快捷命令：DDI）。

②菜单栏：选择“标注”→“直径”，如图 7-31 所示。

图 7-31　在菜单栏执行“直径”命令

③工具栏：单击“标注”工具栏中的“直径”按钮，如图 7-32 所示。

图 7-32 在工具栏执行“直径”命令

④功能区：单击“默认”选项卡“注释”面板中的“直径”按钮，如图 7-33 所示；或单击“注释”选项卡“标注”面板中的“直径”按钮，如图 7-34 所示。

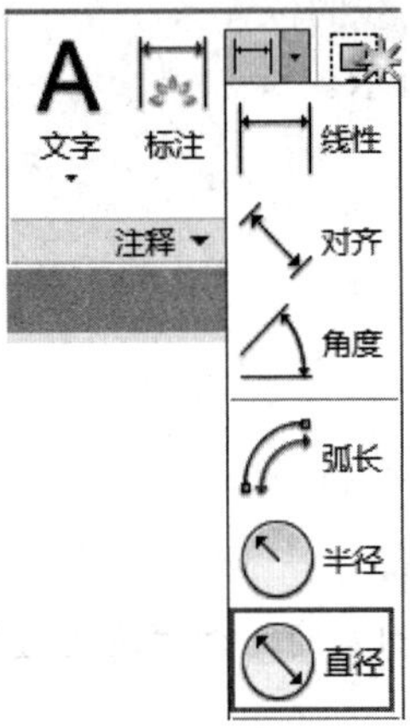

图 7-33 “注释”面板的“直径”按钮

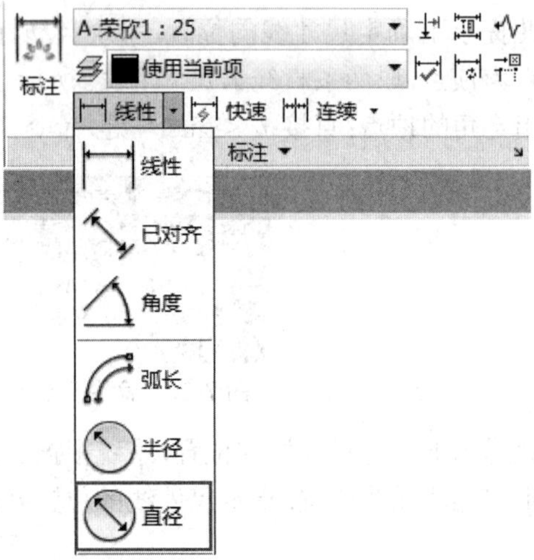

图 7-34 “标注”面板的“直径”按钮

2. 操作步骤

命令行提示步骤如图 7-35 所示。

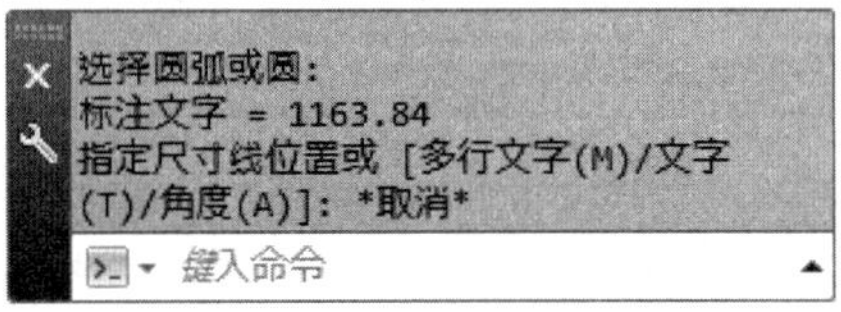

图 7-35 命令行提示步骤（直径）

3. 操作说明

①指定尺寸线位置：确定尺寸线的角度和标注文字的位置。如果未将标注放置在圆弧上而导致标注指向圆弧外，则系统会自动绘制圆弧延伸线。

②多行文字：显示在位文字编辑器，可用于编辑标注文字。

③文字：自定义标注文字，生成的标注测量值显示在“<>”中。

④角度：修改标注文字的角度。

7.2.5 基线标注

基线标注用于进行一系列基于统一尺寸界线的尺寸标注，适用于长度尺寸、角度和坐标标注。在使用基线标注方式之前，应该先标注出一个相关的尺寸作为基线标准。

1. 执行方式

①命令行：在命令行输入 DIMBASELINE（快捷命令：DBA）。

②菜单栏：选择“标注”→“基线”，如图 7-36 所示。

图 7-36　在菜单栏执行“基线”命令

③工具栏：单击“标注”工具栏中的“基线”按钮，如图 7-37 所示。

图 7-37　工具栏执行“基线”命令

④功能区：单击“注释”选项卡“标注”面板中的“基线”按钮，如图 7-38 所示。

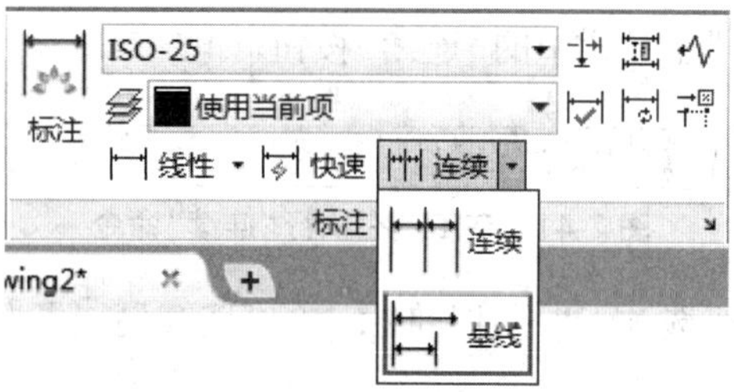

图 7-38　在功能区执行“基线”命令

2. 操作步骤

命令行提示步骤如图 7-49 所示。

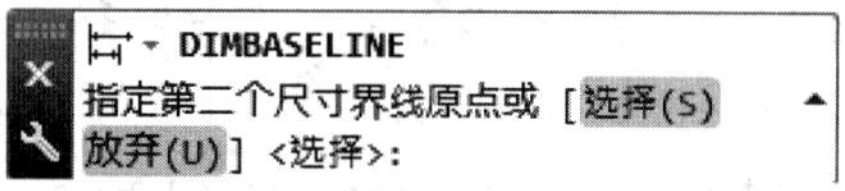

图 7-39　命令行提示步骤（基线）

3. 操作说明

①指定第二条尺寸界线原点：直接确定另一个尺寸的第二条尺寸界线的起点，以上次标注的尺寸为基准标注，标注出相应尺寸。

②选择：在上述提示下直接按 <Enter> 键，选择作为基准的尺寸标注。

7.2.6　连续标注

连续标注用于产生一系列连续的尺寸标注，后一个尺寸标注均把前一个标注的第二条尺寸界线作为它的第一条尺寸界线，适用于长度尺寸、角度和坐标标注。在使用连续标注前，应先标注出一个相关的尺寸。

1. 执行方式

①命令行：在命令行输入 DIMCONTINUE（快捷命令：DCO）。

②菜单栏：选择“标注”→“连续”，如图 7-40 所示。

图 7-40　在菜单栏执行“连续”命令

③工具栏：单击“标注”工具栏中的“连续”按钮，如图 7-41 所示。

图 7-41　在工具栏执行“连续”命令

④功能区：单击“注释”选项卡“标注”面板中的“连续”按钮，如图 7-42 所示。

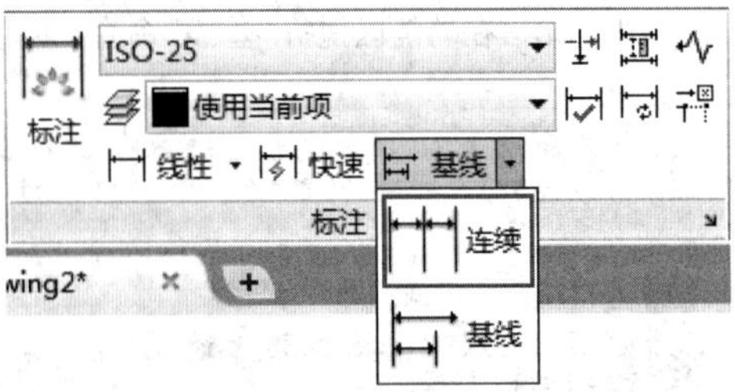

图 7-42　在功能区执行“连续”命令

2. 操作步骤

命令行提示步骤如图 7-43 所示。

图 7-43　命令行提示步骤(连续)

3. 知识巩固

下面我们以图 7-44 所示的立面图为例，介绍一下标注命令的使用方法。

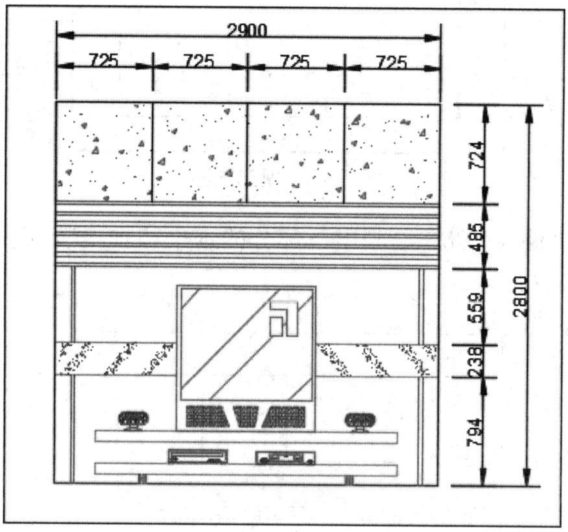

图 7-44　影视背景墙立面图

①绘制出墙面的尺寸(图 7-45)。使用“直线”命令绘制出墙体，墙宽 2 900 mm、墙高 2 800 mm。将上面的直线向下分别偏移 724 mm 和 1 209 mm。

图 7-45　绘制墙面轮廓线

②使用“直线”命令绘制出第一、二两条直线的垂直中线，向左、右各偏移 725。并将三个空白区域填充。继续使用“偏移”命令以 28.5 和 47.5 的间距偏移出图 7-46 所示的凹凸造型。

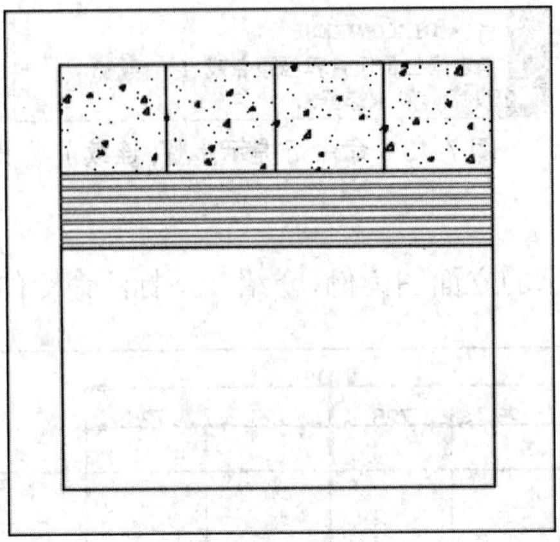

图 7-46 填充图案

③使用“直线”和“偏移”命令绘制出下部分的水平和垂直装饰线，再使用“矩形”命令绘制出电视柜，如图 7-47 所示。

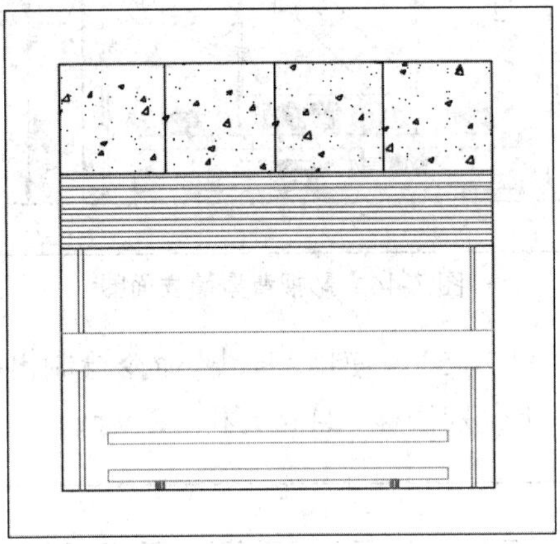

图 7-47 电视柜绘制

④绘制家电（图 7-48）使用到的命令主要包括圆、矩形、直线、偏移、填充等，具体过程不再阐述。

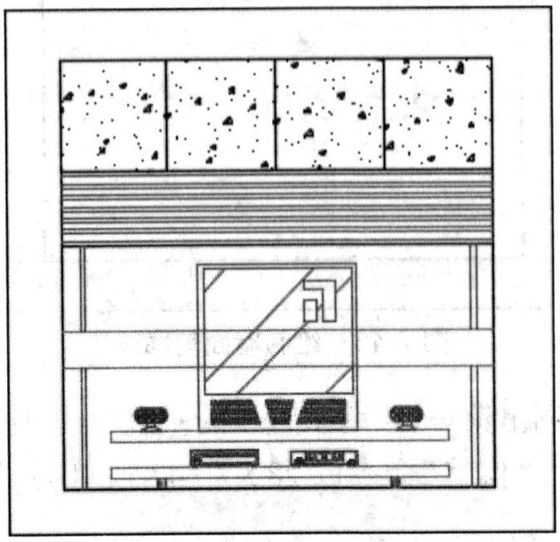

图 7-48 家电绘制

⑤将电视遮挡的部分剪切掉，然后把左右两侧进行图案填充，最终结果如图 7-44 所示。

7.3　引线标注

引线标注功能不仅可以标注特定的尺寸，还可以在图中添加多行标注、说明。引线可以是折线、直线或曲线，引线的顶端可以带箭头或不带箭头。

7.3.1　利用 LEADER 命令进行引线标注

1. 执行方式

命令行：在命令行输入 LEADER（快捷命令：LEAD）。

2. 操作步骤

命令行提示步骤如图 7-49 所示。

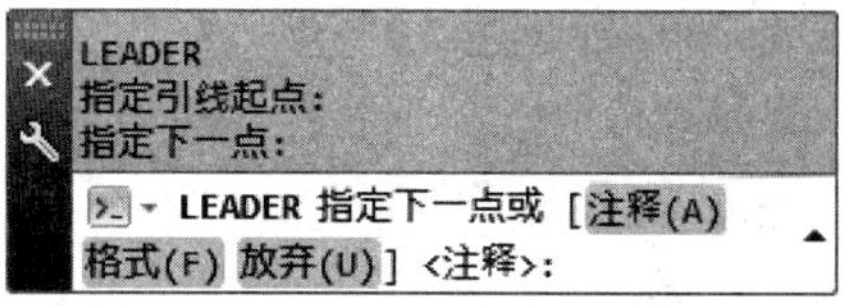
LEADER
指定引线起点:
指定下一点:
LEADER 指定下一点或 [注释(A)
格式(F) 放弃(U)] <注释>:

图 7-49　命令行提示步骤（引线标注）

3. 操作说明

①指定下一点：直接输入一点，系统根据前面的点绘制出折线作为指引线。

②注释：可在文本框输入注释文本。

③格式：确定指引线的形式。选择该选项，命令行提示如图 7-50 所示。

输入引线格式选项 [样条曲线(S)/直线
(ST)/箭头(A)/无(N)] <退出>: *取消*

图 7-50　命令行提示步骤（确定指引线的形式）

7.3.2　快速引线标注

此命令可以快速生成指引线及注释，而且可以通过命令行优化对话框进行自定义，由此可以消除不必要的命令行提示。

1. 执行方式

命令行：在命令行输入 QLEADER（快捷命令：LE）。

2. 操作步骤

命令行提示步骤如图 7-51 所示。

命令: LE
QLEADER
QLEADER 指定第一个引线点或 [设置(S)] <设置>:

图 7-51　命令行提示步骤（快速引线标注）

3. 操作说明

①指定第一个引线点：确定一点作为指引线的第一个点，如图 7-52 所示。

图 7-52　命令行提示步骤(指定第一个引线点)

系统提示用户输入点的数目由“引线设置”对话框(图 7-53)确定。

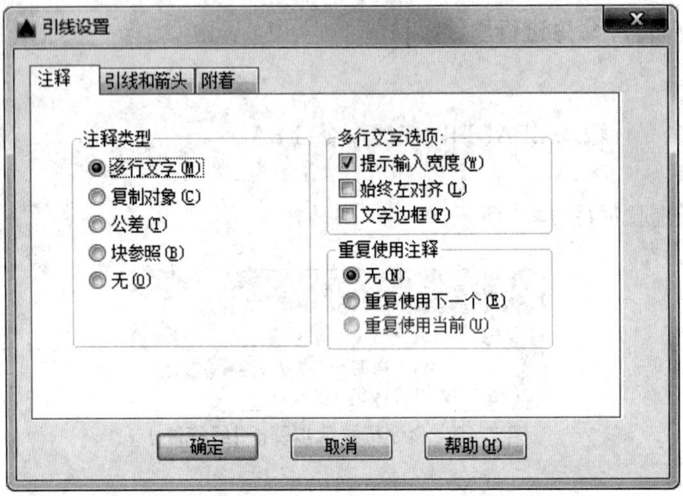

图 7-53　“引线设置”对话框——“注释”选项卡

②“设置”:在上面的提示下直接按 <Enter> 键或输入“S”,系统打开如图 7-53 所示的“引线设置”对话框,允许对引线标注进行设置。该对话框包含“注释”“引线和箭头”“附着”三个选项卡。

“注释”选项卡用于设置引线标注中注释文本的类型、多行文本的格式并确定注释文本是否多次使用。

“引线和箭头”选项卡(图 7-54)用于设置引线标注中指引线和箭头的形式。其中“点数”选项组用于设置执行 QLEADER 命令时,系统提示用户输入的点的数目。

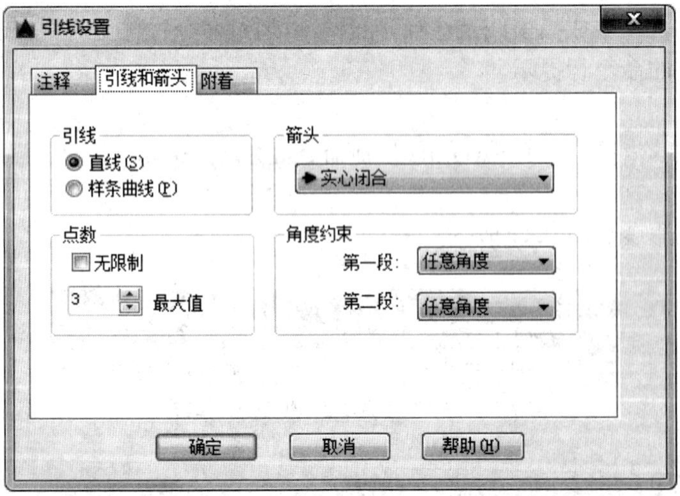

图 7-54　“引线设置”对话框——“引线和箭头”选项卡

“附着”选项卡用于设置注释文本和指引线的相对位置。

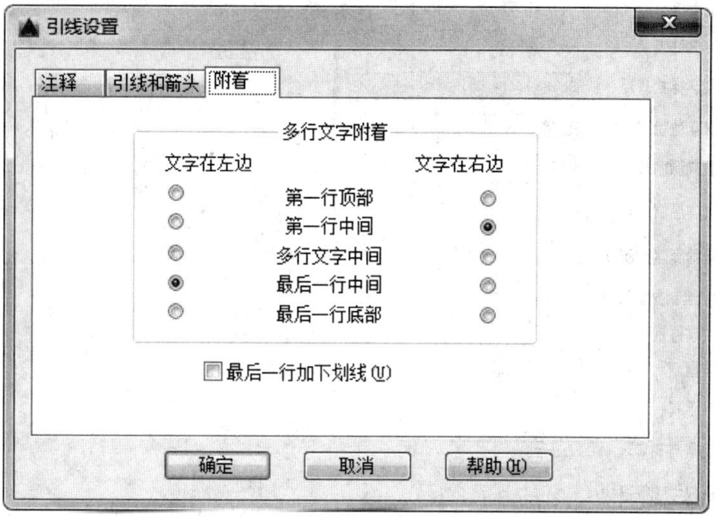

图 7-55　“引线设置”对话框——“附着”选项卡

4. 知识巩固

下面我们以图 7-56 所示的门为例，介绍一下快速引线标注命令的使用方法。

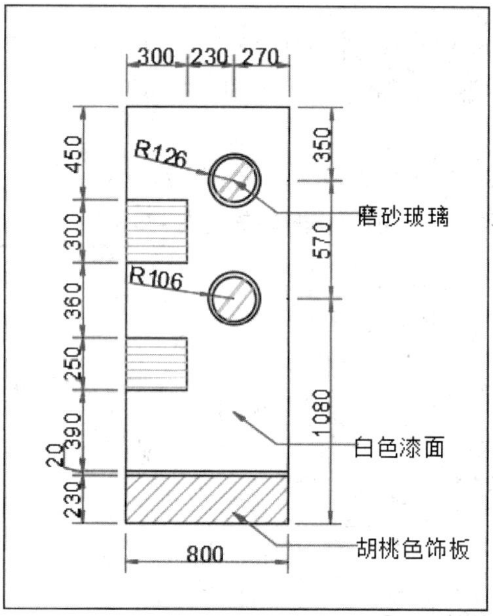

图 7-56　门

①打开“标注样式管理器”对话框，选择样式 ISO-25 进行修改。点击“修改”按钮，打开“修改标注样式：ISO-25”对话框，在“文字”选项卡中将文字颜色选择为蓝色，文字高度设置为 80，如图 7-57 所示。

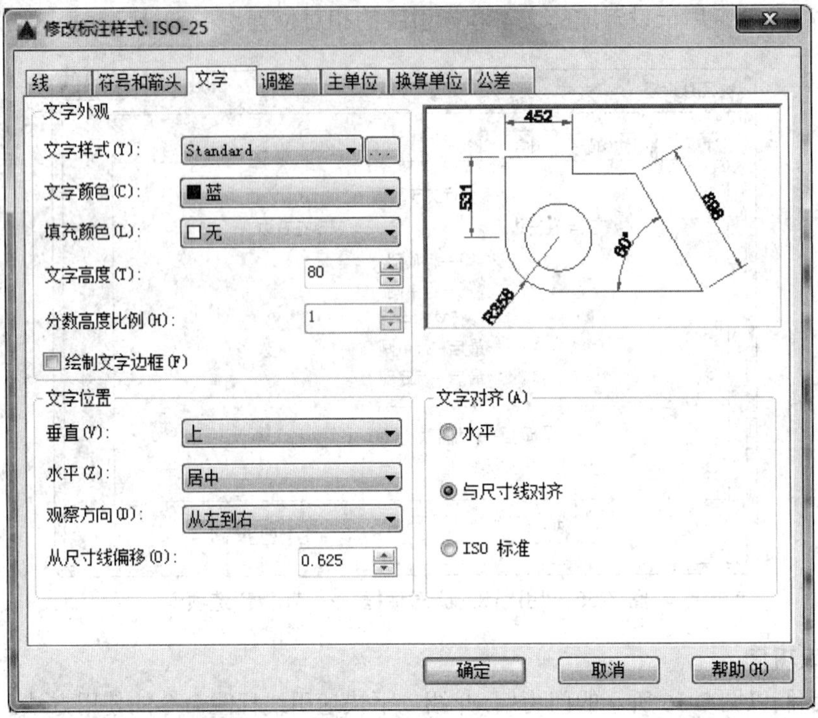

图 7-57 “修改标注样式:ISO-25”对话框—— “文字”选项卡

②“修改标注样式：ISO-25”对话框中点击“线”选项卡，将尺寸线和尺寸界线选为洋红色，超出尺寸界线和起点偏移量修改为 50，如图 7-58 所示。

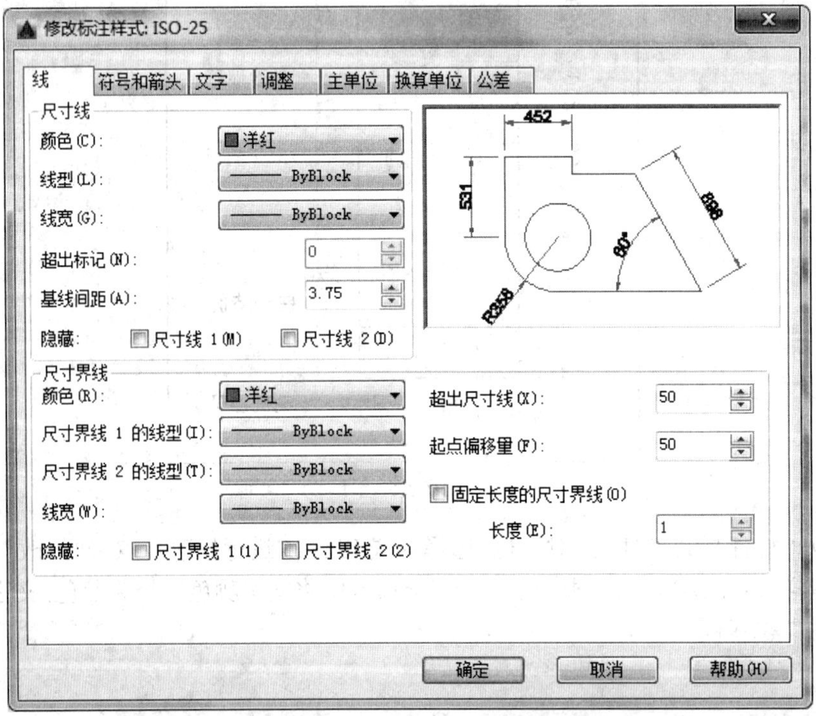

图 7-58 “修改标注样式:ISO-25”对话框—— “线”选项卡

③在“符号和箭头”选项卡中调整箭头大小为 60，点击“确定”按钮关闭“修改标注样式：ISO-25”对话框。在“标注样式管理器”点击“置为当前”按钮并关闭对话框。

④打开绘制好的门的图形文件，使用“连续”命令标注出水平和垂直的尺寸，如图 7-59 所示。

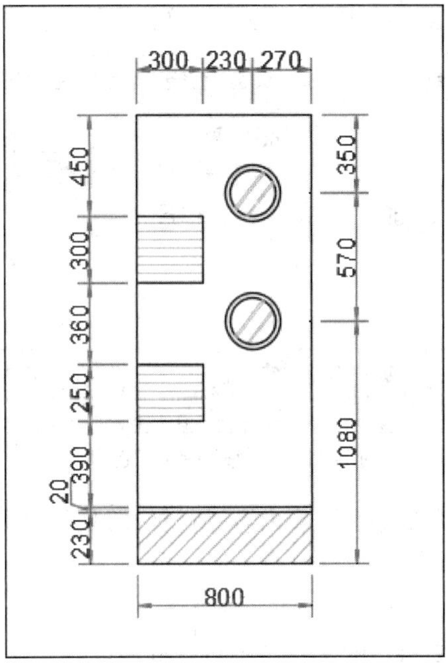

图 7-59　“连续”标注

⑤点击“标注”工具栏中的“半径”按钮，将圆形的部分进行标注，如图 7-60 所示。

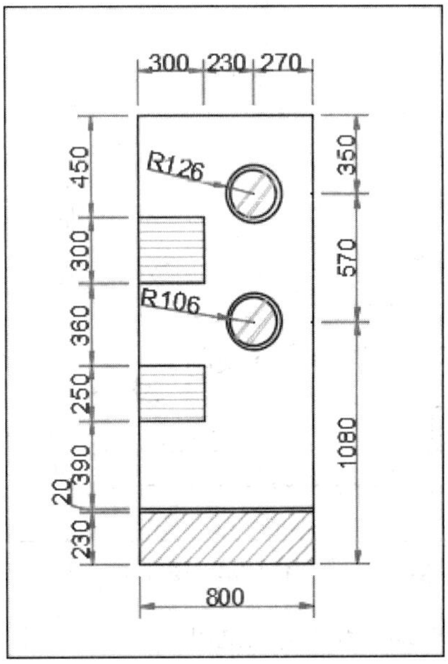

图 7-60　“半径”标注

⑥打开“引线设置”对话框，设置“引线和箭头”选项卡，如图 7-61 所示。

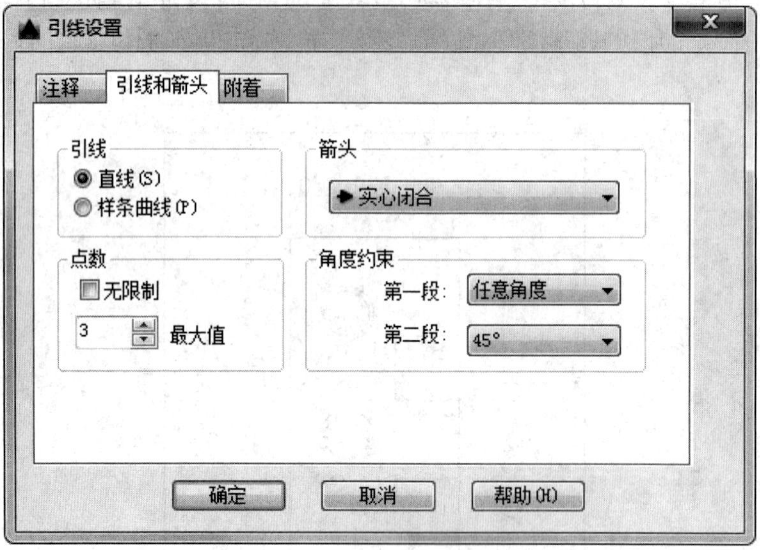

图 7-61 “引线和箭头”选项卡

⑦使用“快速引线标注”命令对图形内容进行标注，最终结果如图 7-56 所示。

7.4 综合演练

使用标注命令对图 7-62 所示的零件图形进行标注。

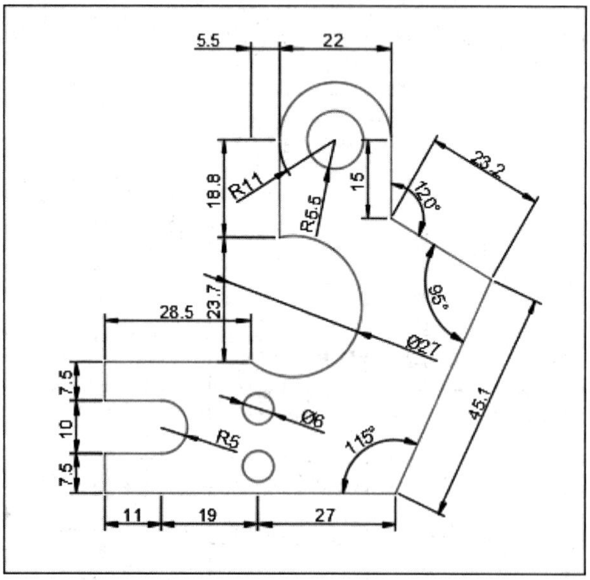

图 7-62 零件

①利用学过的绘图命令与编辑命令绘制图形，结果如图 7-63 所示。

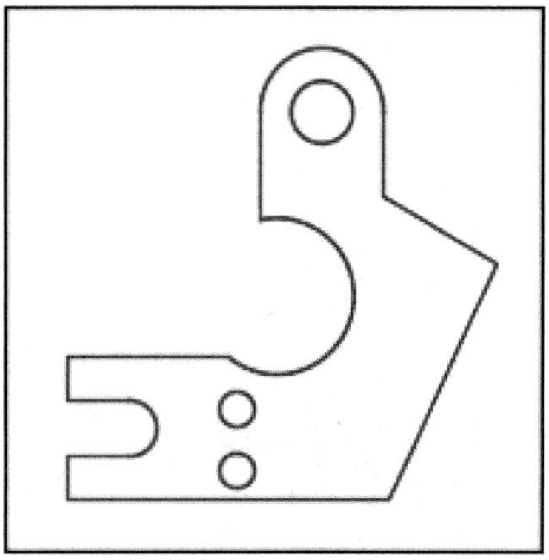

图 7-63　绘制图形

②打开“标注样式管理器”对话框，设置箭头大小为 2.5、文字高度为 2.5、文字对齐方式为“与尺寸线对齐”、精度为“0.0”，确定设置并“置为当前”，其他设置如图 7-64 所示。

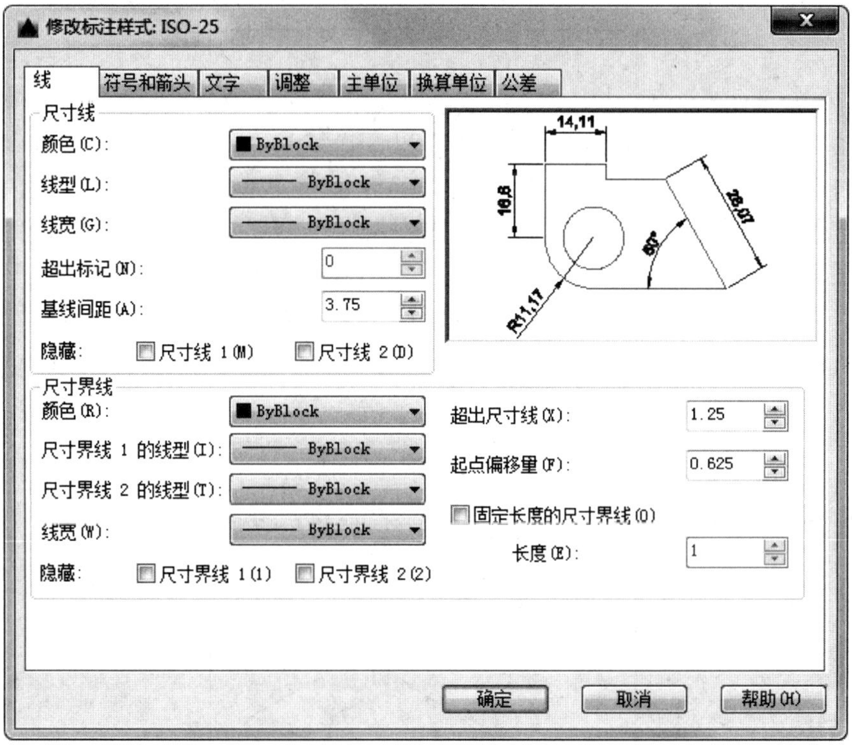

图 7-64　修改标注样式

③打开“对象捕捉”功能，使用“标注”工具栏中的“半径”和“直径”命令标注图中的圆和圆弧（图 7-65），体会两者的区别。

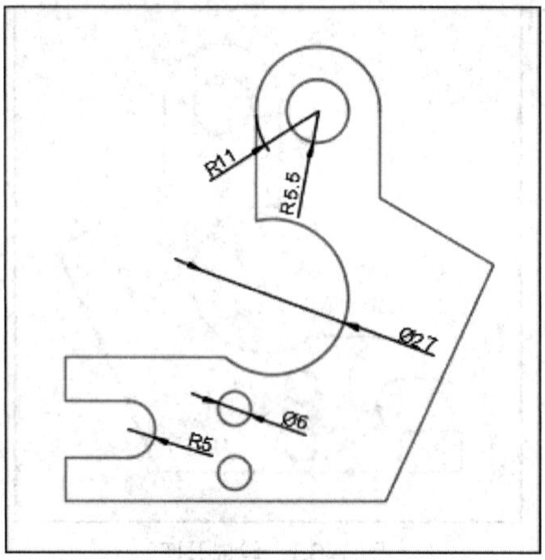

图 7-65 “半径”和“直径”标注

④如图 7-66 所示，使用“对齐”标注将非垂直和水平的线条标注尺寸（这时大家比较一下“线性”和“对齐”的区别）。

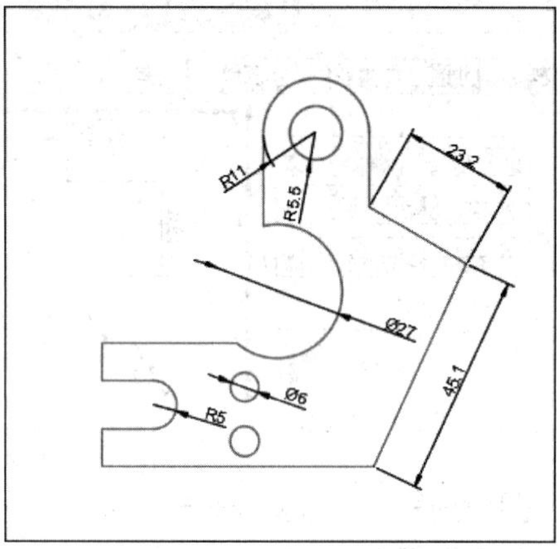

图 7-66 “对齐”标注

⑤使用“角度”将图形中的特殊角度进行标注，如图 7-67 所示。

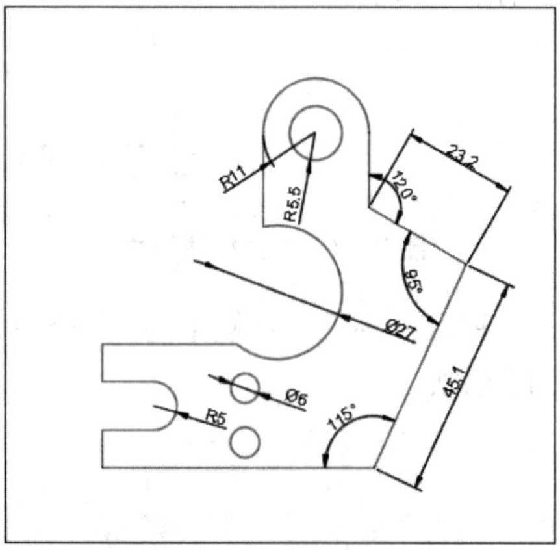

图 7-67 “角度”标注

⑥使用“线性”和“连续”标注命名，将剩余的尺寸进行标注，最终的结果如图 7-62 所示。

7.5　上机实战

【实战一】绘制图 7-68 所示的厨房立面图并标注尺寸

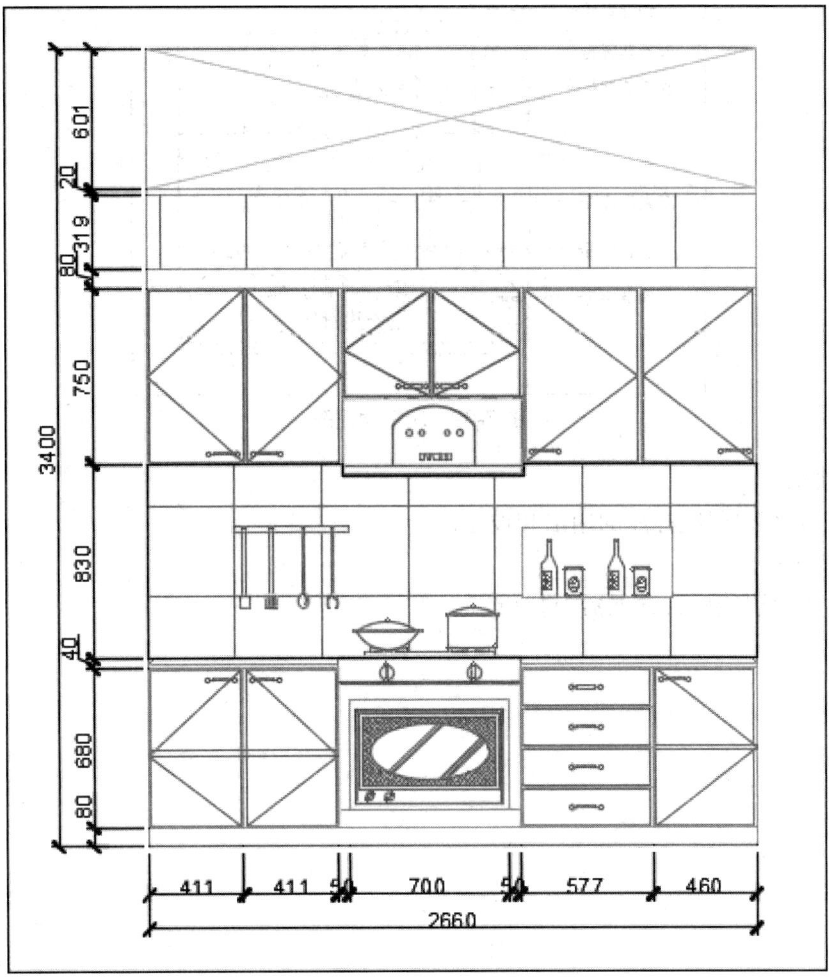

图 7-68　厨房立面图

目的要求：

运用所学的绘图命令和编辑命令绘制图形。本例中包含线性、连续两种尺寸标注方式，需要重新设置尺寸标注样式。

操作提示：

利用“尺寸样式管理器”设置标注样式；利用“线性”命令标注图形中的线性尺寸；利用“连续”命令标注图形中的连续尺寸。

【实战二】绘制图 7-69 所示的厨房立面图并标注文字

图 7-69 厨房立面图

目的要求：

本图主要练习引线标注的用法和设置。

操作提示：

打开“多重引线样式管理器”进行设置。

第 8 章　图块及其属性

章节概括

在用户绘图时，有些图形会经常使用，那么为了避免重复绘制图形而浪费时间，我们可以使用图块命令。图块是由一些图形组合而成的可编辑的集合。

学习重点

- ◆ 图块操作。
- ◆ 图块属性。

职业素养

在实施课堂教学时，要求学生建立课堂互助小组，一帮一带，共同完成学习任务，通过小组互助和课外学习小组培养学生的团队意识和互助精神。

8.1　图块操作

我们将多个图形组合到一起，使其成为一个整体就形成了图块。我们可以对图块进行移动、复制、镜像、旋转缩放等操作；也可以双击图块打开“块编辑器”，对部分图形进行编辑。我们也可以炸开图块，进而重新编辑。

8.1.1　定义图块

1. 执行方式

①命令行：在命令行输入 BLOCK（快捷命令：B）。

②菜单栏：选择“绘图”→“块”→“创建”。

③工具栏：单击“绘图”工具栏中的“创建块”按钮，如图 8-1 所示。

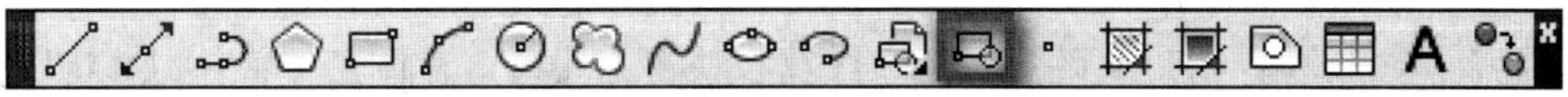

图 8-1　在工具栏执行“创建块”命令

④功能区：单击“插入”选项卡“定义块”面板中的“创建块”按钮，如图 8-2 所示。

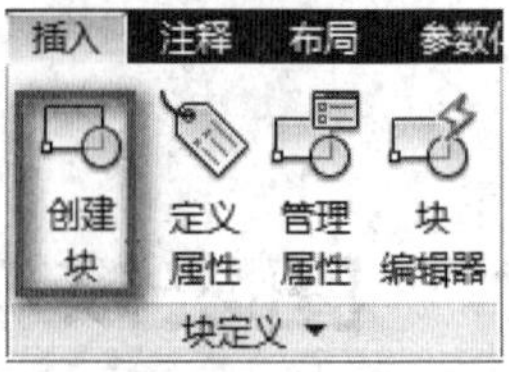

图 8-2 在功能区执行“创建块”命令

执行上述操作后，系统打开图 8-3 所示的“块定义”对话框，利用该对话框可以定义图块并将图块命名。

图 8-3 “块定义”对话框

2. 操作说明

①“基点”选项组：确定图块的基点，默认值为（0，0，0）；也可以在 X、Y、Z 文本框中输入块的基点坐标值。单击“拾取点”按钮，系统临时切换到绘图区，在绘图区选择一点，返回“定义块”对话框，把选择的点作为图块的放置基点。

②“对象”选项组：用于选择创建图块的对象，以及设置图块对象的相关属性。

③“设置”选项组：指定在设计中心拖动图块时用于测量图块的单位，以及缩放、分解和超链接等设置。

④“在块编辑器中打开”复选框：用于在块编辑器中定义动态块。

⑤“方式”选项组：指定块的行为。“注释性”复选框，指定在图纸空间中块参照的方向与布局方向匹配；“按统一比例缩放”复选框，指定是否阻止块参照不按统一比例缩放；“允许分解”复选框，指定块参照是否可以被分解。

8.1.2 图块存盘

1. 执行方式

①命令行：在命令行输入 WBLOCK（快捷命令：W）。

②功能区：单击“插入”选项卡“块定义”面板中的“写块”按钮，如图 8-4 所示。

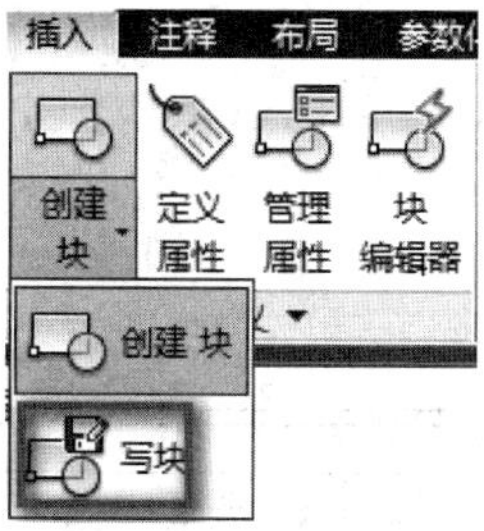

图 8-4　在功能区执行“写块”命令

执行上述命令后，系统打开“写块”对话框，如图 8-5 所示。利用此对话框可以把图形对象保存为图形文件，或把图块转换为图形文件。

图 8-5　“写块”对话框

2. 操作说明

①“源”选项组：确定要保存为图形文件的图块或图形对象。点选“块”单选钮，单击右侧的下拉列表框，在其展开的列表中选择一个图块，将其保存为图形文件；点选“整个图形”单选钮，则把当前的整个图形保存为图形文件；点选“对象”单选钮，则把不属于图块的图形对象保存为图形文件。

②“目标”选项组：用于指定图形文件的名称、保存路径和插入单位。

3. 知识巩固

下面我们以图 8-6 所示的图形定义图块为例，介绍一下定义块命令的使用方法。

图 8-6 定义图块

①单击“插入”选项卡“块”面板中的“创建块”按钮，打开“块定义”对话框。

②在“名称”下拉列表中输入“CJ01”。

③单击“拾取点”按钮，自动切换到绘图区，选择左上角的顶点为基点，返回“块定义”对话框。

④单击“选择对象”按钮，切换到绘图区域，选择如图 8-6 所示的图形，按 <Enter> 键返回“块定义”对话框。

⑤单击“确定”按钮关闭对话框。

⑥在命令行输入“WBLOCK”打开“写块”对话框，在“源”选项组中点选“块”单选组，在右侧的列表中选择“CJ01”的块，单击确定按钮，即将图形定义为“CJ01”图块。

8.1.3 图块的插入

在绘图时，用户可以根据需要随时把已经定义好的图块或图形文件插入到当前图形中的任意位置，在插入的同时可以改变图块的大小、旋转一定角度或将图块炸开。

1. 执行方式

①命令行：在命令行输入 INSERT（快捷命令：I）。

②菜单栏：“插入”→“块”，如图 8-7 所示。

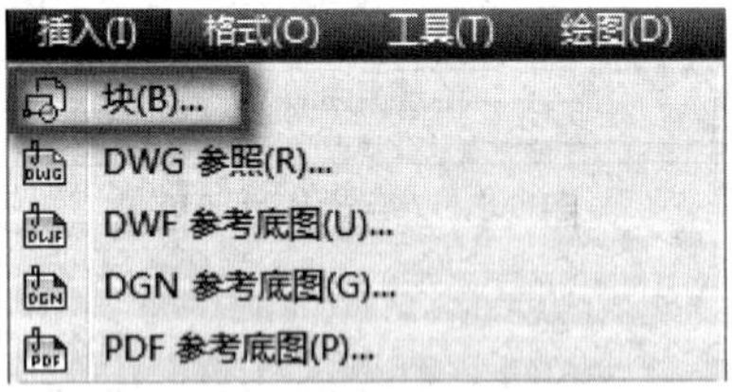

图 8-7 在菜单栏插入块

③工具栏：单击“插入点”工具栏中的“插入块”按钮，如图 8-8 所示；或点击“绘图”工具栏中的“插入块”按钮，如图 8-9 所示。

图 8-8 “插入点”工具栏

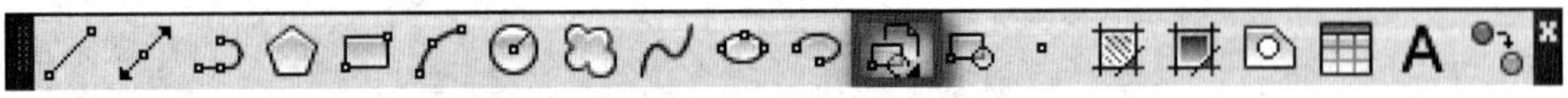

图 8-9 “绘图”工具栏

④功能区：单击“插入”选项卡“块”面板中的“插入”按钮(图 8-10)。

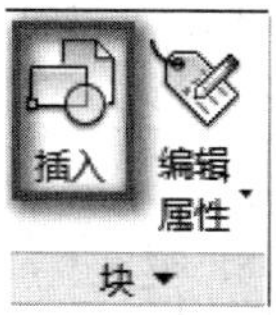

图 8-10　在功能区插入块

执行上述操作后，系统打开“插入”对话框，如图 8-11 所示。用户在此可以指定要插入的图块及位置。

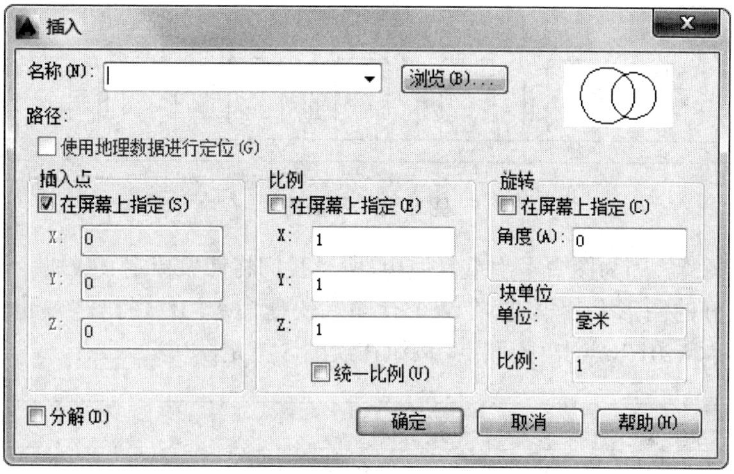

图 8-11　“插入”对话框

2. 操作说明

①“路径”显示框：显示图块的保存路径。

②“插入点”选项组：指定插入点，插入图块时该点与图块的基点重合。用户可以在绘图区指定该点，也可以在文本框输入坐标值。

③“比例”选项组：确定插入图块时的缩放比例。图块在插入时可以任意比例放大或缩小。

④“旋转”选项组：指定插入图块时的旋转角度。图块在插入时可以围绕其基点旋转一定的角度，角度可以是正数也可以是负数。

⑤“分解”复选框：勾选此复选框，在插入块的同时可以将其炸开。

3. 知识巩固

下面我们以图 8-12 所示的平面图为例，介绍一下插入图块命令的使用方法。

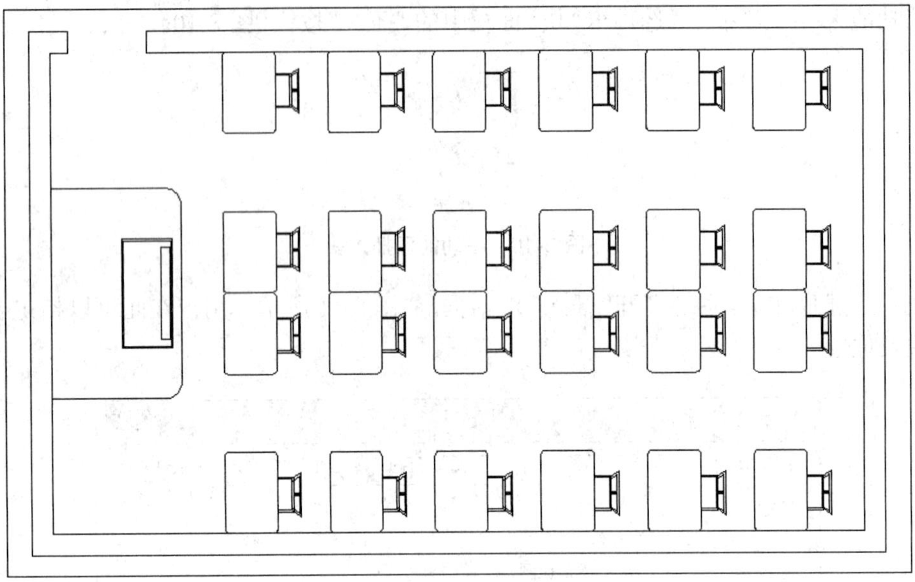

图 8-12　平面图

①绘制课桌椅。因为图中多次重复使用，所以我们将课桌椅定义成块；

②将绘制好的图形全部框选，在命令行输入快捷命令“B”，打开“块定义”对话框（图 8-13），输入名称“kz01”，点击“拾取点”按钮在绘图区指定图块插入点；

图 8-13　“块定义”对话框（平面图）

③绘制出墙体和讲台的部分，主要用到的命令有直线、偏移、倒角等；

④在命令行输入快捷命令“I”，打开“插入”对话框（图 8-14），找到“kz01”的图块。将图块“kz01”插入到合适的位置，使用“复制”和“镜像”命令完成图形，最终的结果如图 8-12 所示。

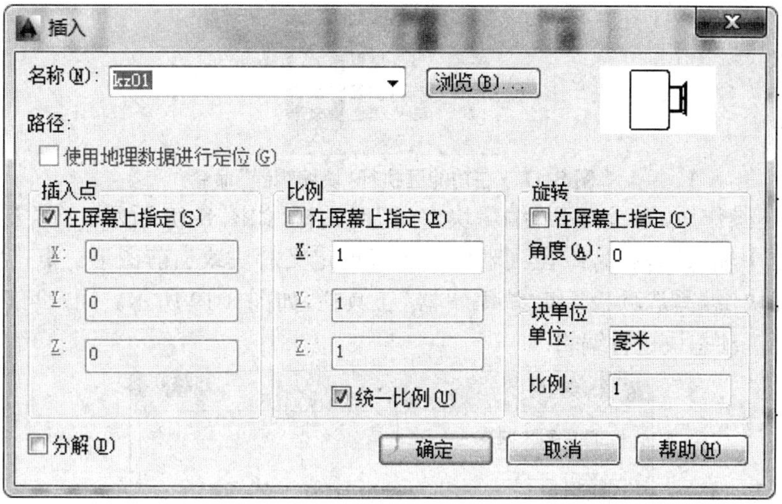

图 8-14　“插入”对话框(平面图)

8.1.4　动态块

动态块可以根据需要进行在位编辑,而不用搜索另一个块重新插入或定义现有的块。动态块可以使用块编辑器进行创建,块编辑器是一个专门的编写区域,用于添加能够使块成为动态块的元素。

1. 执行方式

①命令行:在命令行输入 BEDIT(快捷命令:BE)。

②菜单栏:选择“工具”→“块编辑器”,如图 8-15 所示。

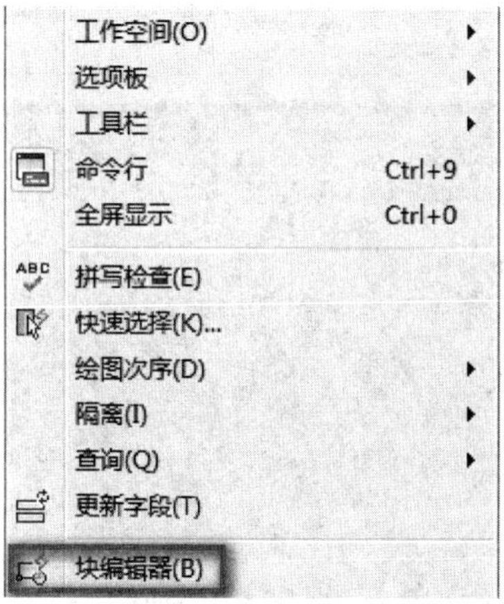

图 8-15　在菜单栏执行“块编辑器”命令

③工具栏:单击“标准”工具栏中的“块编辑器”按钮,如图 8-16 所示。

图 8-16　工具栏执行“动态块”命令

④功能区:单击“插入”选项卡“块定义”面板中的“块编辑”按钮,如图 8-17 所示。

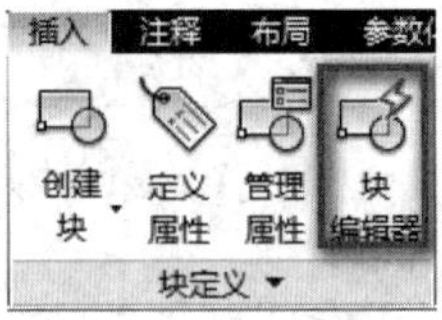

图 8-17 在功能区执行“块编辑器”命令

执行上述操作后，系统打开“编辑块定义”对话框，如图 8-18 所示。在“要创建或编辑的块”文本框中输入图块名，或在列表框中选择已定义的块或当前图形。点击“确定”按钮后，系统打开块“编写选项板”和“块编辑器”工具栏，如图 8-19 所示。用户可以利用“块编辑器”工具栏对动态块进行编辑。

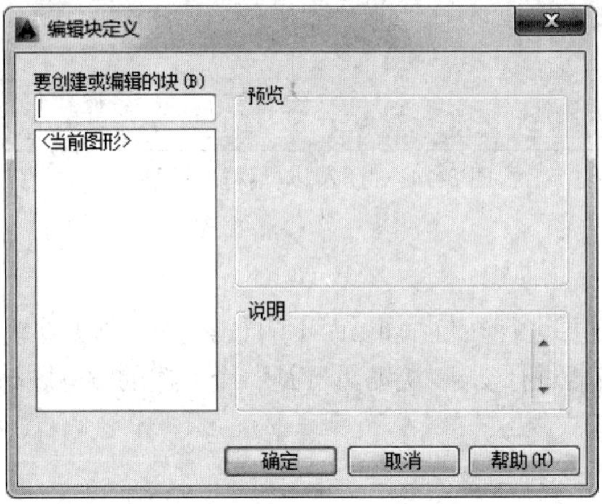

图 8-18 “编辑块定义”对话框

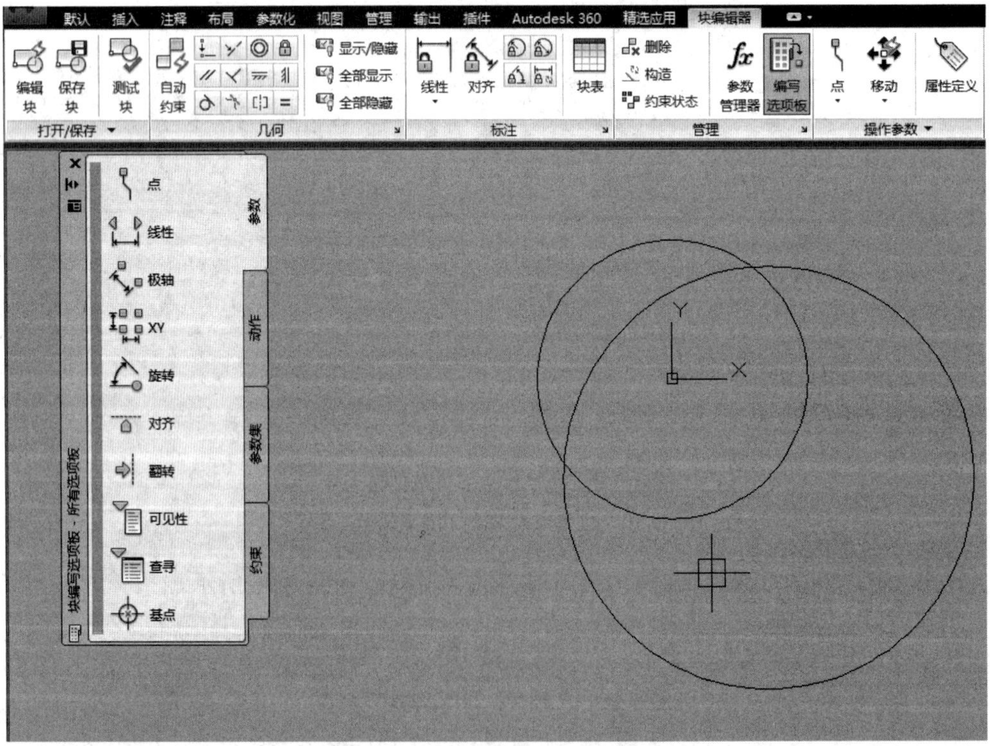

图 8-19 块编辑状态动态绘图区

8.2　图块属性

图块除了包含图形对象外，还可以具有非图形信息。例如把桌子定义为图块后，还可以把桌子的材料、数量、重量等信息加到图块中。图块的这些非图形信息叫作图块的属性，它们是图块的一部分，与图形对象一起构成一个整体。在插入图块时，系统把图形对象与属性一起插入到图形中。

8.2.1　定义图块属性

1. 执行方式

①命令行：在命令行输入 ATTDEF（快捷命令：ATT）。

②菜单栏：选择“绘图”→“块”→“定义属性”，如图 8-20 所示。

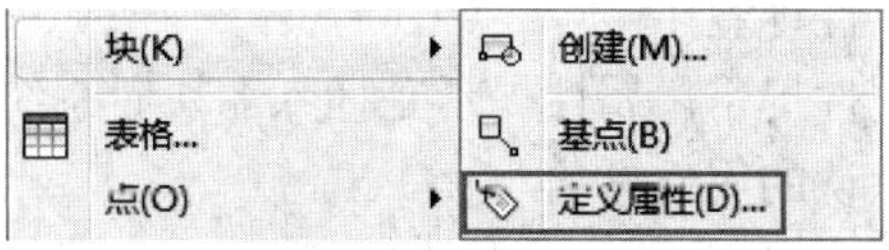

图 8-20　在菜单栏执行“定义属性”命令

③功能区：单击“插入”选项卡“定义块”面板中的“定义属性”按钮，如图 8-21 所示。

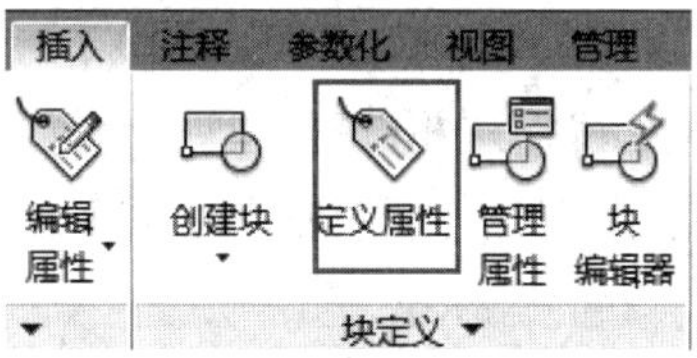

图 8-21　在功能区执行“定义属性”命令

执行上述操作后，系统打开“属性定义”对话框，如图 8-22 所示。

图 8-22　“属性定义”对话框

2. 操作说明

①“模式”选项组：用于确定属性的模式。

“不可见”复选框：即插入图块并输入属性后，属性值在图中并不显示出来。

“固定”复选框：即属性值在属性定义时给定，在插入块时系统不再提示输入属性值。

“验证”复选框：插入图块时，系统重新显示属性值提示用户验证是否正确。

“预设”复选框：插入图块时，系统自动把设置好的默认值赋予属性，而不再提示输入属性值。

“锁定位置”复选框：锁定块参照中属性的位置。解锁后，属性可以相对于使用夹点编辑块的其他部分移动，并且可以调整多行文字属性的大小。

“多行”复选框：可以指定属性值包含多行文字，也可以指定属性的边界宽度。

②“属性”选项组：用于设置属性值。

“标记”文本框：输入属性标签。

“提示”文本框：输入属性提示。属性提示是插入图块时系统要求输入属性值的提示。

“默认”文本框：设置默认的属性值。

③“插入点”选项组：用于确定属性文本的位置。可以直接在绘图区指定位置，也可以在坐标文本框中输入坐标值。

④“文字设置”选项组：用于设置属性文本的对齐方式、文字样式、文字高度和文字角度。

⑤“在上一个属性定义下对齐”复选框：表示把属性标签直接放在前一个属性的下面，而且继承前一个属性文本的文本样式、字高和倾斜角度等特性。

8.2.2 修改属性定义

执行方式如下。

①命令行：在命令行输入 DDSDIT（快捷命令：ED）。

②菜单栏：选择“修改”→“对象”→“文字”→“编辑”。

执行上述操作后，系统打开“编辑属性定义”对话框，如图 8-23 所示。

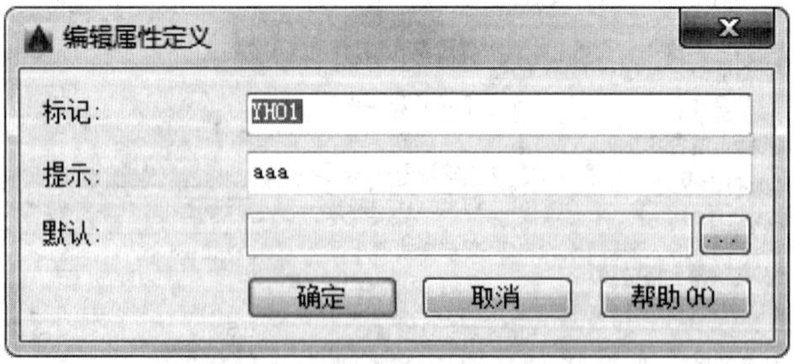

图 8-23 “编辑属性定义”对话框

8.2.3 图块属性编辑

1. 执行方式

①命令行：在命令行输入 ATTEDIT（快捷命令：ATE）。

②菜单栏：选择“修改”→“对象”→“属性”→“单个”，如图 8-24 所示。

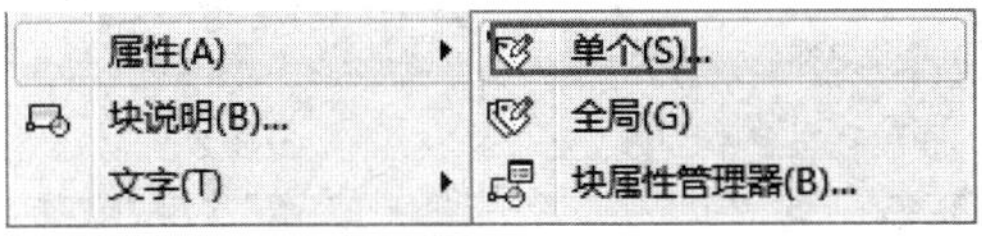

图 8-24　通过菜单栏打开“编辑属性”对话框

③工具栏：单击“修改 II ”工具栏中的“编辑属性”按钮，如图 8-25 所示。

图 8-25　通过工具栏打开“编辑属性”对话框

④功能区：单击“插入”选项卡“块”面板中的“编辑属性”按钮，如图 8-26 所示。

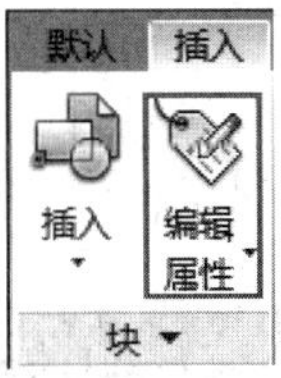

图 8-26　通过功能区打开“编辑属性”对话框

执行上述操作后，光标变为拾取框，选择要修改属性的图块，系统打开如图 8-27 所示的“编辑属性”对话框。

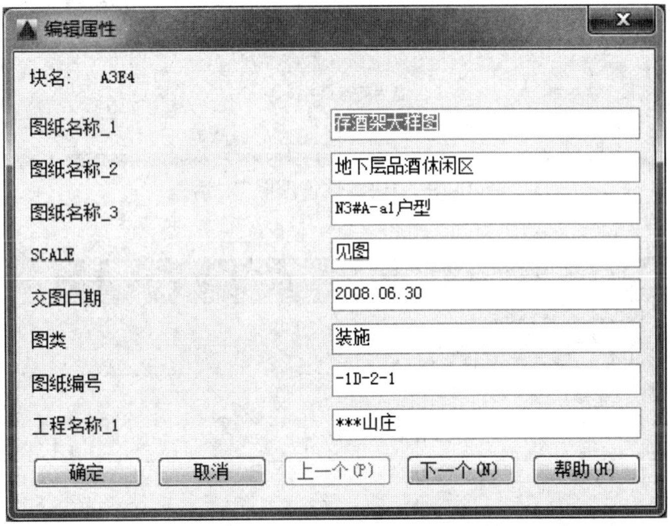

图 8-27　“编辑属性”对话框 1

通过菜单栏或工具栏执行上述命令时，系统打开“增强属性编辑器”对话框，如图 8-28 所示。该对话框不仅可以编辑属性值，还可以编辑属性的文字和图层、线型、颜色等特性值。

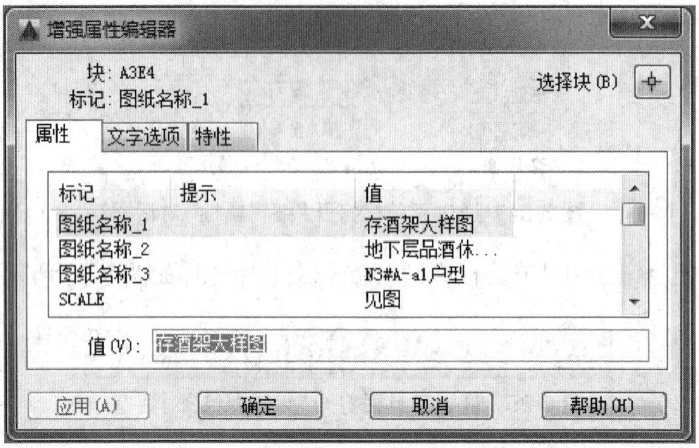

图 8-28　“增强属性编辑器”对话框

另外，还可以通过“块属性管理器”对话框来编辑属性。选择菜单栏中的“修改”→“对象”→“属性”→“块属性管理器”命令，系统打开“块属性管理器”对话框，如图 8-29 所示。单击“编辑”按钮，系统打开“编辑属性”对话框，如图 8-30 所示。

图 8-29　“块属性管理器”对话框

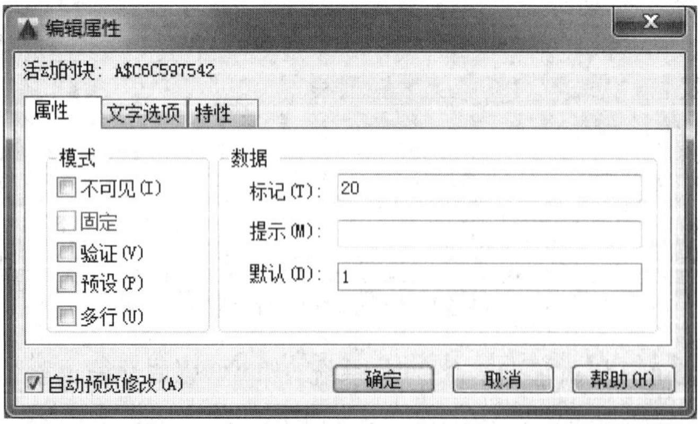

图 8-30　“编辑属性”对话框 2

2. 知识巩固

下面我们以图 8-31 所示的标高符号为例，介绍图块属性编辑命令的使用方法。

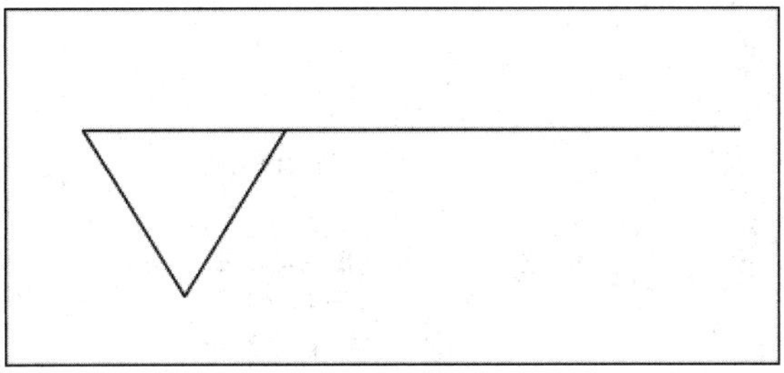

图 8-31　绘制标高符号

①使用“直线”绘制出图 8-31 所示的标高符号。

②选择菜单栏中的“绘图”→“块”→“定义属性”命令，系统打开“属性定义”对话框，进行图 8-32 所示的设置，插入点为标高符号水平线的中点，单击“确定”按钮退出。

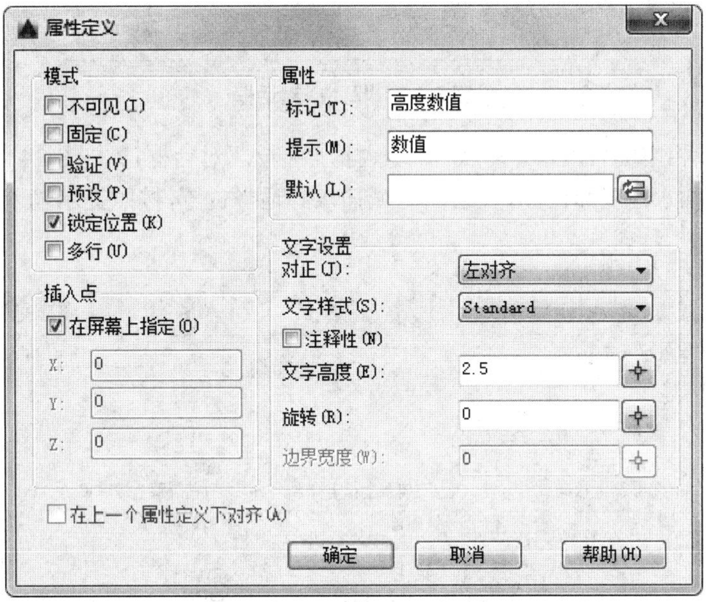

图 8-32　“属性定义”对话框

③在命令行输入 WBLOCK，打开“写块”对话框，如图 8-33 所示。单击“拾取点”按钮将图形的下尖点作为基点，单击“选择对象”按钮，选择图 8-31 所示的图形为对象，输入图块名称并按指定路径保存，单击“确定”按钮退出。

图 8-33 “写块”对话框

④选择菜单栏中的“绘图”→“块”命令，打开“插入”对话框，如图 8-34 所示。在绘图区域指定插入点、插入角度和比例，在绘图区域插入到适当位置，按照提示输入数值，完成标高标注。

图 8-34 “插入”对话框

8.3　上机实战

【实战一】绘制图 8-35 所示的图框

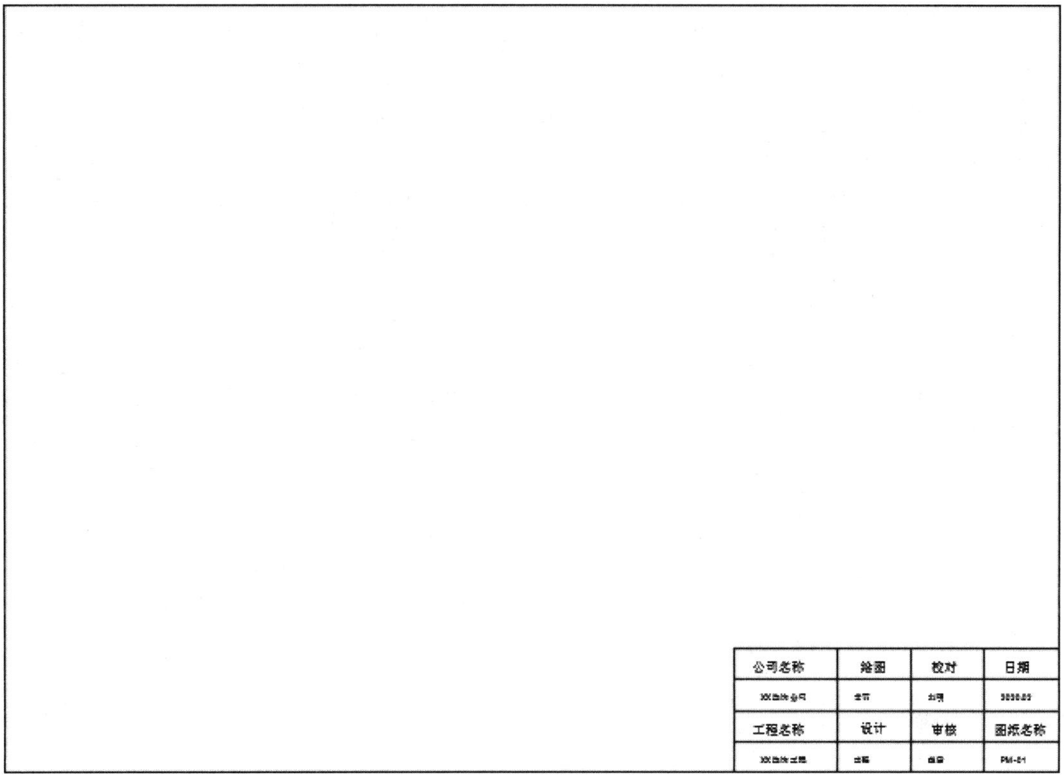

图 8-35

目的要求：

熟练使用块的“定义属性”命令，并将图形与属性定义成动态块。

操作提示：

先使用“直线”命令绘制图框图形，再使用“定义属性”打开“属性定义”对话框进行编辑，最后将图形和属性定义成块。